地理信息系统导论

（第3版）

余明　艾廷华　编著

清华大学出版社
北 京

内容简介

本书是一本关于地理信息系统(Geographic Information System，GIS)入门的理论教材。本书是在2007年第1版、2015年第2版的基础上更新完善、与时俱进编著而成。整体结构由8章正文内容和附录组成。第1～8章分别为GIS概述、GIS地理基础知识、GIS数据结构和空间数据库、GIS数据采集和数据处理、GIS空间分析、GIS应用模型、GIS可视化及其产品输出、GIS设计开发及应用。每章前有导读、章末提供思考题及进一步讨论的问题，以便读者学习使用。附录包括本书双语关键术语以及本书每章内容英语摘要及教学大纲。《地理信息系统导论实验指导(第3版)》是本书配套使用教材。

本书内容广泛实用、深入浅出，理论实践相结合。可作为高等院校GIS、生态环境、土地资源、城市规划、计算机应用等专业本科生教材，也可作为地理信息系统、资源和环境信息系统以及地学类专业的基础课程用书。

图书在版编目(CIP)数据

地理信息系统导论/余明，艾廷华编著. —3版. —北京：清华大学出版社，2021.12(2024.8重印)
ISBN 978-7-302-58782-8

Ⅰ. ①地… Ⅱ. ①余… ②艾… Ⅲ. ①地理信息系统—高等学校—教材 Ⅳ. ①P208.2

中国版本图书馆CIP数据核字(2021)第146407号

责任编辑：张占奎
封面设计：陈国熙
责任校对：欧　洋
责任印制：沈　露

出版发行：清华大学出版社
网　　址：https://www.tup.com.cn，https://www.wqxuetang.com
地　　址：北京清华大学学研大厦A座　**邮　　编**：100084
社 总 机：010-83470000　**邮　　购**：010-62786544
投稿与读者服务：010-62776969，c-service@tup.tsinghua.edu.cn
质量反馈：010-62772015，zhiliang@tup.tsinghua.edu.cn
印 装 者：天津安泰印刷有限公司
经　　销：全国新华书店
开　　本：185mm×260mm　**印　　张**：16.25　**字　　数**：394千字
版　　次：2009年3月第1版　2021年12月第3版　**印　　次**：2024年8月第3次印刷
定　　价：49.80元

产品编号：090566-01

FOREWORD 前言

在过去的30年里，在对各种资源、环境和区域的研究中，各种数据的应用急剧增加。面对大量数据的挑战，人们对信息的要求发生了巨大变化，对信息的广泛性、精确性、高效性及综合性要求越来越高。不断发展的地理信息系统(GIS)功能使得计算机系统以更有效的方式处理地理空间数据，利用这些数据和现代空间技术、网络技术、虚拟环境、人工智能技术等来研究和应用。目前GIS已在资源开发、环境保护、城市规划建设、土地管理、交通、能源、通信、林业、房地产开发、灾害监测与评估等领域得到广泛应用。因此，为地学及相关专业的本科生阐述GIS的基础理论和方法，进一步深入学习和应用GIS打好基础是本书再版的主要目的。同时，为完善大学慕课以及在线一流课程的建设，与同行更好地交流，加速人才培养，与时俱进，也是本书第3版出版的一个动力。值得一提的是，为方便读者更好地学习，本版将通过二维码的形式在每章末提供本章思考题答案以及本章部分彩图。

本书由闽南科技学院、福建师范大学地理科学学院的余明教授、武汉大学资源与环境学院的艾廷华教授共同编著，最后由余明教授统稿完成。作者在参阅了国内外有关GIS教材、专著和论文的基础上，结合多年对地图、GIS的教学和研究经验编著此书。本书第3版仍由8章正文内容和附录组成，并与《地理信息系统导论实验指导(第3版)》配套使用，这是GIS理论与实践相结合的有益尝试。

此外，作者由衷地感谢"瑾茀工作室"的全体成员提供GIS实验案例，感谢所有支持和厚爱本书的师生。感谢清华大学出版社为本书第3版的出版所付出的辛勤工作。作者在此诚挚欢迎专家、学者和每一位读者朋友对本书不当之处提出宝贵意见。

余明

2021年5月于福州

CONTENTS 目录

第1章

GIS 概 述

本章导读

21世纪是信息时代，地理空间信息技术已被各行各业的人们广泛使用。在信息技术带动下的信息产业正在成为当代人类社会一个新兴的、快速增长的产业。空间化、信息化管理、决策已经成为当今关注的焦点。地理空间信息技术覆盖许多领域，其中包括遥感、地图制图、测绘和摄影测量。但要在地理空间信息技术中将这些不同领域的数据整合起来，则需要GIS。本章主要介绍GIS相关概念、GIS与其他学科的关系、GIS与其他信息系统的区别和联系。并从GIS的系统硬件、系统软件、空间数据、应用模型(方法)、人员等方面介绍GIS构成、功能和类型。最后，阐述了GIS发展简史及发展趋势。

1.1 GIS相关概念

1.1.1 数据、信息和地理信息

1. 数据和信息

数据(Data)是对客观事物的符号表示。数据是指某一目标定性、定量描述的原始资料，包括数字、文字、符号、图形、图像以及它们能转换成的数据等形式。数据是用以载荷信息的物理符号，数据本身并没有意义。数据在计算机科学中是指所有能输入计算机并被计算机程序处理的符号的总称。它可以是文字符号、图形、图像或声音。数据的基本单元称为数据项，数据项可以按目的组织成数据结构。但数据的格式往往与计算机系统有关，并随载荷它的物理设备的形式而改变。

信息(Information)是用文字、数字、符号、语言、图像等介质来表示事件、事物、现象等的内容、数量或特征，从而向人们(或系统)提供关于现实世界新的事实和知识，作为管理、分析和决策的依据。信息源自数据，信息是经过加工后的数据，它对接受者有用，对决策或行为有现实或潜在的价值。将数据与上下文联系通过解译产生了语义、关联、时效等特征，可回答事物或现象的状态、性质、过程等特征问题，这时便产生信息。目前对"信息"仍未形成完全一致的观点。主要有：①信息论的创始人香农从作用或功能的角度定义为"信息是用来消除随机不确定性的东西"。据此可理解为信息是不确定性熵的减少量。②控制论的创始人维纳则认为："信息是人们在适应外部世界，并使这种适应反作用于外部世界的过程

中，同外部世界进行交换的内容的名称”。③还有人将“信息”理解为集合的变异度、事物的差异或关系，以及系统的有序性等。广义的信息是物质运动状态和状态改变的方式，它通过数字、语音、图像、文本、图形等媒体形式来表现，它蕴含事物相互间联系、发展趋势、过程规律等。信息的行为过程包括获取、再生、时效、传递、系统优化或自组织、智能化等过程，对信息进一步加工凝练，通过集成融合和认知推理，获得抽象概念、规则、因果联系等，便获得知识。④现代人认为信息指音信、消息、通信系统传输和处理的对象，泛指人类社会传播的一切内容。信息是一个高度概括的抽象概念，因其表现形式的多样性而定义不同。

信息是近代科学的一个专门术语，因其在现代社会中的重要性逐渐产生了专门收集、管理、处理和分析信息的体系——“信息系统”，而随着现代计算机技术的发展，“信息系统”与计算机的软、硬件之间产生了密切的联系。

信息对决策是十分重要的，信息系统将地理空间的巨大数据流收集、组织和管理起来，经过处理、转换和分析将其变为对生产、管理和决策具有重要意义的有用信息。

信息具有一些基本属性，即客观性、传输性、共享性、适用性、等级性、可压缩性、扩散性、增殖性、转换性、不确定性等。但其最主要的特点如下：

(1) 客观性，任何信息都是与客观事实紧密相关的，具有本质意义特征，它是对客观事物存在状态、行为过程、现象规律的外在表征表达，这是信息正确性和精确度的保证。

(2) 传输性，信息可以在信息发送者和接收者之间传输，发送者将信息编码后在信息通道中实时转移，接收者获取后对其进行解译，这便是“香农”信息熵传输过程。在信息系统中既包括系统把有用信息送至终端设备(包括远程终端)和以一定的形式或格式提供给有关用户，也包括信息在系统内各个子系统之间交换，如网络传输技术等。

(3) 共享性，信息与实物不同，信息可以传输给多个用户，为多个用户共享，而其本身并无损失。信息的这些特点，使信息成为当代社会发展的一项重要资源。

(4) 适用性，不同的信息运用在不同的场合。对一个人是信息，而对其他人可能是数据；信息必须是有意义或有用的；使用的信息必须是完整、精确、相关和及时的。人的知识、经验作用到数据上，可以得到信息，而获得信息量的多少，与人的知识水平有关。

信息与数据既有区别但又不可分离。信息是与物理介质有关的数据表达，数据中所包含的意义就是信息。数据是记录下来的某种可以识别的符号，具有多种多样的形式，也可以由一种数据形式转换为其他数据形式，但其中包含的信息的内容不会改变。数据是信息的载体，但并不是信息。只有理解了数据的含义，对数据做出解释，才能提取数据中所包含的信息。对数据进行处理(运算、排序、编码、分类、增强等)就是为了得到数据中包含的信息。虽然日常生活中数据和信息的概念区分得不是很清楚，但它们有着不同的含义。我们可以把数据比作原材料，而信息是对原材料加工的结果。数据与信息既有区别又有联系，数据是原始事实，信息是对数据处理的结果，是对数据的具体描述。

从数据到信息是人们对事物现象认识的跃升，进一步地，对信息深加工便可产生知识。知识是将信息集成融合，经认知推理获得的抽象概念、证实规则、逻辑联系、适用性策略，为人、群体、社会拥有。知识是在信息的基础上获得的关于事物现象的系统化、体系化、本质性的特征表达。

2. 地理数据和地理信息

地理信息源自地理数据。地理数据是对与地球表面位置相关的地理现象和过程的客观表示。地理信息则指与研究对象的空间地理分布有关的信息，可表示地理系统诸要素的数量、质量、分布特征。例如，遥感影像通过像素的灰度、纹理、波谱特征记录了地表的现象分布，为原始的“数据”表达，通过加工处理对影像数据进行解译，获得不同用地类型的分布，即为“信息”内容。地理信息技术的工作目标就是从数据获取到信息加工，再到知识发现的过程。

地理信息除了具有一般信息的特点外，更强调空间相关性、区域性、层次性、动态性、多维性等。

(1) 相关性：空间距离造成了相邻的地理事物与地理现象更相似，远离的则相异(地理学第一定律)；同时也造成隔离，促成个性的形成和发展，即空间异质性(地理学第二定律)。地理现象间的相关性可分为同类现象间的自相关和异类现象间的互相关。

(2) 区域性：地理信息属于空间信息，是通过地理空间位置进行标识的，区域性即空间分布特性。这是地理信息区别于其他类型信息的最显著标志，是地理信息的空间定位特征。区域性能够实现空间位置的识别，并可以按照指定的区域进行信息的合并或分解。其位置的识别与数据相联系，它的这种定位特征是通过公共的地理基础来体现的。先定位后定性，并在区域上表现出分布特点。

(3) 层次性：地理现象在空间分布上具有“整体—部分”的多级剖分结构，在属性描述上具有上下层类型归并的树状结构，在时态特征表达上具有多粒度划分的时间单位记录形式。这些特征显示出地理信息具有明显的层次性，是地理现象尺度特征的表征。层次性首先体现在同一区域上的地理对象具有多重属性，其属性表现为多级划分的层次结构。针对地理环境复杂系统的层次性特征，GIS 技术通过不同粒度的抽象概括获得现象的不同层次水准的认识，通过尺度变换与地图综合技术实现不同层次表达的转换。

(4) 动态性：任何地理实体或地理现象都是随时间而变化的，具有时序特征，即时空的动态变化引起地理信息的属性数据或空间数据的变化。动态性表现为位置移动、区域扩展、性质变更、类型归并、目标消失等不同形式。动态特点可以用随时间变化的函数加以表示，有离散变化、连续变化之分。动态性不仅描述地理事物或地理现象在某一时刻点的状态，也能表达某一个时间片段或全生命周期的行为。

(5) 多维性：地理信息在几何表达上具有点状、线状、面状、体状等多维特征，描述几何形体的结构性质。另外，在属性描述上地理信息内容丰富，形式复杂多样，在同一位置上可有多种专题的信息结构，通常采用多维向量来描述该特征。对地理信息的处理可通过降维、升维以及分析不同维度要素之间的关系来揭示地理规律。

基于特定的专业模型通过一定的科学计算，人们从大量的数据中挖掘出隐藏的有价值的信息，包括空间现象的分布规律、过程趋势、现象机理等，这是目前人们最感兴趣的数据挖掘和基于数据的知识发现(DM-KDD)。有关数据挖掘技术、虚拟现实、人工智能等技术与GIS 结合也是未来 GIS 发展的方向(相关内容后续章节介绍)。

1.1.2 系统、信息系统和 GIS

1. 系统

由相互联系、相互依存又相互协调的事物构成的统一体称为系统。每一个系统都是由其内部要素所构成,而该系统又可能是更大系统的组成部分。系统具有如下特征:

(1) 总体性,系统的构成元素按照统一性要求而构成一个集合,它不是简单的组合,而是具有总体大于部分之和的效应。

(2) 关联性,系统的各元素相互联系、相互作用、相互影响。

(3) 功能性(目的性),系统具有特定功能,为特定目标服务。

(4) 环境适应性,其他外部元素构成系统的环境,系统与环境要进行物质、能量、信息的交换,系统有适应外部环境变化的功能。

从系统论观点来看,地球就是一个既有序又复杂的相互联系的系统。在地球表层,气候、水文、土壤、植被、地形等各地理要素构成的相互联系的物质、能量和信息的空间体系称为地理系统,包括物质循环、能量流动、信息交流等体系。

2. 信息系统和 GIS

信息系统是现代管理与决策工作的重要手段,即指具有采集、管理、分析和表达数据能力的系统,它能够为单一的或有组织的决策过程提供有用的信息。一个信息系统的优劣应根据它所提供的信息质量和数量来判断,而这又取决于信息系统中的数据分析功能和数据分析模型。智能化的信息系统是当今信息系统的发展趋势。根据数据处理对象可分为空间信息系统和非空间信息系统。前者主要处理带有位置和属性特征的数据,而后者则只有一般事务性数据(不含空间特征);从应用层次上考虑,信息系统有事务处理系统、管理信息系统(企业、事业管理信息系统、财务管理信息系统等)、决策支持信息系统等。GIS 在处理对象上属于空间信息系统,在应用层次上则属于决策支持系统。常见的 GIS 同义词,见表 1.1。

表 1.1 GIS 同义词

类 别	GIS 术语
美国术语	地理信息系统(Geographical Information System,GIS)
欧洲术语	地理信息系统(Geographical Information System,GIS)
测绘专业(加拿大术语)	地球信息科学(Geomatique)
基于技术的术语	地学相关的信息系统(Georelational Information System,GIS)
基于学科的术语	资源和环境信息系统(Resources and Environmental Information System,REIS)
非地理学术语	地球科学或地质信息系统(Geoscience or Geological Information System,GIS)
	空间信息系统(Spatial Information System,SIS)
基于系统的术语	空间数据分析系统(Spatial Data Analysis System,SDAS)
现代地球信息科学术语	地球信息科学(GIS)

由于人们研究和应用领域的侧重点不同,目前没有统一的 GIS 定义。早期一些学者认为“GIS 是全方位分析和操作地理数据的数字系统”,或“GIS 是一种特殊的信息系统,其数

据库包含有关分布空间上的(可以点、线或面)现象、活动或事件的观察数据。GIS 处理的是反映空间分布现象的地理数据”,或“GIS 是属于从现实世界中采集、存储、提取、转换和显示空间数据的一组有力工具”,或“GIS 是存储空间数据的数据库系统,以及一套用于检索数据库中有关空间实体的数据程序”,或“GIS 是一种存储、分析和显示空间与非空间数据的信息技术”。

20 世纪 90 年代,Goodchild 定义:GIS 是采集、存储、管理、分析和显示有关地理现象信息的空间信息系统,认为 GIS 中的“S”不是简单的“System(系统)”,而应是“Science(科学)”;Clarke 定义:GIS 是采集、存储、提取分析和显示空间数据的自动化系统;Chrisman 定义:GIS 是人们在与社会结构相互作用的同时,测量、描述地理现象,再将这些描述转换成其他形式的有组织活动。

21 世纪初,关于 GIS 的定义:美国国家地理信息与分析中心给出“GIS 是为了获取、存储、检索、分析和显示空间定位数据而建立的计算机化的数据库管理系统”。英国教育部认为“GIS 是一种获取、存储、检索、操作、分析和显示地球空间数据的计算机系统”。美国联邦数字地图协调委员会(Federal Interagency Coordinating Committee on Digital Cartography,FICCDC)认为“GIS 是由计算机硬件、软件和不同的方法组成的系统,该系统设计用来支持空间数据的采集、管理、处理、分析、建模和显示,以便解决复杂的规划和管理问题”。

从上述这些定义来看,有的侧重 GIS 的技术内涵,把 GIS 描述为一个工具箱,其中包含一套用于采集、存储、管理、处理、分析和显示地理数据的计算机软件工具。或认为 GIS 是信息系统的特例,除了处理地理数据的特殊性以外,GIS 具备一般信息系统的共同特点。有的则强调 GIS 的应用功能或社会作用,认为 GIS 从根本上改变了一个组织或部门运作的方式。GIS 是计算机化的技术系统,它针对的对象是地理实体,是现实世界在计算机中的反映。GIS 的技术优势在于它的混合数据结构和有效的数据集成、独特的地理空间分析能力、快速的空间定位搜索和复杂的查询功能、强大的图形创造和可视化表达手段,以及地理过程的演化模拟和空间决策支持功能等。其中,通过地理空间分析可以产生常规方法难以获得的重要信息,实现在系统支持下的地理过程动态模拟和决策支持,这既是 GIS 的研究核心,也是 GIS 的重要贡献。

基于上述定义,可以认为 GIS 是个发展的概念,内容主要有两部分。其一,GIS 是一门交叉学科,是目前正在发展的地球信息科学的主要内容;其二,GIS 是一个技术系统,是以地理空间数据库为基础,采用地理模型分析方法,适时提供多种空间和动态的地理信息,为地理研究和地理决策服务的计算机技术系统(图 1.1),目前我国多数教材采用美国联邦数字地图协调委员会关于 GIS 的定义及概念。

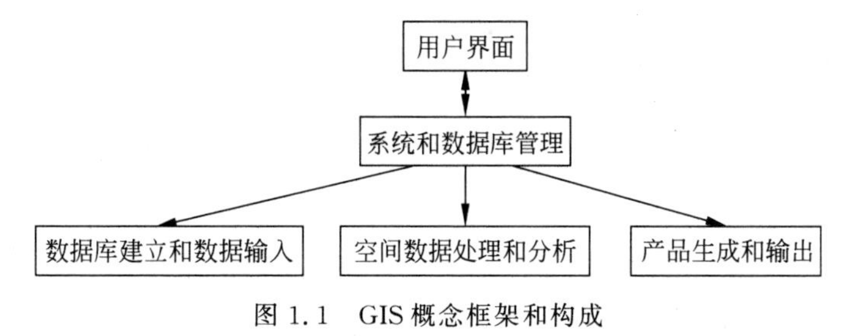

图 1.1 GIS 概念框架和构成

综上所述,GIS可以认为是：在计算机软硬件支持下,对整个或者部分地球表层空间中的有关地理分布数据进行采集、存储、管理、运算、分析、显示和描述的技术系统。GIS处理和管理的对象是多种地理空间实体数据及其关系,包括空间定位数据、图形数据、遥感图像数据、属性数据等,主要用于分析和处理一定地理区域内分布的各种现象和过程,解决复杂的规划、决策和管理问题。

总之,从概念的提出到现代对概念的理解,GIS是一门不断发展、不断完善的学科和技术。关于它的英文全称,多数人认为是"Geographical Information System/Science或Spatial Information System/Science",也有人基于技术内涵认为是"Geo-relational Information System或Geo-information System"。在加拿大和澳大利亚,把GIS当成Land Information System。在我国,通常把GIS认为是Resources and Environmental Information Systems。全称虽有差异,但简称都是GIS。基本上都强调三点：①处理对象,GIS处理的是空间数据和空间信息；②处理过程,GIS是基于计算机完成的；③学科和技术,GIS强调学科的综合和空间数据的集成技术。

根据其研究空间尺度,GIS可分为全球性信息系统和区域性信息系统；根据其应用领域,可分为土地信息系统、资源管理信息系统、地学信息系统等；根据其研究内容,GIS也可分为专题信息系统和综合信息系统；根据其使用的数据结构或模型,GIS又可分为矢量型信息系统、栅格型信息系统和混合型信息系统,根据系统应用方式,可分为网络地理信息系统、桌面地理信息系统和移动地理信息系统等。

由于技术的发展以及相关领域应用的驱动,地球信息学的内涵与外延也在不断变化,这其中主要体现在"S"的含义上。从20世纪80年代至今,先后经历了从GISystem到GIScience再到GIService和GIStudies的发展,形成了理论研究、技术开发、工程应用与产业化管理的完善体系,几个不同侧重阶段的发展时期如图1.2所示。

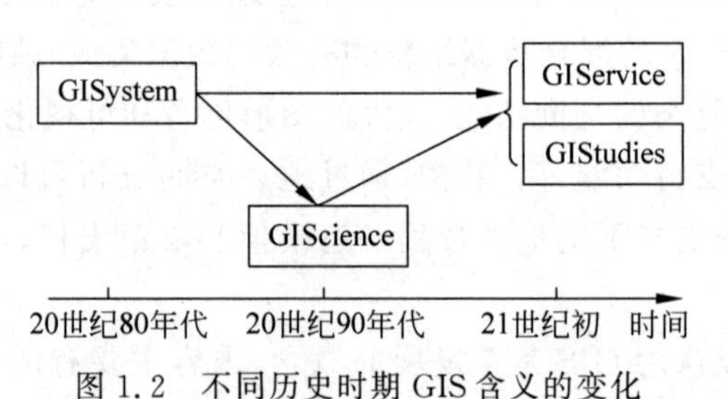

图1.2 不同历史时期GIS含义的变化

GISystem,是从技术层面的角度论述GIS,即面向区域、资源、环境等规划、管理和分析,是指处理地理数据的计算机技术系统,但更强调其对地理数据的管理和分析能力,GIS从技术层面意味着帮助构建一个GIS工具,如给现有GIS增加新的功能或开发一个新的GIS或利用现有GIS工具解决一定的问题,如一个GIS项目可能包括以下几个阶段：

(1) 定义一个问题；

(2) 获取软件或硬件；

(3) 采集与获取数据；

(4) 建立数据库；

(5) 实施分析；

(6) 解释和展示结果。

这里的地理信息系统技术(Geographic Information Technologies)是指收集与处理地理信息的技术,包括全球定位系统(GPS)、遥感(RS)和 GIS。从这个含义看,GIS 包含两大任务:①空间数据处理,②GIS 应用开发。

GIScience,是广义上的地理信息相关问题理论方法体系,常称之为地理信息科学,是地理信息学科中共性的地理信息表达、建模、决策分析的理论方法与知识体系,它不依赖于特定的技术支撑和设备环境,将空间认知、地理信息模型、时空推理方法等集成,构成了地理信息学科的理论基础。地理信息科学是 GIS 发展到一定阶段的必然产物,它关注地理信息的基本和普遍的科学问题,重视 GIS 应用所涉及的社会、经济、组织和管理问题,并从信息科学的普遍规律出发,深化 GIS 的研究,推动 GIS 向科学、工程方向不断发展。

GIService 代表信息服务,面向政府、社会公众、个人及特定专业领域,提供用户感兴趣的问题解决方案,在位置导航、空间决策、时空规划等方面为用户展示信息功能。随着遥感等信息技术、互联网技术、计算机技术等的应用和普及,GIS 已经从单纯的技术型和研究型逐步向地理信息服务层面转移,如交通线路的需求催生了导航 GIS,著名的搜索引擎 Google 也增加了 Google Earth 功能,GIS 成为人们日常生活中的一部分。当同时论述 GIS 技术、GIS 科学或 GIS 服务时,为避免混淆,一般用 GIS 表示技术,GIScience 或 GISci 表示地理信息科学,GIService 或 GISer 表示地理信息服务。

GIStudies 是代表研究有关地理信息技术引起的社会问题(Societal Context),如法律问题(Legal Context)、私人或机密主题、地理信息的经济学问题等。

因此,GIS 是一种专门用于采集、存储、管理、分析和表达空间数据的信息系统,它既是表达、模拟现实空间世界和进行空间数据处理分析的"工具",又是人们用于解决空间问题的"资源",同时还是一门关于空间信息处理分析的"科学技术"。

在本书中,如果没有特别说明,GIS 指的是"地理信息系统"。

1.1.3 GIS 与相关学科

GIS 作为传统科学与现代技术相结合的产物,为各门涉及空间数据分析的学科提供了新的技术方法,而这些学科又都不同程度地提供了一些构成 GIS 的技术与方法。因此,GIS 明显地具有多学科交叉的特点,它既要吸取诸多相关学科的精华,又逐步形成独立的边缘学科,并被多个相关学科所运用,并推动它们的发展。所以,认识和理解 GIS 与这些相关学科的关系,对理解和应用 GIS 有很大的帮助。

与 GIS 相关的科学技术如图 1.3 所示。尽管 GIS 涉及众多的学科,但与之联系最为紧密的还是地理学、测绘学、地图学、计算机科学等。

1. GIS 与地理学和测绘学

地理学是研究地理环境的科学,地理学是 GIS 的理论依托,为 GIS 提供有关空间分析的基本观点和方法。GIS 是地理技术学科的主要内容。地理学系统的观点、区域的观点、发展的观点以及地理学定律为 GIS 提供了丰富的空间分析方法。时空概念是 GIS 不可缺少的重要基础理论。GIS 空间分析是基于地理现象和过程的时空布局的地理数据分析技术,目的在于提取、变换、传输和表达空间信息,建立复杂非线性地球系统数学模型(GNSS、RS、GIS、大数据、云计算、人工智能)。

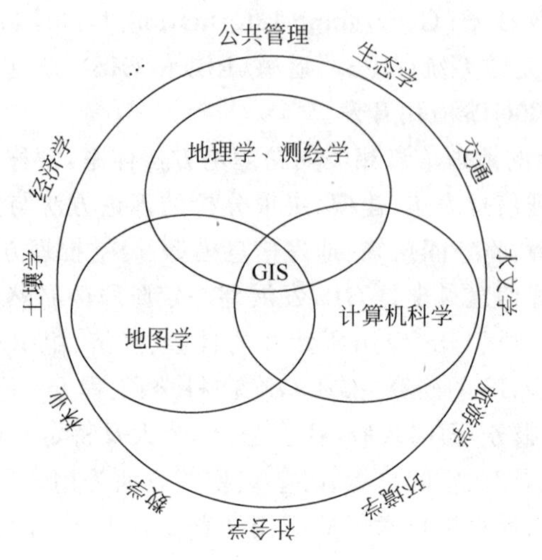

图 1.3　与 GIS 相关的学科

测绘学是运用系统的方法,集成各种手段来获取和管理空间数据,并作为科学、管理、法律和技术服务的一部分参与空间信息生产和管理的一门应用学科。它为 GIS 提供各种定位数据、光谱数据等,测绘学所建立的各种地表定位参考系为 GIS 地理信息表达提供了定位基础,测绘学的关于坐标变换、误差传播、数据可靠性分析等理论和方法可直接用于空间数据的变换和处理。

2. GIS 与地图学

地图学是研究地图的理论、编制技术与应用方法的科学,是一门研究以地图图形反映与揭示各种自然和社会现象空间分布、相互联系及动态变化的科学、技术与艺术相结合的学科。地图学是重构复杂非线性的现实世界的一门科学,是研究地图信息的表达、处理和传输的理论和方法,以地理信息可视化为核心,探讨地图的制作技术和使用方法的学科。GIS 事实上就是地图学的一个延续,是用信息系统扩展地图工作的内容。所以,我们可以认为 GIS 脱胎于地图,并成为地图信息的又一种新的载体形式。地图是 GIS 的重要数据来源之一,地图学理论与方法对 GIS 有重要的影响。地图强调的是基于可视化理论对数据进行符号化表达,而 GIS 则注重于信息分析,通过地理数据的加工处理而获得空间分布规律；地图也具有一定的图示空间分析功能,但它的定量分析主要局限于比例尺量测距离和用求积仪量测面积。一旦印刷成图,地图便成为自成体系的模拟化信息表达显示,所包含的信息很难与其他信息相结合,它是一种对信息静态的表达。而 GIS 在专业化地学分析模型支持下,其空间分析功能要比纸质地图强大得多,通过特定接口(指程序等),它可以方便地与其他数据集成,并对信息进行多维动态表达。通过 GIS 图层的操作可及时生成新的信息,反映地表动态变化的最新信息。

与传统地图集相比,电子地图系统(Electronical Map System,EMS)有许多新的特征,如声、图文、多媒体集成；查询检索和分析决策功能；图形动态变化功能；良好用户界面、读者可以介入地图生成；多级比例尺的相互转换。一个好的电子地图(制图)系统应具有 GIS 的基本功能。

如果要严格区分 GIS 与地图的差别,GIS 强调地理信息的分析,旨在发现地理现象的分布规律、空间特征和时空演变趋势；地图则主要担当地理现象的可视化表达，通过视觉语言展示在何处有何物。GIS在实施空间分析过程中需要应用图形可视化方式表达分析结果，也需要依赖形象化地可视化分析揭示空间分布规律。而地图可视化的对象内容往往会突破简单的地物分布，向深度发展则涉入深层次的地学知识内容。两者的差别体现在历史发展不同时期所赋予各自的任务差异。

由于地图学与GIS的紧密联系，在专业学科名称上两者通常结合在一起。在我国，与此相关的测绘科学与技术下的二级学科名称为"地图制图学与地理信息工程"，而地理学下的二级学科名称为"地图学与地理信息系统"。

3. GIS与计算机科学

20世纪60年代初，在计算机图形学的基础上出现了计算机化的数字地图，在此基础上，GIS发展起来。GIS与计算机科学是密切相关的。计算机辅助设计(CAD)为GIS提供了数据输入和图形显示的基础软件；数据库管理系统(DBMS)更是GIS的核心。几何学、拓扑学、统计学、优化论等数学方法被广泛应用于GIS空间数据的分析。

1) GIS与CAD和CAM

管理图形数据和非空间属性数据的系统不一定是GIS，如计算机辅助设计(Computer Aided Design，CAD)和计算机辅助制图(Computer Aided Map，CAM)与GIS既有联系又有区别。从计算机应用的角度来看，CAD或CAM对建筑物和基础设施的设计和规划起到很大的促进作用。这些系统设计需要装配固有特征的组件来产生整个结构，并需要一些规则来指明如何装配这些部件，但对地理数据的空间分析能力有限。目前CAD系统(AutoCAD)虽已经扩展可以支持地图设计，但对管理和分析大型的地理数据库仍然很有限。比较见表1.2和表1.3。

表1.2 GIS与CAD的区别和联系

比较项目		GIS	CAD/AutoCAD
不同点	数据类型	有空间分布特性，由点、线、面及相互关系构成。 GIS采用地理坐标系	主要为描绘对象的图像数据。CAD中的拓扑关系较为简单，一般采用几何坐标系
	数据源	数据采集的方式多样化； 图形图像及地理特征属性； GIS处理的数据大多来自现实世界，不仅复杂，而且数据量大	规则图像。CAD研究对象为人造对象，即规则几何图形及其组合。 图形功能强，特别是三维图形功能强，属性库的功能相对较弱
	软件	要求高，价格昂贵	CAD是计算机辅助设计，是规则图形的生成、编辑与显示系统，与外部描述数据无关
	处理内容(采用目的或分析内容)	GIS的属性库结构复杂，功能强大； 强调对空间数据的分析，图形与属性交互使用频繁； GIS集规则图形与地图制图于一身，且有较强的空间分析能力	图像处理
共同点	都有空间坐标系统，都能将目标和参考系联系起来。两者均以计算机为核心。人机对话，交互作用程度高		

表 1.3 GIS 与 CAM 的区别和联系

比较项目		GIS	CAM
不同点	数据类型	有空间分布特性,由点、线、面及相互关系构成	主要为描绘对象的属性数据或统计分析数据
	数据源	图形图像及地理特征属性	表格、统计数据、报表
	软件	GIS 是综合图形和属性数据,能进行深层次的空间分析,提供辅助决策信息	CAM 是 GIS 的重要组成部分,CAM 强调数据显示而不是数据分析,地理数据往往缺乏拓扑关系。 它与数据库的联系通常是一些简单的查询。 CAM 为适合地图制图的专用软件,缺乏深层次的空间分析能力
	处理内容(采用目的或分析内容)	用于系统分析、检索、资源开发利用或区域规划,地区综合治理,环境监测,灾害预测预报	CAM 侧重于数据查询、分类及自动符号化,具有地图辅助设计和产生高质量矢量地图的输出机制
	工作方式	人机对话,交互作用程度高	人为干预少
共同点	都有地图输出、空间查询、分析和检索功能		

2) GIS 与数据库管理系统(DBMS 或 MIS)

数据库管理系统(Data Base Management System,DBMS)是数据库系统的核心。它解决如何高效存储、分析、管理所有类型的数据,其中包括地理数据。DBMS 使存储和查找数据最优化,许多 GIS 为此而依靠它。相对于 GIS,DBMS 没有空间分析和可视化的功能。但 GIS 离不开数据库技术,数据库中的一些基本概念,如数据模型、数据存储、空间查询、数据检索等都是 GIS 广泛使用的核心技术。GIS 是对空间数据和属性数据共同管理、分析和应用的系统,而一般数据库系统,如管理信息系统(Management Information System,MIS)侧重于非图形数据(属性数据)的优化存储与查询,即使存储了图形,也是以文件的格式存储,不能对空间数据进行查询、检索、分析,没有拓扑关系,其图形显示功能也很有限,比较见表 1.4。如电话查号台就是一个 MIS,它能回答用户询问的电话号码,而通信服务信息网就是 GIS 应用系统之一,该系统除了可查询电话号码外,还提供用户的地理分布、空间密度、最近的邮局等空间关系信息。此外,饭店管理信息系统、工资管理信息系统等都是 MIS 的应用。

上述提及的常规 DBMS 是面向非空间数据管理的,如 Oracle、Access 等数据库管理系统,主要针对关系数据。通过扩展功能后的空间 DBMS,已引入空间概念,拓宽了空间参数的功能,如 Oracle Spatial 数据库管理系统、ArcGIS 的 Geodatabase 数据库管理系统。

利用结构化查询语言(Structured Query Language,SQL)的查询功能,与空间概念集成后产生了空间 SQL 查询语言,不仅数据类型从简单的整数、小数、字符等扩展为复杂的空间数据类型点、线、多边形、复杂线、复杂多边形等,查询的操作谓词也扩展到针对空间数据的处理,有人归纳为三类,即几何操作(如空间参考系确立、外接矩形生成、边界提取等)、

表 1.4 GIS 与 MIS 比较

比较项目		GIS	MIS
不同点	数据类型	有空间分布特性,由点、线、面及相互关系构成	主要为描绘对象的属性数据或统计分析数据
	数据源	图形图像及地理特征属性	表格、统计数据、报表
	输出结果	图形图像产品、统计报表、文字报告、表格	表格、报表、报告
	硬件配置	外设:数字化仪、扫描仪、绘图仪、打印机、磁带机。 主机:要求高档计算机或工作站	打印机、键盘、一般计算机
	软件	要求高,价格昂贵,如 Arc/Info、计算机版约 3.0 万元,工作站版 5 万~10 万元	要求低、便宜,标准规格统一,如 Oracle、Foxbase 等
	处理内容(采用目的或分析内容)	用于系统分析、检索、资源开发利用或区域规划,地区综合治理,环境监测,灾害预测预报	查询、检索、系统分析、办公管理,如 OS
	工作方式	人机对话,交互作用程度高	人为干预少
共同点	两者均以计算机为核心,数据量大而复杂,都需要依赖高效管理的数据结构和索引机制支持数据的存储和检索		

拓扑操作(包括对相等、分离、相交、相切交叉、包含等拓扑关系的布尔判断)、空间分析操作(包括缓冲区生成、多边形叠置、凸壳生成等)。有关 GIS 空间数据库内容将在第 3 章和第 4 章介绍。

1.2 GIS 组成要素

虽然 GIS 定义表述不统一,具体的 GIS 显示内容也不同,但能构成 GIS 的基本都具备以下几点:①应有处理地理数据的能力;②在统一的地表定位坐标系统下,以特定的数据模型输入、组织、存储和管理地理数据,并允许用户根据地理空间位置访问数据,或依据专题属性访问数据,能以可视化的形式表示地理数据;③拥有一套特殊的用于处理和分析地理数据的基本工具;④要有很强的地理数据的输出功能。若从人机系统来看,GIS 则由硬件(含网络)、软件(含标准)、数据、方法、人员等要素组成(图 1.4)。若只从计算机系统来看,GIS 则由输入系统、输出系统和处理系统三大部分构成。

1.2.1 GIS 硬件

GIS 硬件包括计算机、输入与输出设备以及计算机网络通信设备。单机模式的硬件配置和网络模式的硬件配置如图 1.5 和图 1.6 所示。

图 1.4 GIS 组成要素

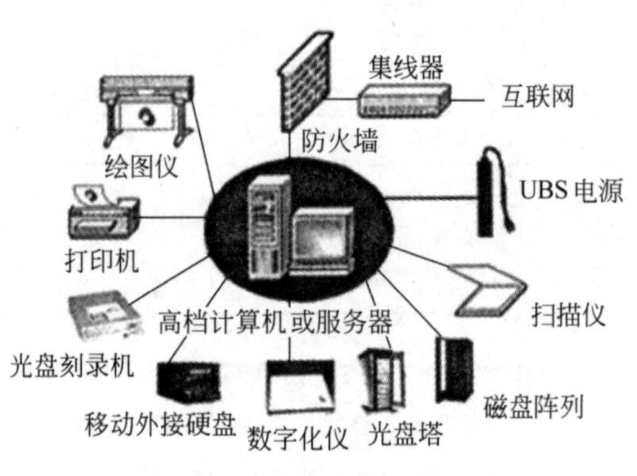

图 1.5 单机模式的硬件配置

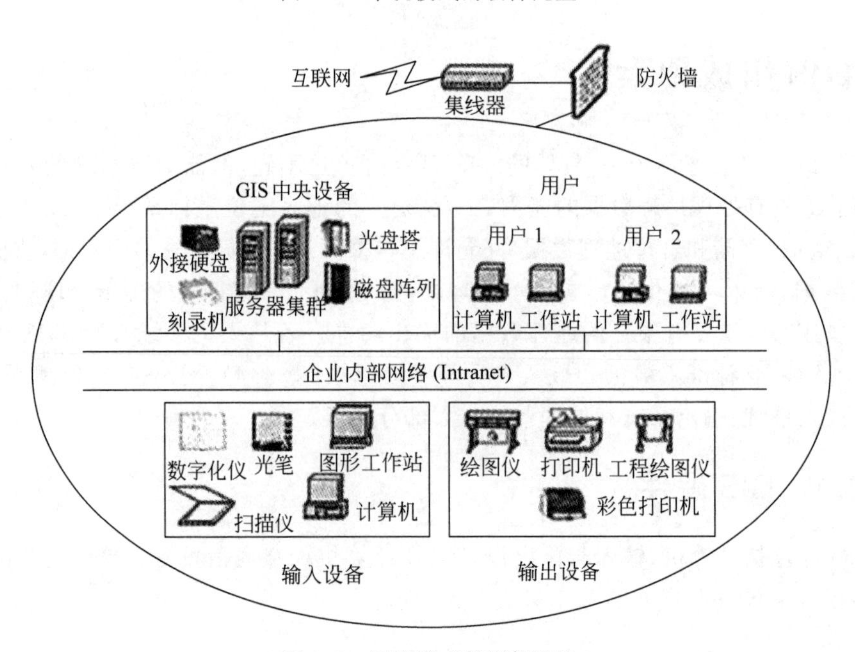

图 1.6 网络模式的硬件配置

用于运行 GIS 的计算机可以是小型个人计算机(如台式或笔记本式),也可以是大型的多用户超级计算机。由于 GIS 通常涉及复杂的数据处理,且数据量大,运行 GIS 的计算机一般需要具有较强运算能力的处理器、较大的内存容量以及外设存储设备。GIS 的主要输入设备包括数字化仪、扫描仪、键盘和鼠标等。数字化仪和扫描仪用于将描绘在地图上的地理实体转换成数字形式表达,并将其输入计算机中。GIS 输出设备包括计算机屏幕、绘图仪和打印机等。磁盘、光盘等外部存储媒介既可用于输入,也可用于输出。计算机网络是利用通信设备和线路将位于不同地点的、功能独立的多个计算机系统连接起来。通过计算机网络,不同计算机之间可实现数据的共享与交换。目前,互联网已成为 GIS 广泛应用的平台。

1) 数字化仪

数字化仪有不同的形式和幅面规格,主要可分为手扶数字化仪和自动跟踪数字化仪。小型数字化仪的有效幅面在 30cm×60cm 左右,只适用于数字化小幅面的地图或相片。大型数字化仪的有效幅面可达 90cm×120cm,用于数字化大幅面的地图和影像。数字化仪由数字化台面、电磁感应板、游标和相应的电子电路组成。数字化仪是早期 GIS 获取矢量数据的主要途径之一,由于其工作强度大、数据录入效率低,目前很少使用。

2) 扫描仪

扫描仪是通过对地图原图或遥感相片进行逐级扫描,将采集到的原图资料上图形的反射光强度转换成数字信息。扫描仪主要有三种:普通桌面平台扫描仪、滚筒式扫描仪和大幅面送纸式扫描仪。不同类型的扫描仪其空间分辨率有很大的差异,大多数 GIS 扫描数字化工作要求空间分辨率在 400～1000dpi,所以,应根据精度需求选取扫描仪。

3) PDA 采集系统

PDA(Personal Digital Assistant),又称为掌上电脑,可以帮助人们完成在移动中工作、学习、娱乐等。按使用来分类,分为工业级 PDA 和消费品 PDA。工业级 PDA 主要应用在工业领域,常见的有条码扫描器、RFID 读写器、POS 机等;消费品 PDA 包括智能手机、平板电脑、手持的游戏机等。随着科技的发展,PDA 的性能得到快速地提高。目前利用 PDA 可以采集地理数据。

实验室常见的硬件设备如图 1.7 所示。

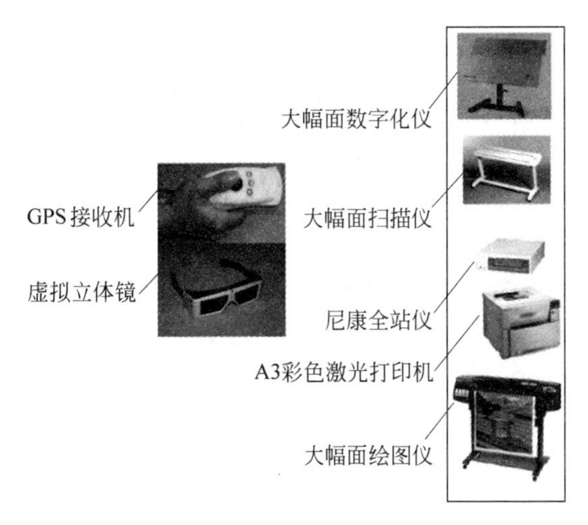

图 1.7 实验室常见的硬件设备

1.2.2 GIS 软件

GIS系统是将描述“在何处”的位置信息与描述“是什么”的语义信息相连接的集成软件。GIS软件涉及数据读、写、维护管理等计算机数据处理的基本功能,也包括空间分析、空间决策规划等专业化软件功能,同时还有其独特的空间图形可视化、地图制图等软件功能。因此,GIS运行所需的软件系统通常有3个:①计算机系统软件;②GIS软件和其他支持软件;③应用分析程序。

(1) 计算机系统软件:由计算机厂家提供的,为用户使用计算机提供方便的程序系统,通常包括操作系统、汇编程序、编译程序、诊断程序,以及各种维护使用手册、程序说明等,是GIS日常工作所必需的软件。

(2) GIS软件和其他支持软件:包括通用的GIS软件包,也可以包括数据库管理系统、计算机图形软件包、计算机图像处理系统等,用于支持对空间数据输入、存储、转换、输出和与用户解释等操作。

(3) 应用分析程序:系统开发人员或用户根据地理专题或区域分析模型编制的用于某种特定任务的程序,是系统功能的扩展和延伸。将通用的GIS基础功能模块与应用领域的专业模型和任务需求相结合,集成开发的定制功能系统。在GIS工具支持下,应用程序的开发应是透明的和动态的,与系统的物理存储结构无关,并能随着系统应用水平的提高不断优化和扩充。应用程序作用于地理专题或区域数据,构建GIS的具体内容,这时用户进行系统开发的大部分工作是开发应用程序,而应用程序的水平在很大程度上决定系统应用的优劣和成败。

典型的GIS软件以空间数据库为引擎,系统结构有3层:①界面层,由图形用户界面和应用程序接口构成;②工作层,由数据输入和输出以及数据处理与分析软件构成;③数据管理层,包括数据存储和管理(图1.8)。对于单一用户使用的GIS,这三层软件以及数据都安装在同一台计算机内。对于多用户使用的GIS,界面层软件通常安装在用户的计算机上,而工作层、数据管理层软件和数据则安装在与用户计算机联网的另一台称为服务器的计算机上,这种软件结构称为客户端-服务器(Client-Server)结构。通过计算机网络通信,客户端由GIS用户界面向服务器索取数据,或请求解决某一问题,服务器上的GIS工作层和数据管理层软件则执行客户端的请求,为客户端提供数据或解答问题。

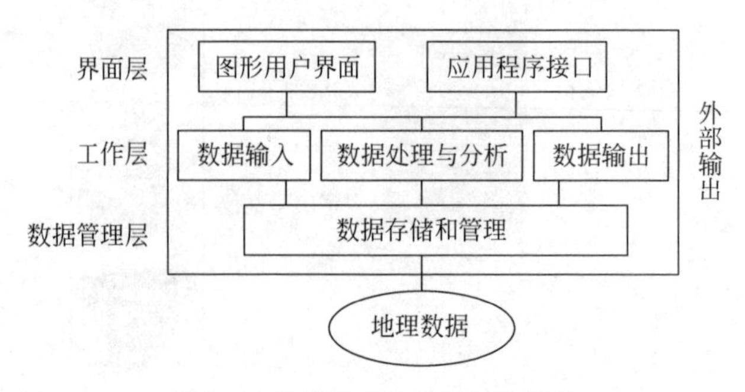

图1.8 典型的GIS软件系统结构

在一些大型的应用结构中，GIS可以涉及多个服务器以及在地理上广泛分布的客户，这种结构称为分布式GIS软件结构（图1.9）。此外，GIS软件结构还有基于组件式开发平台、基于嵌入式开发平台、基于桌面平台、基于导航应用开发平台等。

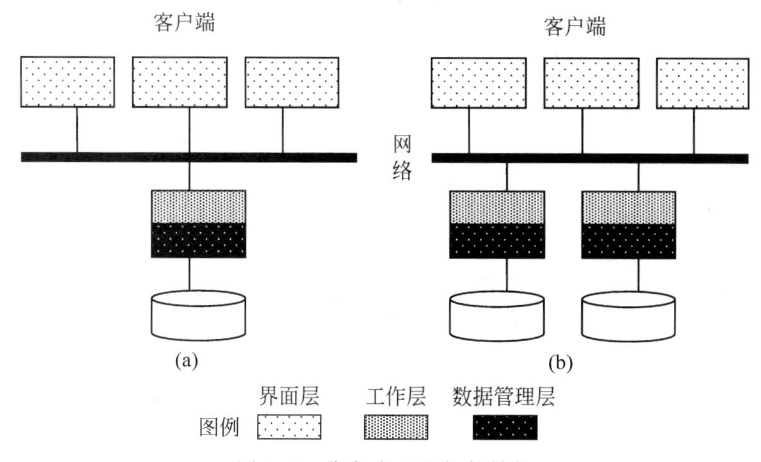

图1.9　分布式GIS软件结构

GIS发展至今，软件产业日趋成熟。目前流行的GIS商业软件国外引进的主要有：美国环境系统研究所（ESRI）公司开发的GIS软件；Pitney Bowes MapInfo公司的GIS产品MapInfo，Intergraph公司提供的GIS软件MEG；美国克拉克大学开发的IDRISI等；国内主要的GIS软件有中地产品MapGIS；北京超图SuperMap GIS等。

1）ArcGIS系列产品

ArcGIS系列是由美国环境系统研究所（ESRI）开发的地理信息系统软件，1981年10月到1982年6月的9个月里，ESRI开发出Arc/Info 1.0，这是世界上第一个现代意义上的GIS软件，第一个商品化的GIS软件。

1986年，PC Arc/Info的出现是ESRI软件发展史上的又一里程碑，它是为基于PC（个人计算机）的GIS工作站设计的。

1992年，ESRI推出了ArcView软件，它使人们用更少的投资便可获得一套简单易用的桌面制图工具。

在20世纪90年代中期，ESRI公司的产品线继续增长，推出了基于Windows NT的Arc/Info产品，为用户的GIS和制图需求提供多样的选择。ESRI公司也在世界GIS市场中占据领先地位。

1999年，发布Arc/Info 8，同时也推出ArcIMS，这是当时第一个只要运用简单的浏览器界面，就可以将本地数据和Internet网上的数据结合起来的GIS软件。

2004年4月，ESRI推出了新一代9版本ArcGIS软件，为构建完善的GIS系统，提供了一套完整的软件产品。

2010年，ESRI推出ArcGIS 10。这是全球首款支持云架构的GIS平台，在Web2.0时代实现了GIS由共享向协同的飞跃；同时ArcGIS 10具备了真正的3D建模、编辑和分析能力，并实现了由三维空间向四维时空的飞跃；真正的遥感与GIS一体化让RS＋GIS价值凸显。

ESRI已于美国时间2013年7月30日正式发布了最新版产品——ArcGIS 10.2。该产品的发布,标志ESRI进入一个新的里程碑。在ArcGIS 10.2中,ESRI充分利用了IT技术的重大变革来扩大GIS的影响力和适用性。新产品在易用性,对实时数据的访问,以及与现有基础设施的集成等方面都得到极大改善。用户可以更加轻松地部署自己的Web GIS应用,大大简化地理信息探索、访问、分享和协作的过程,感受新一代Web GIS所带来的高效与便捷。

ArcGIS产品线为用户提供一个可伸缩的,全面的GIS平台。ArcObjects包含了大量的可编程组件,从细粒度的对象(如单个的几何对象)到粗粒度的对象(如与现有ArcMap文档交互的地图对象)涉及面极广,这些对象为开发者集成了全面的GIS功能。每一个使用ArcObjects建成的ArcGIS产品都为开发者提供一个应用开发的容器,包括桌面GIS(ArcGIS Desktop)、嵌入式GIS(ArcGIS Engine)以及服务端GIS(ArcGIS Server)。

2014年底,ArcGIS 10.3正式发布。ArcGIS 10.3是以用户为中心(Named User)的全新授权模式,超强的三维“内芯”,革新性的桌面GIS应用,可配置的服务器门户,即拿即用的App,更多应用开发新选择,数据开放新潮流,为构建新一代Web GIS应用提供更有力的支持。

2017年ArcGIS 10.5正式发布;2018年ArcGIS 10.6正式发布;2010年ArcGIS 10.7正式发布;2021年ArcGIS 10.8正式发布……

最新版是一个用于管理GIS的工作平台,使用者大多是地理信息类工作者或计算机应用的学者。

ArcGIS最新版的主要组件由ArcGIS Desktop、ArcGIS Engine、ArcGIS Server、ArcGIS SDE等构成,其中,ArcGIS Desktop是一个桌面地理信息系统分析工具,用来对地理信息做各种空间分析;ArcGIS Engine是组件GIS,可以用来开发一个新的自己的地理信息系统,当然前提是安装Visual Studio 2005以上版本;ArcGIS Server和ArcGIS Engine差不多,不过前者用来开发更大型的GIS项目;ArcGIS SDE则是用来建立空间数据库的引擎,方便前两项的工作需求,提升工作效率。

2) MapInfo

MapInfo是美国MapInfo公司的桌面地理信息系统软件,是一种数据可视化、信息地图化的桌面解决方案。它依据地图及其应用的概念、采用办公自动化的操作、集成多种数据库数据、融合计算机地图方法、使用地理数据库技术、加入地理信息系统分析功能,形成极具实用价值的、可以为各行各业所用的大众化小型软件系统。MapInfo含义是“Mapping + Information(地图+信息)”,即地图对象+属性数据。

1986年MapInfo公司成立并推出第一个版本——MapInfo for DOS V1.0及其开发工具MapBasic,此后又推出DOS平台的2.0版和3.0版。1995年底MapInfo发布了MapInfo Professional,是一个以Windows 95/Windows N/XPT为平台的桌面地理信息系统。

MapInfo是一个介于CAD与GIS之间的系统,主要功能偏向于桌面出版与数据的管理,缺乏GIS拓扑分析与管理能力,而且图形处理能力稍差。在2000年左右该产品应用比较多,但由于产品内部的局限性,近年来市场影响力不大。2007年初,MapInfo被美国PBI公司收购,其产品将转型集成到PBI现有的一些邮政管理软件中,MapInfo作为一个GIS平台软件产品其生命期已经基本结束。但在GIS应用领域还是有一定的影响。现在MapInfo公司已更名为Pitney Bowes MapInfo。2013—2017年最新版本为MapInfo 11.5。

3) MGE

Intergraph公司提供的GIS产品包括专业GIS系统(MGE)、桌面GIS系统(GeoMedia)以及因特网GIS系统(GeoMedia WebMap)。运行环境:Windows95/98/NT/Unix。

MGE构成了Intergraph专业GIS软件产品族,它包括多个产品模块,提供了从扫描图像矢量化(I/GEOVEC)、拓扑空间分析(MGE Analyst)到地图整饰输出(MGE Map Finisher)的基本GIS功能,此外还包括了其他一些扩展模块,实现图像处理分析(MGE Image Analyst)、网络分析(MGE Network Analyst)、格网分析(MGE Grid Analyst)、地形模型分析(MGE Terrain Analyst)及基于真三维的地下体分析(MGE Voxel Analyst)等一系列增强功能。

GeoMedia Professional设计成为与标准关系数据库一起工作,用于空间数据采集和管理的GIS产品,它将空间图形数据和属性数据都存放于标准关系数据库(Microsoft Access)中,在一定程度上提高了系统的稳定性和开放性,并且提高了数据采集、编辑、分析的效率。它支持多种数据源,包括其他GIS软件厂商的数据文件以及多种关系数据库;实现了矢量栅格的集成操作;提供了多种空间分析功能;此外,GeoMedia包含其他一些模块,以应用于不同的具体领域。

GeoMedia WebMap是Intergraph提供的基于因特网的空间信息发布工具。它提供了多源数据的直接访问和发布工具,并且支持多种浏览器。GeoMedia WebMap Enterprise除了能够在因特网上发布数据之外,还提供了空间分析服务,如缓冲区分析、路径分析、地理编码等,用户可以在客户端通过浏览器提出请求,并输入具体参数,服务器进行计算并将结果返回用户。

4) IDRISI

IDRISI由克拉克大学(Clark University)开发,运行环境为Windows 95/98/NT。IDRISI是遥感与地理信息系统结合应用的系统,系统包括遥感图像处理、地理信息系统分析、决策分析、空间分析、土地利用变化分析、全球变化监测、时间序列分析、适宜性评价制图、地统计分析、元胞自动机土地动态变化趋势预测、图像分割、不确定性管理、生物栖息地评估等300多个实用而专业模块,这一软件集地理信息系统和图像处理功能于一体,依托克拉克大学研究计划的大力支持,为众多相关应用领域提供有力的研究与开发工具。尤其在科学研究方面,IDRISI始终关注其理论、技术前沿的发展动向,不断吸收最新成果,并将其转化为扩展的功能模块加入软件系统中。从1987年至今,已开发多个版本,2017年发布IDRISI 17。

5) 中地产品MapGIS

MapGIS是中地数码集团的产品名称,是中国具有完全自主知识版权的地理信息系统,是全球唯一的搭建式GIS数据中心集成开发平台,实现遥感处理与GIS完全融合,支持空中、地上、地表、地下全空间真三维一体化的GIS开发平台。从2007年正式推出零编程、巧组合、易搭建开发平台到2009年新一代可视化、零编程的开发系统。MapGIS K9平台研发成功到2014年全球首款云特性GIS软件平台——MapGIS 10,一直到2020年具有完全自主知识版权的国产地理信息系统MapGIS 10.3。

系统特点如下:

(1) 采用分布式跨平台的多层多级体系结构,采用面向"服务"的设计思想。

(2) 具有面向地理实体的空间数据模型,可描述任意复杂度的空间特征和非空间特征,完全表达空间、非空间、实体的空间共生性、多重性等关系。

(3) 具备海量空间数据存储与管理能力,矢量、栅格、影像、三维四位一体的海量数据存储,高效的空间索引。

(4) 采用版本与增量相结合的时空数据处理模型,"元组级基态+增量修正法"的实施方案,可实现单个实体的时态演变。

(5) 具有版本管理和冲突检测机制的版本与长事务处理机制。

(6) 基于网络拓扑数据模型的工作流管理与控制引擎,实现业务的灵活调整和定制,解决GIS和OA的无缝集成。

(7) 标准自适应的空间元数据管理系统,实现元数据的采集、存储、建库、查询和共享发布,支持SRW协议,具有分布检索能力。

(8) 支持真三维建模与可视化,能进行三维海量数据的有效存储和管理,三维专业模型的快速建立,三维数据的综合可视化和融合分析。

(9) 提供基于SOAP和XML的空间信息应用服务,遵循OpenGIS规范,支持WMS、WFS、WCS、GLM3。支持互联网和无线互联网,支持各种智能移动终端。

本产品主要以项目形式出现,已被广泛应用于多个省市土地二次调查和土地利用规划。

6) 北京超图(SuperMap GIS)

SuperMap GIS是北京超图软件股份有限公司开发的具有完全自主知识产权的大型地理信息系统软件平台,包括组件式GIS开发平台、服务式GIS开发平台、嵌入式GIS开发平台、桌面GIS平台、导航应用开发平台以及相关的空间数据生产、加工和管理工具,形成了全系列GIS软件产品。包括:

(1) SuperMap SDX+:支持海量空间数据管理的大型空间数据库引擎。

(2) SuperMap Objects .NET:基于超图共相式GIS内核进行开发,采用.NET技术的组件式GIS开发平台。共相式GIS内核采用标准C++编写,实现基础的GIS功能;在此基础上,SuperMap Objects .NET组件采用C++/CLI进行封装,是纯.NET的组件,不是通过COM封装或者中间件运行的组件,比通过中间件调用COM的方式在效率上有极大提高。SuperMap Objects .NET支持所有.NET开发语言,如C#、VB .NET、C++/CLI等。

(3) SuperMap Objects Java:基于超图共相式GIS内核进行开发,采用Java技术的组件式GIS开发平台。共相式GIS内核采用标准C++编写,实现基础的GIS功能;在此基础上,SuperMap Objects Java组件采用Java + JNI的方式构建,是纯Java的组件,不是通过COM封装或者中间件运行的组件,并且由于Java代码只是负责调用内核功能,比完全采用Java编写的组件或通过中间件调用COM的方式在效率上将有极大提高。

(4) SuperMap Deskpro .NET 6R:一套运行在桌面端的专业GIS软件,是通过

SuperMap Objects .NET 6R、桌面核心库和 .NET Framework 2.0 构建的插件式 GIS 应用，能够满足用户的不同需求。它是一款可编程、可扩展、可定制的，二三维一体化的桌面 GIS 产品，是超图新一代的桌面 GIS 产品。产品基于 .NET 框架，采用异常机制，极大地提高了应用系统的稳定性；产品使用 Ribbon 界面风格，取代了传统的菜单工具条模式，不仅美观，而且使功能组织清晰化、直观化。"功能就在您手边"的设计理念，提供了丰富的右键菜单和鼠标动作的响应功能，随时随地可以进行想要的操作，增强软件的易用性；模板化的应用，用户通过自己设计模板及系统提供的模板，提高工作成果的重用性，提高了工作效率。所见即所得的呈现方式，用户的操作会实时地得到应用，保证用户在第一时间看到操作的工作成果，方便设计和修改。产品所有功能都是以插件的方式实现和提供的，并且应用系统所加载的插件和界面构建都采用配置方式来管理；基于产品的基础框架，用户可以对产品进行定制和扩展开发。

(5) SuperMap iServer 6R：面向服务式架构的企业级 GIS 产品，该产品通过服务的方式，面向网络客户端提供与专业 GIS 桌面产品相同功能的 GIS 服务；能够管理、发布和无缝聚合多源服务，包括 REST 服务、OGC 标准下的 WMS、WMTS、WFS 服务等；支持多种类型客户端访问；支持分布式环境下的数据管理、编辑和分析等 GIS 功能；提供从客户端到服务器端的多层次扩展的面向服务 GIS 的开发框架。是基于 Java EE 平台和 SuperMap Objects Java 构建的面向服务式架构的企业级 GIS 产品。作为一款服务式 GIS 产品，能全面地支持 SOA，通过对多种 SOA 实践标准与空间信息服务标准的支持，可以用于各种 SOA 架构体系中，与其他 IT 业务系统进行无缝的异构集成，从而可以更容易地让应用开发者快速构建敏捷的应用系统。总之，SuperMap GIS 是面向应用开发者的平台，定位非常明确。

1.2.3 GIS 数据

GIS 软件是为处理地理数据而设计的，没有数据，GIS 就没有实际的用处。所以，GIS 数据是系统分析的对象与处理的内容，它一般指以地球表面空间位置为参照，描述自然、社会和人文经济景观的数据，这些数据可以是数字、文字、表格、图像和图形等。它们由系统建造者通过数字化仪、扫描仪、键盘、磁带机或者其他输入设备输入 GIS 中，是 GIS 所表达的现实世界经过模型抽象的实质性内容，其相应的区域数据包括位置数据、属性数据和时间数据。GIS 则将把这些数据集成在一起统一管理。高质量的地理数据是 GIS 能否成功地应用于解决实际问题的关键之一(关于 GIS 数据的采集和处理在第 4 章介绍)。

1.2.4 GIS 方法

GIS 方法，即我们常说的"GIS 应用模型"，它们的构建和选择是 GIS 应用成功与否的关键。GIS 方法是面向实际应用，在较高层次上对基础的空间分析功能集成并与专业模型接口、研制解决应用问题的模型方法。虽然 GIS 基本功能能为解决各种现实问题提供有效的基本工具(如空间量算、网络分析、叠加分析、缓冲分析、三维分析、通视分析等)，但对于某一领域或部门的应用，则必须构建专门的应用模型并进行 GIS 二次开发，例如，土地利用适宜性模型、大坝选址模型、洪水预测模型、污染物扩散模型、水土流失模型等。为构建这些具体的应用模型,需要进行 GIS 二次开发。这些应用模型是客观世界到信息世界的映射,它反映了人类对客观世界的认知水平,也是 GIS 技术产生社会、经济、生态效益的所在,因此,应用模型在 GIS 技术中占有十分重要的地位。利用 GIS 求解问题的基本流程可参见图 1.10。构建 GIS 模型的具体内容详见第 6 章。

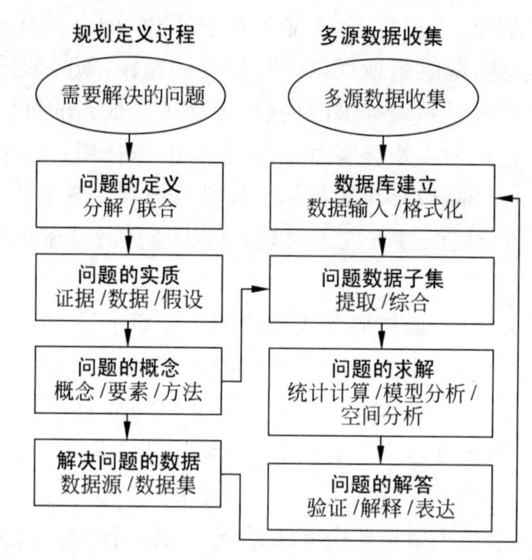

图 1.10 用 GIS 求解问题的基本流程

1.2.5 GIS 人员

GIS 需要人去规划,需要人去输入数据、选择和执行系统功能,需要人去解译并输出结果。也就是说 GIS 只有在适当的应用环境中才能真正发挥作用。GIS 应用环境除 GIS 方法外,GIS 人员也很重要。人员是 GIS 开发建设中最活跃的因素,一般可以将其分为三类:高级技术人员(GIS 专家或受过 GIS 基本训练的系统分析员、系统设计人员)、一般技术人员(代码设计员、数据录入员、系统管理员)和管理人员(领导决策者、各开发阶段的公关协调人员)。GIS 工程建设的不同阶段对各类人员的数量要求是不一样的,一般来说,在系统规划阶段所需求的人员小于系统实施阶段需求的人员。

自从 GIS 提出到实施,各国相关机构组织就特别重视人员的培训和人才的培养。20 世纪 90 年代以来,我国在高等院校开设了与 GIS 相关的新专业,为相关部门培养了一大批从事 GIS 研究与开发的高层次人才和 GIS 管理人员(根据统计,截至 2019 年全国已有百余所高等师范院校开办了地理信息系统专业)。

由于计算机技术的飞速发展和地理信息的时序特征(一般硬件寿命为 3～5 年,软件寿命为 5～15 年,数据为 1～2 年或 5～70 年不等),并且 GIS 构建后需要不断维护、更新,所以用户(包括开发者和使用者)需要不断进行知识更新。

总之,一个成功的 GIS 离不开高效可靠的硬件、功能完善的软件、高质量的数据和良好的应用环境。

1.3 GIS 功能

1.3.1 GIS 基本功能和核心功能

GIS 基本功能包括：空间数据采集、空间数据存储和管理、空间数据分析、空间数据输出及二次开发和编程。其中查询和检索管理、统计计算是 GIS 以及许多数据信息系统应具备的分析功能，而 GIS 空间分析功能则是 GIS 的核心功能，也是 GIS 与其他系统区别的重要标志。

只要研究对象与空间有关，就可以利用 GIS 去解决相关问题。GIS 基本功能所提供的方法能解决定位、查询、趋势、模式和模拟等方面的应用问题。

(1) 定位(Location)分析：研究对象位于何处？研究对象与周围的环境关系如何？研究对象相互之间的地理位置关系如何？

(2) 查询(Query)分析：可解决设置问题。如假设一定的条件，分析满足条件的空间对象有哪些？它们的空间关系如何？其空间信息的属性特征包括哪些？或查询有哪些地方符合某项事物(或业务)发生(或进行)所设定的特定经济地理条件？

(3) 趋势(Trends)研究：可解决一系列规划问题(如交通规划、土地利用规划等)、时空变化的问题，研究对象或环境(如全球变化等)从某个时间起发生了什么样的变化？今后演变的趋势是怎样的？

(4) 模式(Pattern)研究：研究对象的分布存在哪些空间模式？地理现象分布的聚类特征如何？不同地理现象分布相互间有哪些依存关系？

(5) 模拟(Modelling)分析：如果发生假设条件，研究对象会发生哪些变化？引起怎样的结果？在虚拟环境下某地理现象的发生规律如何？

1.3.2 GIS 应用功能

GIS 除基本功能外，若与实际应用领域的复杂问题结合研究，还有很强的应用功能。GIS 应用模型分析则是面向领域应用需求的 GIS 支持下处理和分析问题的方法体现，也是 GIS 应用深化的重要体现。目前，GIS 已广泛应用于经济、交通、国防、资源、环境、教育、科研、军事等诸多领域，已成为跨学科、跨领域的空间数据分析和辅助决策的有效工具。GIS 典型的应用如下。

(1) 专题地图制图及空间分析。可用于地形测量、人口普查、社会经济指标统计图等；比如 2007 年中国分省 GDP 专题图就是按照行政区划而进行展示的 GDP 空间分布示意图；可用于制作社会经济指标的等级分布图，即在不同的区域，经济状况处于何种水平，整个的分布状况如何。可用于表示要素动态分布变化，如表示交通量，即利用 GIS 缓冲分析(将在第 5 章介绍)制作国道区域经济干线辐射能力示意图，目的就是评价研究范围内路线的选择是否合理；可利用 GIS 网络分析(将在第 5 章介绍)制作优化方案，比如煤炭运输系统规划方案示意图，就是要分析选取从产地到消费地的最优运输方案。可利用 GIS 图层叠加分析所产生的新信息进行分析，如水土流失与降水量的相关图或应用模型。

(2) 地理环境资源调查与数据库维护。利用 GIS,可以实现地理数据的调查分析。比如,可以从 GIS 中以行政区域或屏幕裁剪的方式导出空间数据,带到野外现场进行办公,通过同名区域匹配实现调查信息的集成融合。同样,也可以把野外考察采集的数据导入 GIS 系统中,以便更新空间数据库。该应用功能通常将 GIS 的数据管理与遥感技术的地物识别和 GPS 技术的定位查询结合,我国相关职能部门实时的土地资源大调查、地理国情普查与监测等即是采用该集成化的综合技术来实现的。

(3) 多媒体可视化或虚拟表达。GIS 能够与空间区域规划、城市设计等应用系统结合,运用虚拟现实技术、多媒体技术与地图动画技术,实现区域空间的三维动态模拟表达,预演城市动态发展进程、逼真展示城市规划建设结果。与专业化的动态模型结合,还可以定量化、精确地表达地理现象的分布模式、演变趋势和过程机理,从而揭示空间规律。

随着信息技术的发展和 GIS 理论方法的进步,GIS 应用已渗透到人类生活的许多方面。GIS 应用的典型案例和成功案例详见第 5、6、8 章。

1.4 GIS 类型与特点

GIS 发展迅速,应用广泛,GIS 的类型划分也无一定规律。一般地,可根据 GIS 的研究内容、功能和作用等对 GIS 进行类型划分,如表 1.5 所示。

表 1.5 GIS 类型划分

<table>
<tr><td rowspan="5">GIS 类型</td><td rowspan="2">按功能分类</td><td>应用功能</td><td>工具型 GIS
应用型 GIS(包括专题型和区域型)
大众型 GIS</td></tr>
<tr><td>软件功能</td><td>专业 GIS
桌面 GIS
模块化 GIS
集成式 GIS
核心式 GIS
组件式 GIS
移动式 GIS
人工智能 GIS</td></tr>
<tr><td colspan="2">按数据结构分类</td><td>矢量 GIS
栅格 GIS
矢量-栅格一体化 GIS</td></tr>
<tr><td colspan="2">按数据维数分类</td><td>2D GIS
2.5D GIS
3D GIS
TGIS(时态 GIS)</td></tr>
</table>

1.4.1 按 GIS 功能分类

从功能角度,GIS 可分为应用功能和软件功能两大类,前者强调 GIS 的社会服务功能,可再分为工具型 GIS、应用型 GIS 和大众型 GIS 三类,后者侧重 GIS 软件自身功能,一般分为专业 GIS、桌面 GIS、模块化 GIS、组件式 GIS 等类型。

1. 应用功能

工具型 GIS 也称为 GIS 开发平台或外壳，它将 GIS 数据处理与应用分析的共性化功能凝练，形成基本的便于组合开发的工具(以函数、模块、组件等形式)，可供其他系统调用或用户进行二次开发的操作平台。前面已谈及 GIS 是一个复杂庞大的软件系统，而用 GIS 解决实际问题尚需用户进行一定程度的二次开发。但如果每一用户在实际应用时都需从底层开发，将会造成人力、物力和时间上的浪费。工具型 GIS 为 GIS 用户提供一种技术支持，使用户能借助 GIS 并加上专题应用模型完成相应的任务。目前比较流行的工具型 GIS 软件如 ArcGIS、MapInfo、IDRISI、GeoStar、MapGIS 等。

应用型 GIS 是根据用户的需求和应用目的而设计的一类或多类专门型 GIS，它一般是在工具型 GIS 的平台上，通过二次开发完成。应用型 GIS 除具备 GIS 的基本功能外，还具有解决与专业相关的模型构建和求解功能。应用型 GIS 按研究对象性质和能力又分为专题 GIS 和区域 GIS 两种类型。

(1) 专题 GIS：为特定专业服务的、具有很强专业特点的 GIS，如交通规划 GIS、水资源管理 GIS、城市管网设计 GIS、土地覆盖和利用 GIS 等。

(2) 区域 GIS：主要以区域综合研究和全面信息服务为目标，按区域大小可以有国家级、地区、省级、市级等不同行政区域的 GIS，如福建省 GIS 基础数据库系统；也可以按照自然相对独立的单元划分，如闽江流域 GIS、黄土高原 GIS 等。

大众型 GIS 是一种面向大众服务、不涉及具体专业的 GIS，使用者只需要有一般的计算机常识就可以操作，例如为普及和加强公众的环境意识而开发的环境教育信息系统。随着 GIS 技术的日趋完善，GIS 最终将实现大众化，如同手机等移动设备，成为人们日常生活的基本配备。

2. 软件功能

按照 GIS 软件功能的强弱，GIS 软件可分为专业 GIS(如 ArcGIS)、桌面 GIS(如 ArcView、Arc/Info 等)、移动式 GIS(如 ArcPAD)、组件式 GIS 等，其中专业 GIS 功能最强。

GIS 软件功能不同，应用范围是不同的，服务对象也是有所差异。专业 GIS 和桌面 GIS 曾在 GIS 组成部分介绍过，下面按软件开发模式及所支撑的环境，简介模块化 GIS、集成式 GIS、核心式 GIS、组件式 GIS、移动式 GIS、人工智能 GIS。

(1) 模块化 GIS。这是早期 GIS 开发的主要模式。只能满足于某些功能要求的一些模块，没有形成完整的系统，各个模块之间不具备协同工作的能力。模块化 GIS 具有较大的工程针对性，便于开发、维护和应用，但难以与管理信息系统、专业应用模型等进行无缝集成。比较常见的有：Intergraph 公司的 MGE。

(2) 集成式 GIS。随着软件开发技术的发展，开发工具集合了各种功能模块的 GIS 开发包。集成式 GIS 优势在于各项功能已形成独立的完整系统，且提供了强大的数据输入输出功能、空间分析功能、良好的图形平台和可靠性能，缺点是系统复杂、庞大和成本较高，并且难于与其他应用系统集成。比较常见的有：ESRI 公司的 ArcGIS，MapInfo 公司的 MapInfo GIS，Geoconcept 集团的 Geoconcept GIS 等。

(3) 核心式GIS。为解决集成式GIS与模块化GIS的缺点，提出了核心式GIS的概念。核心式GIS，就是提供一系列的GIS功能动态链接库，开发GIS应用系统时可以采用现有的高级编程语言，通过应用程序接口API访问和调用内核所提供的GIS功能。核心式GIS虽然可以与MIS集成，但开发过于底层，会给应用开发者带来一定的难度。

(4) 组件式GIS。这是GIS技术与组件技术结合的产物。值得的一提是，GIS组件和组件式GIS是有区别的两个概念，GIS组件指实现GIS某部分功能的软件组件，而组件式GIS是指由一系列各自完成不同功能的GIS组件群构成的一个整体，这些组件既可以集成在一起使用，又能拆开使用。通过可视化的软件开发工具集成，形成满足用户特定功能需求的GIS应用系统。组件式GIS代表了GIS开发的发展方向。它不仅有标准的开发平台和简单易用的标准接口，还可以实现自由、灵活的重组。组件式GIS开发工具的核心技术是COM技术，且多是采用ActiveX控件技术实现。比较常见的组件式GIS开发工具有：TatukGIS公司的Developer Kernel，ThinkGeo公司的Map Suite GIS，Intergraph公司推出的Geomedia，ESRI公司推出的MapObjects，Geoconcept集团推出的Geoconcept Development Kits等。组件式GIS在无缝集成和灵活性方面优势明显。GIS开发者不必掌握专门的GIS系统开发语言，只要熟悉基于Windows平台的通用集成开发环境，了解控件的属性、方法和事件，就可以实现GIS系统开发。基于Internet平台的GIS，是利用网络技术来扩展和完善GIS的新技术，则是网络GIS(WebGIS)。目前已有不少公司推出了WebGIS开发工具，如TatukGIS公司的Internet Server (IS)，ThinkGeo公司的Map Suite Web Edition，MapInfo公司的MapInfo ProServer，Intergraph公司的GeoMedia Web Map、Geoconcept集团的Geoconcept Internet Server(GCIS)等。开发的WebGIS具有可扩展性和跨平台特性，使GIS真正实现大众化。

(5) 移动式GIS。21世纪是大数据和云计算时代，随着4G、5G等无线网络技术的飞速发展，移动GIS正快速进入我们的视野和日常生活。它以移动互联网为支撑，以智能手机或平板电脑为终端，结合GPS或基站为定位手段，是继组件式GIS后又一新的技术热点。可以认为运行在便携可移动终端上的GIS都可以称之为移动GIS。

(6) 人工智能GIS。在人工智能时代，AI与GIS融合。人工智能GIS(AI GIS)技术是当前重要的研究方向。如2019年超图构建了AI GIS技术体系，包含三个核心内容，即①GeoAI：融合AI的空间分析与处理；②AI for GIS：AI赋能GIS，即基于AI技术，增强和优化GIS软件功能；③GIS for AI：GIS赋能AI，即基于GIS技术，将AI分析结果进行进一步处理分析与空间可视化。

现代地理智慧是指以GIS、遥感和卫星定位技术为基础的地理空间可视化、分析、决策、设计与控制的技术总称。地理智慧是GIS区别于其他信息技术的最为独特的价值，包括地理可视化、地理决策、地理设计、地理控制4个层次，构成地理智慧金字塔，自底向上复杂度越来越高，而成熟度则越来越低。随着人工智能技术的引入，地理智慧将会迎来新一轮技术的革新，创造更大的价值。

1.4.2 按数据结构分类

从数据结构上，GIS可以分为矢量GIS、栅格GIS和矢量-栅格一体化GIS三种类型，这种划分是以GIS系统的主要数据处理和管理对象为依据的。本书将以这种分类在第5章介绍 GIS 空间分析。尽管一个 GIS 软件可以划归为某一 GIS 类型(如矢量 GIS 或栅格 GIS),但不代表该软件只能处理这种格式的空间数据,而不能处理其他结构的空间数据,只是强调功能上有强弱。用户可根据收集的数据结构有效地利用 GIS 软件。

1.4.3 按数据维数分类

从数据维数的角度,GIS 可分为 2D GIS、2.5D GIS、3D GIS 和时态 GIS(Temporal GIS,TGIS)等类型。

以平面制图和平面分析为主的 GIS,称之为 2D GIS,当增加了高程信息并将高程信息看作属性时,所构建的数字高程模型(Digital Elevation Model,DEM)或数字地形模型(Digital Terrain Model,DTM)的 GIS,称之为 2.5D GIS。若平面位置和高程信息相互独立,即形成所谓的 3D GIS。TGIS 是将时间概念引入 GIS 系统中,用以反映空间信息随时间变化的 GIS。

要说明的是,随着 GIS 从低维向高维的发展,关于 2.5D GIS 和 3D GIS 之间学术界存在分歧的意见。例如,一些出版物在 2.5D GIS 和 3D GIS 上,先后出现了一些新的名词,如 2.75D GIS、表面 3D GIS、3D 城市模型、假 3D GIS、真 3D GIS 等。实际上,不管是 2.5D、2.75D、假 3D GIS,它们与真 3D GIS 的区别主要在于:前者描述的是三维空间实体的表面而不表达其内部属性,而后者不仅刻画实体表面,还表达实体内部的属性。它们在数学模型、高程特征、属性特征和建模方式等方面的区别如表 1.6 所示。

表 1.6 GIS 维数分类及特点

	2D GIS	2.5D GIS	表面 3D GIS	真 3D GIS
数学模型	$F=f(x,y)$	$H=f(x,y)$	$H=f(x,y,z_i)$	$F=f(x,y,z_i)$
高程特征	无高程信息	高程为点的属性	一点对应多个 z 值	一点对应多个 z 值
属性特征	平面抽象	表面抽象	无体内属性	有体内属性
建模方式	2D 矢量或栅格	2D 矢量或栅格	面元建模	3D 矢量,体元建模

1.5 GIS 发展简史及发展趋势

从 20 世纪 60 年代至今,我们可以看到 GIS 的发展史依赖于计算机技术的发展,尤其是计算机图形学、空间数据库与网络技术的发展。近 50 年来,国内、外 GIS 发展的速度、应用状况是不同的。发达国家(美国、加拿大、英国、德国等)比较早掀起 GIS 热浪,目前在 GIS 技术和应用方面比较成熟,发展中的国家(中国、印度等)虽起步晚,但发展潜力巨大。

1.5.1 GIS 发展简史

1963 年,加拿大的汤姆林森(Roger Tomlinson)首次提出“Geographic Information System”(GIS)这一术语,1965 年加拿大建成世界上第一个 GIS(CGIS)。1992 年,美国 Michael Goodchild 提出“Geographic Information Science”(GIS),回答了“Where? What? When? How change? How many? Spatial? Relation?”即“WWW-HHSR?”的问题。1993 年,Steve

Putz 第一次在 Internet 上基于扩展的 HTTP 服务器发布简单的地图服务，揭开了地理信息服务的序幕。所以，GIS 中的"S"可以是地理信息系统(Geogarphic Information System，GISystem)，也可以是地理信息科学(Geographic Information Science，GIScience)，还可以是地理信息服务(Geographic Information Service，GIService)，也反映了从地理信息系统到地理信息服务的发展过程。60 多年 GIS 的发展历程大致可分为四个阶段。

1. 20 世纪 60 年代——开拓发展阶段

20 世纪 60 年代，计算机技术开始用于地图量算、分析和制作，由于机助制图具有快速、廉价、灵活多样、易于更新、操作简便、质量可靠，且便于存储、量测、分类、合并和覆盖分析等优点而迅速发展起来。

20 世纪 60 年代中期，对于自然资源和环境的规划管理和应用加速增长的需要，对大量空间环境数据存储、分析和显示技术方法改进的需求，以及计算机技术及其在自然资源和环境数据处理中应用的迅速发展，促使对地图综合分析和输出的系统日益增多。

20 世纪 60 年代中后期，许多与 GIS 有关的组织和机构纷纷建立并开展工作，如美国城市和区域系统协会(URISA)在 1966 年成立，美国州信息系统全国协会(NASIS)在 1969 年成立，城市信息系统跨机构委员会(UAAC)在 1968 年成立，国际地理联合会(IGU)的地理数据遥感和处理小组委员会在 1968 年成立等。这些组织和机构相继组织了一系列 GIS 的国际讨论会。最初的系统主要是关于城市和土地利用的，如加拿大 GIS(CGIS)就是为处理加拿大土地调查获得的大量数据建立的。该系统由加拿大政府组织于 1963 年开始研制实施，到 1971 年投入正式运行，被认为是国际上最早建立的、较为完善的大型使用的 GIS；由于计算机硬件系统功能较弱，这限制了软件技术的发展。这一时期 GIS 软件的研制主要是针对具体的 GIS 应用进行的。

20 世纪 60 年代末期，针对 GIS 一些具体功能的软件技术有了较大进展。主要体现在：①栅格-矢量转换技术、自动拓扑编码以及多边形中拓扑误差检测等方法得以发展，开辟了分别处理图形和属性数据的途径；②具有属性数据的单张或部分图幅可以与其他图幅或部分在图边自动拼接，从而构成一幅更大的图件，使小型计算机能够分块处理较大空间范围(或图幅)的数据文件；③采用命令语言建立空间数据管理系统，对属性再分类、分解线段、合并多边形、改变比例尺、测量面积、产生图和新的多边形、按属性搜索、输出表格和报告以及多边形的叠加处理等。

这一时期主要探索 GIS 的思想和技术方法，GIS 软件主要是针对当时的主机和外设开发的，算法较粗糙，图形功能较为有限。

2. 20 世纪 70 年代——巩固阶段

进入 20 世纪 70 年代以后，计算机硬件和软件的飞速发展，尤其是大容量存取设备——硬盘的使用，为空间数据的录入、存储、检索和输出提供录入强有力的手段。用户屏幕和图形、图像卡的发展增强了人机对话和高质量图形显示功能，促使 GIS 朝着实用方向发展。

一些发达国家先后建立了许多不同专题、不同规模、不同类型的各具特色的 GIS。如美国森林调查局发展了全国林业统一使用的资源信息显示系统；美国地质调查所发展了多个

GIS,用于获取和处理地质、地理、地形和水资源信息,较典型的有 GIRAS;日本国土地理院从 1974 年开始建立数字国土信息系统,存储、处理和检索测量数据、航空图片信息、行政区划、土地利用、地形地质等信息,为国家和地区土地规划服务;瑞典在中央、区域和市三级上建立了许多信息系统,比较典型的如区域统计数据库、道路数据库、土地测量信息系统、斯德哥尔摩 GIS、城市规划信息系统等;法国建立了地理数据库 GITAN 系统和深部地球物理信息系统等。

此外,探讨以遥感数据为基础的 GIS 逐渐受到重视,如将遥感纳入 GIS 的可能性、接口问题以及遥感支持的信息系统的结构和构成等问题;美国喷气推动实验室(JPL)在 1976 年研制成功兼具影像数据处理和 GIS 功能的影像信息系统(IBIS),可以处理 Landsat 影像多光谱数据;美国国家航空航天局的地球资源实验室在 1979—1980 年发展了一个名为 ELAS 的 GIS,该 GIS 可以接受 Landsat MSS 影像数据、数字化地图数据、机载热红外多波段扫描仪以及海洋卫星合成孔径雷达的数据等,产生地面覆盖专题图。

由于这一时期 GIS 的需求增加,许多团体、机构和公司开展了 GIS 的研制工作,推动了 GIS 软件的发展。据国际地理联合会地理数据遥测和处理小组委员会 1976 年的调查,处理空间数据的软件已有 600 多个,完善的 GIS 有 80 多个。这一时期地图数字化输入技术有了一定的进展,采用人机交互方式,易于编辑修改,提高了工作效率、扫描输入技术系统的出现。图形功能扩展不大,数据管理能力也较小。这一时期软件最重要的进展是人机图形交互技术的发展。

3. 20 世纪 80 年代——突破阶段

随着计算机的发展,出现了图形工作站和个人计算机等性价比大的新一代计算机,计算机和空间信息系统在许多部门广泛应用。随着计算机软硬件技术的发展和普及,GIS 也逐渐走向成熟。这一时期是 GIS 发展的重要时期。计算机价格的大幅下降,功能较强的微型计算机系统的普及和图形输入、输出和存储设备的快速发展,大大推动了 GIS 软件的发展,并研制了大量的微型计算机 GIS 软件系统。由于微型计算机系统的软件环境限制较严,使得在微型计算机 GIS 中发展的许多算法和软件技术具有很高的效率,GIS 软件技术在以下几个方面有了很大的突破。在栅格扫描输入的数据处理方面,尽管扫描数据的处理要花费很长时间,但是仍可大大提高数据输入的效率;在数据存储和运算方面,随着硬件技术的发展,GIS 软件处理的数据量和发展程度大大提高,许多软件技术固化到专用的处理器中;而且遥感影像的自动校正、实体识别、影像增强和专家系统分析软件也明显增加;在数据输出方面,与硬件技术相配合,GIS 软件可支持多种形式的地图输出;在地理信息管理方面,除了 DBMS 技术已发展到支持大型地图数据库的水平外,专门研制的适合 GIS 空间关系表达和分析的空间数据库管理系统也有了很大的发展。总之,这一时期的 GIS 的发展有如下特点:①在 20 世纪 70 年代技术开发的基础上,GIS 技术全面推向应用;②开展工作的国家和地区更为广泛,国际合作日益加强,开始探讨建立国际性的 GIS,GIS 由发达国家推向发展中的国家,如中国;③GIS 技术进入多种学科领域,从比较简单的、单一功能的、分散的系统发展到多功能的、共享的综合性的信息系统,并向智能化发展,新型的 GIS 将应用专家系统知识,进行分析、预报和决策;④微型计算机 GIS 蓬勃发展,并得到广泛应用。在 GIS 理论指导下研制的 GIS 工具具有高效率和更强的独立性和通用性,更少依赖于应用领域和计算机硬件环境,为GIS的建立和应用开辟了新途径。

中国GIS方面的工作自20世纪80年代初开始。以1980年中国科学院遥感应用研究所成立的第一个GIS研究室为标志,在几年的起步发展阶段中,中国GIS在理论探索、硬件配置、软件研制、规范制定、局部系统建立、初步应用实验室和技术队伍培养等方面都取得了进步,积累了经验,为中国开展GIS的研制和应用奠定了基础。

4. 20世纪90年代至今——社会网络化阶段

进入20世纪90年代,随着地理信息产业的建立和数字化信息产品在全球的普及,GIS将深入各行各业乃至各家各户,成为人们生产、生活、学习和工作中不可缺少的工具和助手。GIS已成为许多机构必备的工作系统,尤其是政府决策部门。在一定程度上,GIS影响而改变了现有机构的运行方式、设置与工作计划等。而且,社会对GIS认识的普及提高,对GIS需求的大幅增加,导致GIS应用的扩大与深化。国家级乃至全球性的GIS已成为公众关注的问题。

自20世纪90年代起,中国GIS步入快速发展阶段。力图使GIS从初步发展时期的实验、局部应用走向实用化和生产化,为国民经济重大问题提供分析和决策依据。同时GIS的研究和应用正逐步形成行业,具备了走向产业化的条件,且与世界接轨。

20世纪90年代,在GIS领域还发起了一场关于GIS是一门技术还是一门科学的大讨论。有关学者开始从更高层次思考GIS的学科内涵与外延,一些相关的学术组织、期刊名称也将GISystem改为GIScience。网络技术以及面向对象软件方法论和支撑技术的成熟,为GIS注入新活力,同时大量的应用要求促使GIS软件技术的快速发展,促使其开始具备作为应用集成平台的能力。

这个时期,GIS具有以下特点:①仍然以图层为处理的基础,新的处理模式正在酝酿与探索之中;②引入Internet技术,开始向以数据为中心的方向过渡,实现了较低层次(浏览型或简单查询型)的B/S结构;③开放程度大幅增加,组件化技术已成为GIS的一个主要方向,实现了跨平台运行;④逐渐重视元数据问题,空间数据共享、服务共享和GIS系统互联技术不断发展;⑤实现了空间数据与属性数据的一体化存储和初步一体化查询,提高了空间数据的操纵能力;⑥对GIS集成技术进一步研究,重点主要在空间信息分析的新模式和新方法、空间关系和数据模型、人工智能引入等;⑦应用领域迅速扩大,应用深度不断提高,开始具有初步的分析决策能力。

21世纪是信息时代、网络化,WebGIS得到进一步发展。GIS进入信息化服务阶段,研究的问题不再局限于原理、方法、技术问题,还涉及社会化应用中的管理、信息标准、产业政策等软科学研究,地理信息产业在网络技术推动下逐渐走向成熟。

同时网络的外延也在扩展,从当初的互联网扩展到物联网、智联网以及各种传感器组成的专业网络,产生了泛在网络的概念,显示出网络无处不在的特点。地理信息在泛在网络技术支撑下产生众源(Crowdsourcing)地理信息,是在Web2.0技术下各种地理传感器应用、各种用户志愿者(VGI)数据出现后产生的,由于其具有数据来源广泛性、操作开放性、形式多样性特征,被称为"众源"数据。众源地理数据分两大类:基础地理数据(网络上传的矢量地图、GPS轨迹、POI点位置)和专题数据(带有位置信息的微博、文本、地名地址、地理参照的照片、视频等多媒体信息)两大类。OpenStreetMap(OSM)是基础地理数据类型的典型代表,是全球范围内开放免费的基础地理数据源。志愿者能够随时编辑提交地理数据到OSM数据库中,并快速更新地图。众源地理信息具备的开放性、泛在性、高时效性使得其在揭示社会行为时空规律、发现空间模式特征、诠释地理过程机理、预测时空演变趋势上具有重要作用。

GIS总的发展简史概括见表1.7。

表1.7 GIS发展简史

时 期	特 征	标 志
20世纪60年代GIS开拓期	注重空间数据的地学处理	美国的DIME、加拿大的GRDSR
20世纪70年代GIS巩固发展期	注重空间地理信息的管理	诞生了80多个GIS软件(ESRI成立于1969年)
20世纪80年代GIS大发展时期	注重空间决策支持分析	美国成立NCGIA,中国成立资源与环境信息系统国家重点实验室
20世纪90年代至今GIS用户时代	逐步向实用化、业务化、规模化和专业化方向发展	GIS进入信息高速公路计划和数字地球构想

1.5.2 GIS发展趋势

近几年来,GIS无论是在理论上还是应用上都处在一个飞速发展阶段。本章上述已提及GIS已成为交叉综合学科和跨领域的决策工具,当前,GIS正向集成化、产业化、社会化、网络化方向迈进。从单机、二维、封闭向网络(包括Web GIS)、多维、开放的方向发展。总的表现为:①GIS已成为一门综合性技术和交叉学科;②GIS产业化的蓬勃发展;③GIS网络化已构成当今社会的热点;④GIS与大数据、人工智能的结合。

1. 软、硬件发展

新技术的发展与突破,在为GIS带来发展机遇的同时也对GIS的理论和技术提出了挑战和新要求。作为GIS的支撑技术,IT领域的软硬件向着云计算、高性能和智能化方向发展,将促使GIS的系统构架迈向并行化处理的高度共享的云计算模式。推动GIS朝着图形处理的三维可视化、系统开发的专业化、系统的网络化设计等方面发展。

2. 数据资源日益丰富,共享机制健全

在"大数据"时代,新一代通信技术、新媒体技术、传感器技术的发展极大地丰富了地理时空数据获取手段,不同时空分辨率的数据从卫星、飞机及地面传感器获得。同时,人文社会领域的位置相关数据通过社交网、VGI数据以及LBS系统源源不断汇聚,构成了GIS庞大的新型数据资源。通过空间分析、数据挖掘开发利用该数据资源,成为大数据时代GIS发展的迫切需求。

在传统GIS中,空间数据是以二维形式存储并连接相应的属性数据。目前空间数据的表达趋势是基于金字塔和层次细节(Level of Detail,LOD)模型技术的多比例尺空间数据库。用不同的尺度表示时,可自动显示相应比例尺或相应分辨率的数据,多比例尺数据集的跨度要比传统地图比例尺大,在显示不同比例尺数据时采用LOD或地图综合技术。真三维GIS的空间数据要存储三维坐标。动态GIS在土地变更调查、土地覆盖变化检测中已有

较好的应用,真四维的时空 GIS 将有望从理论研究转入实用阶段。基于三库一体化的实时3D 可视化技术发展势头很猛,已能在 PC 上实现 GIS 环境下的三维建筑室外室内漫游、信息查询、空间分析、剖面分析和阴影分析等。基于虚拟现实技术的真三维 GIS 将使人们在现实空间外,可以同时拥有一个 Cyber 空间。基于基础地理信息数据库建库关键技术和多级比例尺矢量、影像和 DEM 三库一体化管理技术,已形成相应的建库标准、作业规范和工艺流程。我国已经建设完成 1∶4000000、1∶1000000、1∶250000、1∶50000 基础地理信息数据库,并逐步形成周期性的更新机制。大中城市的城市 GIS 数据库建设和"数字城市""智慧城市"等发展迅速。

3. GIS 理论技术研究走向深入

GIS 学科具有技术先行进而驱动科学理论发展的特点,从科学的认知观念探求 GIS 的理论基础,逐渐成为近期研究的重点。地理信息科学的本质是从信息流的角度来揭示地球系统发生、发展及演化规律,从而实现资源、环境与社会的宏观调控。作为其理论核心的地理信息机理,包括地理信息的本体特征、认知表达、可视化与传输等,是本学科的理论基础,目前的研究主要集中在以下几个方面:①地理信息的结构、性质、分类与表达;②地球圈层间信息传输机制、物理过程及其增益与衰减以及信息流的形成机理;③地球信息的空间认知和数据挖掘及其不确定性与可预见性;④地球信息模拟物质流、能量流和人流相互作用关系的时空转换特征;⑤地图语言与地图概括、多维动态可视化与智能化综合制图系统的理论、方法和应用研究;⑥地球信息获取与处理的应用基础理论等。这些将是地理信息科学理论研究的主要方面。

最新 GIS 技术将逐渐摆脱先前的主要处理静态的、二维的、数字式的地图技术的约束,而从传统的静态地图、电子地图发展到能对空间信息进行可视化和动态分析、动态模拟,支持动态、可视化、交互的环境来处理、分析、显示多维和多源地理空间数据。其中,可视化仿真技术能使人们在三维图形世界中直接对具有形态的信息进行实时交互操作。虚拟现实技术以三维图形为主,结合网络、多媒体、立体视觉、新型传感技术,能创造一个让人身临其境的虚拟数字地球或数字城市。先进的对地观测技术、互操作技术、海量数据存储和压缩技术、网络技术、分布式技术、面向对象技术、空间数据仓库、数据挖掘等技术的发展都为 GIS 的发展和创新提供了新的手段。

4. 应用领域更为广阔

GIS 是以应用为导向的空间信息技术,空间分析与辅助决策支持是 GIS 的高水平应用,它需要基于知识的智能系统。知识的获取是专家系统中最为困难的任务,随着各种类型数据库的建立,从数据库中挖掘知识已成为当今计算机界一个十分引人注目的课题。例如,从 GIS 空间数据库中发现的知识可以有效地支持遥感图像解释,从而解决"同物异谱和同谱异物"的问题;从属性数据库中挖掘的法则知识有利于优化空间资源配置以及空间对象的重分类等。尽管数据挖掘和知识发现这一课题仍处于理论研究阶段,但随着数据库体量的飞快增大和数据挖掘工具的深入研究,其应用前景是不可估量的。

随着计算机通信网络(包括有线与无线网)的大容量化和高速化,GIS 已成为网络上的分布式导构系统。许多不同单位、不同组织维护管理的既独立又互联互用的联邦数据库,将提供全社会各行各业的应用需要。因此联邦数据库和互操作问题成为当前国际GIS联合攻关研究的一个热点。互操作意味着数据库数据的直接共享。目前,GIS功能模块的互操作与共享,以及多点之间的相同工作的研究已有明显的成效。未来的GIS用户将可能在网络上缴纳所选用数据和软件功能的使用费,而不必购买整个数据库和整套的GIS硬软件,这些成果产生的直接效果是:GIS应用将走向地学信息服务。

GIS技术日益与主流IT技术融合,成为信息技术发展的一个新方向。GIS发展的动力一方面来自日益广泛的应用领域对GIS不断提出的要求;另一方面,计算机科学的飞速发展为GIS提供了先进的工具和手段。许多计算机领域的新技术,如面向对象技术、三维技术、图像处理和人工智能技术都可直接应用到GIS中。同时,空间技术的迅猛发展,特别是遥感技术的发展,提供了地球空间环境中不同时相的数据,使GIS的作用日渐突出,GIS不断升级并能提供存储、处理和分析海量地理数据的环境。组件式GIS技术的发展,使之可以与其他计算机信息系统无缝集成、跨语言使用,并提供了无限扩展的数据可视化表达形式。

5. GIS建设开发走上高效率的技术路线

随着GIS应用领域的不断扩大,它在自然资源管理、土地和城市管理、电力、电信、石油和天然气、城市规划、交通运输、环境监测和保护等方面发挥了主要作用,也产生了众多形式多样、专业领域不同的信息系统。如何针对各专业应用领域的特点寻求一套高效率、高质量的GIS建设路线,成为一个迫切需要解决的问题,解决的途径是引入系统工程的技术路线,通过系统工程的原理、方法研究GIS建设开发的方法、工具和管理模式。GIS工程的目标在于研究一套科学的工程方法,并与此相适应,发展一套可行的工具系统,解决GIS建设中的最优问题,即解决GIS系统的最优设计、最优控制和最优管理问题,力求通过最小的投入,最合理地配置资金、人力、物力而获得最佳的GIS产品。GIS工程自身遵循一套科学的设计原理和方法,研究发现这些原理与方法是本领域的重要课题。在广泛社会化应用驱动下地理信息标准成为研究的重点。在网络信息资源共享、系统互操作、空间数据融合等应用领域不断拓宽的发展驱动下,人们不断意识到只有软件、硬件和数据等要素进行必要的标准化才能实现更有效地使用GIS。地理信息的标准化包括地理信息的各个组成部分、各个操作过程、各种数据类型、软件和硬件系统等。

从20世纪60年代GIS的兴起到今日的广泛流行,我们可以把其应用特点概括为:①GIS应用领域不断扩大;②GIS应用研究不断深入;③GIS应用社会化和普及化;④GIS应用环境网络化和集成化;⑤GIS应用模型多样化和实用化;⑥大数据时代GIS与云计算及应用;⑦GIS与深度学习及应用;⑧人工智能的结合应用。

关于云计算(Cloud Computing),它是基于互联网的相关服务的增加、使用和交付模式,通常涉及通过互联网来提供动态易扩展且经常是虚拟化的资源,云计算实现了资源的高度共享,包括数据平台、软件资源、基础设施平台、硬件平台等。云是网络、互联网的一种比喻说法。过去在图中往往用云来表示电信网,后来也用来表示互联网和底层基础设施的抽象。因此,云计算甚至可以让用户体验每秒100000亿次的运算能力,拥有这么强大的计算能力可以模拟核爆炸、预测气候变化和市场发展趋势。用户通过计算机、手机等方式接入数据中心,按自己的需求进行运算。云平台可以为终端用户提供持续、稳定的各种地理知识云服务,聚集全球各种地理数据挖掘算法和地理决策分析模型。围绕地理知识云服务的分布式协同机制,开发面向大数据的分布式时空数据挖掘和决策建模算法,研发服务质量评估模型及其约束下的动态时空知识服务组合技术,是未来GIS软件技术的发展趋势。

关于深度学习是一种能够模拟人脑的神经结构的机器学习方式,从而能够让计算机具有人一样的智慧。深度学习利用层次化的架构学习对象在不同层次上的表达,这种层次化的表达可以帮助解决更加复杂抽象的问题。在层次化中,高层的概念通常是通过底层的概念来定义的,深度学习可以对人类难以理解的底层数据特征进行层层抽象,从而提高数据学习的精度。让计算机模拟人脑的机制来分析数据,建立类似人脑的神经网络进行机器学习,从而实现对数据有效的表达、解释和学习,这种技术前景无限。

关于人工智能(AI),它是研究开发用于模拟、延伸和扩展人的智能的理论、方法、技术及应用系统的一门新的技术科学,是计算机科学的一个分支,它试图了解智能的实质,并生产出一种新的能以人类智能相似的方式做出反应的智能机器。该领域的研究包括机器人、语音识别、图像识别、自然语言处理和专家系统等。总的来说,人工智能研究的一个主要目的,是使机器能够胜任一些通常需要人类智能才能完成的复杂工作。

总之,进入21世纪后,GIS应用将向更深的层次发展,展现新的发展趋势。

思考题

1. 什么是数据和信息?它们有何联系和区别?
2. 什么是GIS?与地图数据库有什么异同?与地理信息的关系是什么?
3. GIS由哪些部分组成?试简述。
4. GIS与其他信息系统(如MIS、AutoCAD、CAM等)的主要区别有哪些?
5. GIS的基本功能有哪些?其中核心功能是什么?简述在哪些领域应用比较成功。
6. GIS在几个不同发展阶段的标志性技术是什么?它们的出现如何促进GIS的发展?

进一步讨论的问题

1. 现代信息技术的出现给测绘技术与地理分析技术带来哪些主要的变化?
2. 查询GIS网络资源,并根据你掌握的资料,分析GIS的发展前景。
3. 大数据时代给GIS应用带来哪些影响?

实验项目1 桌面GIS的功能与菜单操作

一、实验内容

(1) 了解ArcGIS软件的界面、功能及菜单操作。

(2) 实现图层简单符号化。

二、实验目的

通过 ArcGIS 实例演示与操作,初步掌握主要菜单、工具条、命令按钮等的使用;加深对课堂学习的 GIS 基本概念和基本功能的理解。

三、实验数据

GIS_data/ Data1

第 1 章彩图

第 1 章思考题答案

第2章

GIS地理基础知识

本章导读

GIS 所表达和研究的对象是地球或地理实体。对地球时空的认识和表达，是利用 GIS 技术的关键。地理基础知识是地理数据(或信息)表示格式与规范的重要组成部分。特别是掌握好地图是学习 GIS 所必须的。本章主要介绍地球空间的认识及表达、地球形状和空间模型、地球空间参照基础的坐标系和地球时间系统。

2.1 地球空间的认知及表达

当今，人类认识地球可以说经历了三次大飞跃。第一次，15 世纪的“地理大发现”，对地球是球体的认识；第二次，17 世纪“哥白尼日心说”的确认，对地球绕日运动的认识；第三次，21 世纪信息时代发展，对“数字地球”的认识。

人们对地球科学的认知走过了艰难的历程。地球在宇宙中，受近地天体的影响，尤其是受太阳的影响。从日地关系来看，地球空间包括被太阳风包围着的、受地球磁场控制的空间区域，也是各种应用卫星、空间站和载人飞船运行的主要空间区域，是地球最重要的宇宙环境(图 2.1)。但地理学主要研究地球表层的环境特点及演变规律。人们用“地理/空间实体”来概括表达对表层(现实世界)有意义的环境，地理/空间实体是对现实世界有意义的东西的统称。对于空间实体来说，它是有形状的，可用维度表达。人们对地球空间的认识可概括成图 2.2。

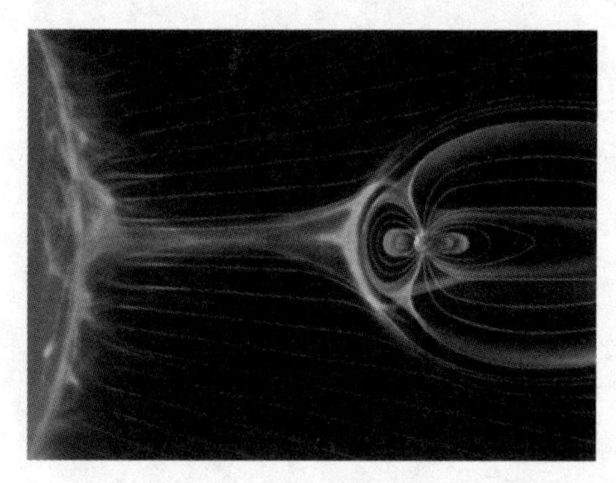

图 2.1　日地关系

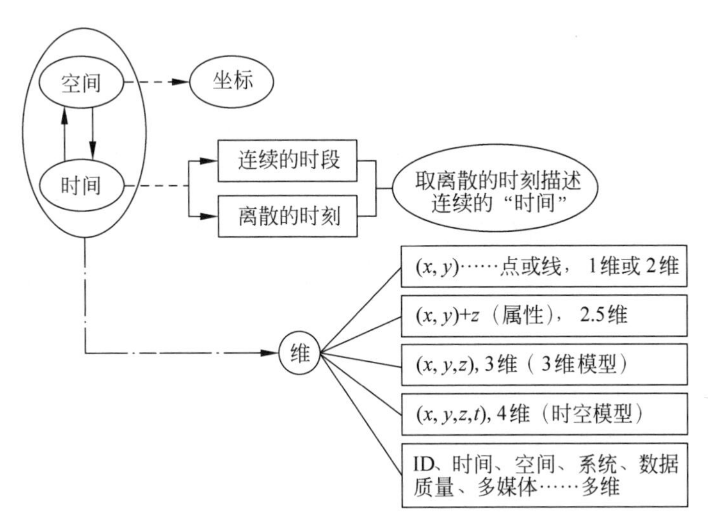

图 2.2　地球空间的认知

地图作为一种描述、研究人类生存环境的信息载体，早已成为人类生产与生活中必不可少的工具。地图在研究地学特征规律、揭示地理过程机理、挖掘空间分布模式方面承担两大功能：①作为分析表达工具探求地理学中的科学问题；②作为载体传播工具交流传输地学研究成果。因此，有人把地图称为"地理学的第二语言"。实际上，地图不仅是地理学的第二语言，而且还是研究地理的核心工具。

以空间认知表达符号为主要特征的地图是一种工具，它与代表语言的文字符号和代表数量的数字符号一起，构成了人们认知世界的重要手段之一。地图学不仅与地理学密切相关，而且涉足科学、技术、艺术三大范畴，所以，地图不仅具有完善的科学原理、技术方法，而且具有文化艺术特征。

地图是根据一定的数学法则，将地球(或星球)上的自然和人文现象，使用地图语言，通过制图综合、缩小反映在平面上，反映各种现象的空间分布、组合、联系、数量和质量特征及其在时间中的发展变化。地图对空间的表达具有三个特征。

(1) 由地图投影、比例尺、地图定位等数学法则建立所产生的可量测性。

(2) 由地图符号、地图注记等地图语言的应用而产生的直观性。

(3) 由地图综合对空间表达实时抽象、概括而产生的一览性。

以上特征在比较地图表达与影像表达时可充分体现出来，如图 2.3 所示。

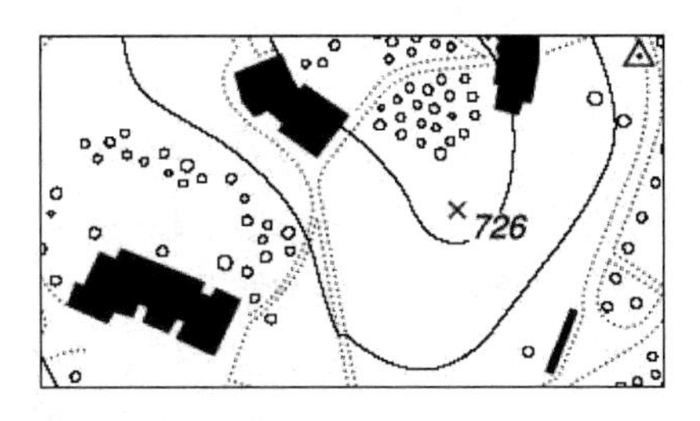

图 2.3　对同一地区的影像表达与地图表达的区别

地图的构成内容包括数学要素、地理要素和整饰要素(亦称辅助要素),被称为“地图三要素”,分别说明如下。

(1) 数学要素,指构成地图的数学基础。例如,地图投影、比例尺、控制点、坐标网、高程系、地图分幅等。这些内容是决定地图图幅范围、位置,是控制其他内容的基础。它保证地图的精确性,作为在图上量取点位、高程、长度、面积的可靠依据,在大范围内保证多幅图的拼接使用。数学要素,在军事和经济建设上都是不可缺少的内容。

(2) 地理要素,指地图上表示的具有地理位置、分布特点的自然现象和社会现象。因此,又可分为自然要素(如水文、地貌、土质、植被)和社会经济要素(如居民地、交通线、行政境界等)。

(3) 整饰要素,主要指便于读图和用图的某些内容。例如,图名、图号、图例和地图资料说明,以及图内各种文字、数字注记等。

20世纪60年代,计算机出现并引入地图之后,就出现了计算机辅助制图;接着,80年代出现制图专家系统;90年代及以后,随着数字制图技术及计算机图形学技术的快速发展,数字媒体在地图学中被大量应用,数字制图技术从生产传统的二维静态地图发展为制作多维动态地图、电子地图,从系列图发展到地学信息图谱。目前,地图生产正朝一体化、自动化和智能化以及产品多样化方向发展。首先,地图是一种地理语言,是作为地理信息传输工具不可缺少的媒介。在地图语言中,最重要的是地图符号及其系统,它形象直观,一目了然,既可显示出制图对象的空间结构,又能表示在时空中的变化。其次,是地图注记,它借用自然语言和文字形式来加强地图语言的表现效果,完成空间信息的传递,并与地图符号配合使用,以弥补地图符号之不足。再次,是地图色彩,它是地图语言的一个重要内容,一方面充当地图符号的一个重要角色;另一方面还有装饰美化地图的功能。在地图上运用色彩可增强地图各要素分类、分级的概念,反映制图对象的质量与数量的多种变化;利用色彩与自然地物景色的象征性,可增强地图的感受力;运用色彩还可简化地图符号的图形差别和减少符号的数量(如用黑、棕、蓝三色实线表示道路、等高线和水岸线);运用色彩又可使地图内容相互重叠而区分为几个“层面”,提高了地图的表现力和科学性。此外,地图上可能出现的“影像”和“装饰图案”,它们虽不属于地图符号的范畴,但也是地图语言中不可缺少的内容。地图的“影像”是空间信息特征的空间框架;“装饰图案”多用于地图的图边装饰,它可以增加地图的美感,并且可以突出地图的主题。

随着计算机技术的发展,表达地理环境的手段也在更新,从手工地图制图发展为计算机制图,接着出现桌面GIS、网络(移动)GIS、虚拟(三维)GIS。GIS是发展中的地理学语言,是一个空间数据库支持的计算机系统。GIS将地理环境的各种要素,包括它们的空间位置、形状及分布特征和与之有关的社会、经济等专题信息以及这些信息之间的联系等进行获取、组织、存储、检索、分析,并在管理、规划与决策中应用。多媒体技术和可视化技术及其与之相连的软硬件的发展,促进了地图新图种——电子地图的产生。与纸质地图相比,电子地图最显著的特征是数据的存储与数据的显示分离,由此产生电子地图的新特点:动态性、交互探究性、超媒体结构。作为地理学语言,地图以其图形符号传达地理环境的信息。地图提供了GIS发展的基础,GIS以其地理编码数据库引领了地理环境空间信息分析的年代。目前,人们正试图将地图符号和图像信息综合到图像数据库,并加入模型库而形成双核心,从而建立地理知识共享的新平台,另外基于虚拟现实(Virtual Reality,VR)技术的虚拟地理环境的建立将以一种全新的方式让用户去感受现象分布、模拟地学过程。GIS是现代地理学语言，还有不少人认为GIS是继地图之后的“地理学新一代语言”。

2.1.1　地理实体和地理数据

1. 地理实体和地理数据的概念

GIS的研究对象是地理实体，即指自然现象和社会经济要素中不能再分割的单元。地理实体类别及实体内容的确定是从具体需要出发的，具有很强的尺度特征。例如，在全国地图上由于比例尺很小，福州就是一个点，这个点不能再分割，可以把福州定为一个空间实体，而在大比例尺的福州市地图上，福州的许多房屋、街道都要表达出来，所以福州必须再分割，不能作为一个空间实体，应将房屋、街道等作为研究的地理实体，由此可见，GIS中的地理实体是一个概括、复杂、相对的概念。

地理数据用于描述空间要素的空间位置，可能是离散或连续的。离散要素是指观测值是不连续的，形成分离的要素，并可单个识别，包括点要素（如井）、线要素（如道路）和面要素（如土地利用类型）等；连续要素指观测值是连续的要素（如降水量和等高线分布）。根据空间特征，地理实体也可分为离散型和连续型两种；也可进一步简化、抽象分为点、线、面、体等类型。所有地理数据都是地理实体的概括，反映地理实体在地表分布的定位数据都是依据一定的地表定位参照系统。

2. 地理数据与地理实体的关系

地理数据是各种地理特征和现象间关系的符号化表示，是一种较复杂的数据类型，涉及空间特征、属性特征及它们之间关系的描述，人们常把地理数据称为空间数据。然而，地理实体以什么形式存储和处理反映了实体空间、属性和时间三个特征，也是地理空间分析的三大基本要素，其中空间特征包括地理位置和空间关系，定位数据描述地物所在位置，这种位置既可以根据大地参照系定义，如大地经纬度坐标，也可以定义为地物间的相对位置关系，如空间上的距离、邻接、重叠、包含等；属性特征又称为非空间特征，是属于一定地物、描述其特征的定性或定量指标（包括名称、等级、类别等），即描述了信息的非空间组成部分，包括语义与统计数据等；时间特征是指地理数据采集或地理现象发生的时刻或时段，反映时序变化等，时间数据对环境模拟分析非常重要，受到GIS学术界的重视。根据所描述的内容，地理数据又可分为几何数据（空间数据、图形数据）、关系数据（实体间的邻接、关联、包含等相互关系）、属性数据（各种属性特征和时间）、面向对象数据、元数据等。

在地图中描述地理实体或地理数据的位置可用地理坐标，在GIS中，位置除了用坐标表示外，还以拓扑特性来描述面状或线状地理数据的相对位置关系。

在地图中地理实体的属性通常以地图符号的形状、颜色和大小表示。在GIS中，它们则以代码、文字或数字表示。属性数据可划分为两大类，即定量数据和定性数据。定量数据反映地理实体的数量特征，如气温、降水量、人口数、粮食产量等；定性数据则反映地理实体的质量特征，如农作物的种类、土壤质地、地名等。

从地理实体到地理数据、从地理数据到地理信息的发展，反映了人类认识的一个巨大飞跃。本书采用的“地理数据”定义为：表征地理圈或地理环境固有要素或物质的数量、质量、分布特征、联系和规律的数字、文字、图像和图形等的总称。

若把与人类居住的地球有关的信息称为地学信息,则其具有无限性、多样性、灵活性等特点。地学信息是人们深入认识地球系统、合理开发资源、净化能源、保护环境的前提和保证。地理信息与地学信息的区别主要在于信息源的范围不同,地理信息包括地球表面的岩石圈、水圈、大气圈和人类活动等;地学信息所表示的信息范围更广泛,不仅来自地表,还包括地下、大气层甚至宇宙空间。

3. 地理数据与比例尺

地理数据(在第1章曾介绍过)除了相关性、地域性、复杂性和层次性外,还具有概括性。用地理数据表示现实世界经历了一定的对地理实体的概括和综合过程,地图概括、地图比例尺的概念都反映了这个特征。所以地理数据是有选择地表示那些反映客观世界的主要地理实体及其重要特征,其表示的地理实体的数量和特征的详略程度主要受地图比例尺和影像空间分辨率的影响,如图2.4所示。

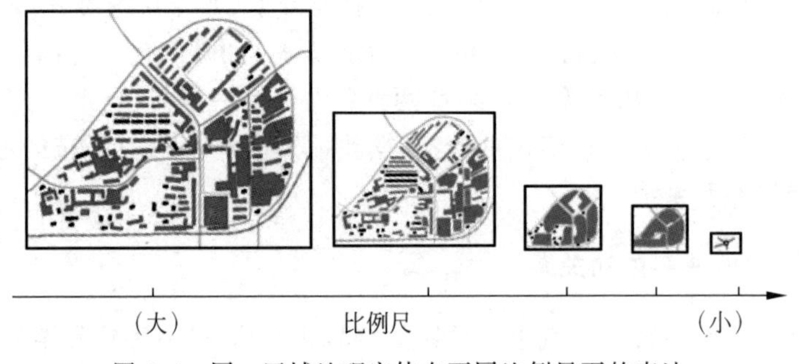

图2.4 同一区域地理实体在不同比例尺下的表达

在GIS中,地理数据对地理实体概括描述的程度主要以地图比例尺表示。地图比例尺定义为地图上一条直线段的长度与其在地面上相应的水平投影长度之比(即图距与实距之比)。地图比例尺主要有三种形式:数字式、说明式和图解式。GIS在地图形式显示或输出地理数据时,经常使用图解式比例尺。这是因为随着显示在计算机屏幕上的地图的放大或缩小,图解比例尺会相应地按比例拉长或缩短。

比例尺的大小决定地图表达地理实体内容的详略,对地理数据所表示的地理实体详略程度有影响。但GIS表达地理实体主要与数据库中的数据量多少有关;GIS中地理数据的精度及其所表示的地理实体的详略程度,主要取决于原始地图或影像资料的比例尺。

2.1.2 地理实体类型及空间关系

1. 地理实体空间基本类型及表示方法

按空间分布特征,地理实体类型可划分为点、线、面、体。相应地,实体的维数就有0维、1维、2维、3维之分。地理数据根据点、线、面和体的划分来描述地理实体的空间分布及其专题特性。表2.1显示了地理实体的基本类型及表示方法。

现实世界的各种现象是比较复杂的,往往由不同的空间单元组合而成。所以,复杂实体可由简单实体组合来表达。用点、线、面两两之间组合可表达复杂的空间问题。

表 2.1　地理实体的基本类型及表示方法

实体	包　括	表　示	维数
点	实体点、注记点、内点、角点、结点	点有特定位置，不能按比例尺表示	0
线	包括线段，边界、链、弧段、网络等	呈线状或带状延伸分布，在地图上它们以线状符号表示，在 GIS 中，看成具有相同属性的点的轨迹、线或折线，由一系列的有序集坐标表示，并有实体长度、弯曲度、方向性等特性	1
面	多边形	呈面状分布，且其分布面积和实际形状轮廓能按比例表示。以面状符号表示。有离散型面状实体和连续型面状实体。 离散型面状实体呈不连续的区域分布，如土地类型、作物分布、森林分布等，在地图上，以线勾绘其分布范围，范围界限内用颜色或晕纹或文字注记填绘，表示实体的属性特征。在 GIS 中，一个离散型面状实体由一个有序点集构成，首末同为一点，每个点表示该面状实体轮廓边界上一个特征点，将两相邻特征点以直线相连，这个面状实体的轮廓边界就表示为一个多边形。一个离散型面状实体的地理数据包括它的所有边界特征点的(x,y)坐标序列以及它的属性特征值。离散型面状实体为二维实体。 连续型面状实体在空间上每一点呈连续的区域分布，如地形、气温、降水量等，在地图上以等值线表示。在 GIS 中，通常以分布区域中的样本点数据来表示，每一个样本点都有一个三维坐标(x,y,z)，其中(x,y)表示样本点的地理坐标，z 表示其属性值，如该点的高程、气温、人口密度等。通过使用一定的空间内插值方法，表示连续、渐进的变化。连续型面状实体又称为三维实体	2 或 3
体	多边形及属性	在 GIS 中，通常以分布区域中的样本点数据来表示，每一个样本点都有一个三维坐标(x,y,z)，其中(x,y)表示样本点的地理坐标，z 表示其属性，如该点的高程、气温、人口密度等。通过使用一定空间内插值方法，表示连续、渐近的变化。连续型面状实体又称为三维实体。用于描述三维空间中的现象与物体。它具有长度、宽度及高度等属性	3

在地图上，通过地图概括或比例尺改变，实体维数的表示可以改变，如“面（大比例尺的居民点）变到点（小比例尺居民点）”或“面（双线河）变到线（单线河）”。同样，在 GIS 中，实体维数的表示也是根据比例尺改变的，如图 2.5 所示。

2. 地理实体的空间关系

空间关系用于描述地理实体间构成的联合体的依存联系和分布态势，在数学欧氏空间（或称平直空间）中，空间关系通常分为三类：拓扑关系、距离关系、方向关系。其中拓扑关系是对实体联系本质上的描述，而距离关系、方向关系是从度量上的进一步描述。本节重点介绍拓扑关系定义、种类和表达。

拓扑（Topology）一词来源于希腊文，拓扑学是几何学的一个分支，研究在拓扑变换下能够保持图形关系不变的几何属性，即“拓扑属性”，指的是几何实体的位置、距离、方位等改变后但其空间关系描述仍然一样，如一个石子位于皮球内，不论皮球的形状、大小如何改变、

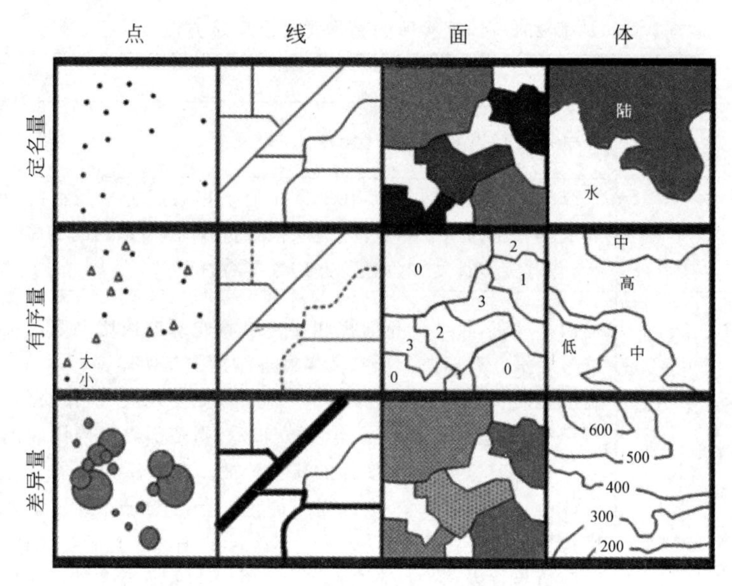

图 2.5 四种地理实体的不同表达示例

拉伸、压缩，石子总是位于球内，该关系即为拓扑属性。拓扑属性的例子包括一个点在一个弧段的端点，或一个点在一个区域的边界上。而“非拓扑属性”指两点之间的距离，弧段的长度，区域的周长、面积等。

1）拓扑关系定义

拓扑关系指满足拓扑几何学原理的空间数据点间的相互关系，即用结点/节点（一般节点是一个实体，它具有处理能力；结点是一个交叉点、一个标记，如起始点等，算法中的点习惯称为结点）、圆弧和多边形所表示的实体之间的邻接、关联和包含等关系，或指虽图形保持连续状态下变形，但图形关系不变的性质（如将橡皮任意拉伸、压缩，但不能扭转或折叠）。

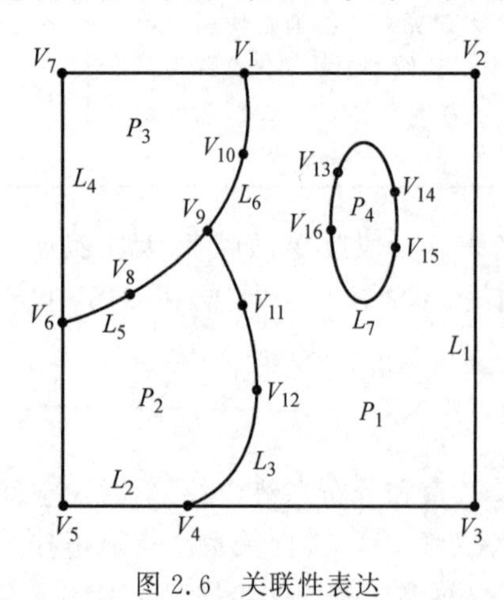

图 2.6 关联性表达

2）拓扑关系种类

依系统元素之间的关系可分为关联性、邻接性、连通性、包含性等。

（1）关联性：指不同类要素之间，如图 2.6 中的结点（V_9）与弧段（L_5、L_6、L_3）关联，多边形（P_2）与弧段（L_3、L_5、L_2）关联。

（2）邻接性：指同类元素之间，如多边形之间或结点邻接矩阵表达如图 2.7 所示。其中“1”表示邻接，“0”表示不邻接。

（3）连通性：是衡量网络复杂性的程度，常用 γ 指数和 α 指数计算它。其中，γ 指数等于给定空间网络结点连线数与可能存在的所有连线数之比；α 指数用于衡量环路，结点被交替路径连接的程度称为 α 指数，等于当前存在的环路数与可能存在的最大环路数之比。连通性常用于网络分析中确定路径或分析街道是否相通等。连通矩阵如图 2.8 所示，其中“1”表示连通，“0”表示不连通。

	P_1	P_2	P_3	P_4
P_1		1	1	1
P_2	1		1	0
P_3	1	1		0
P_4	1	0	0	

图 2.7 邻接性表达

	V_1	V_2	V_3
V_1		1	0
V_2	1		1
V_3	0	1	

图 2.8 连通性表达

(4) 包含性：指面状的实体包含了哪些线(弧)、点或面状实体。

3) 拓扑关系表达

GIS 领域目前对于拓扑关系的表达普遍采用 Egenhofer 的 9 交叉模型。该表达模型首先对线、面几何目标根据其拓扑功效划分三个部位：边界∂Y、内部 Y^{o}、外部 Y^{-}，然后通过这些部位的二元逻辑交运算，根据结果 0/1(无交/有交)的组合值确定拓扑关系的种类，然后寻求对应的自然语言的描述。由于两实体比较三个部位的组合产生 $3\times3=9$ 种组合，因此称“9 交叉模型”，通常采用 3×3 的矩阵来表示，如图 2.9 所示，图中边界为∂Y、内部为 Y^{o}、外部为 Y^{-}。

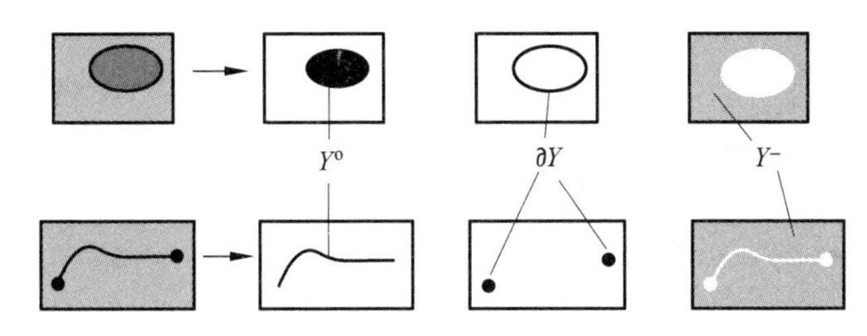

图 2.9 面、线目标的拓扑部位表示

通过分析，弃除矩阵中无意义的 0/1 组合，最后得到线与面目标的拓扑关系有 19 种，面与面目标的拓扑关系有 8 种，分别如图 2.10 和图 2.11 所示。

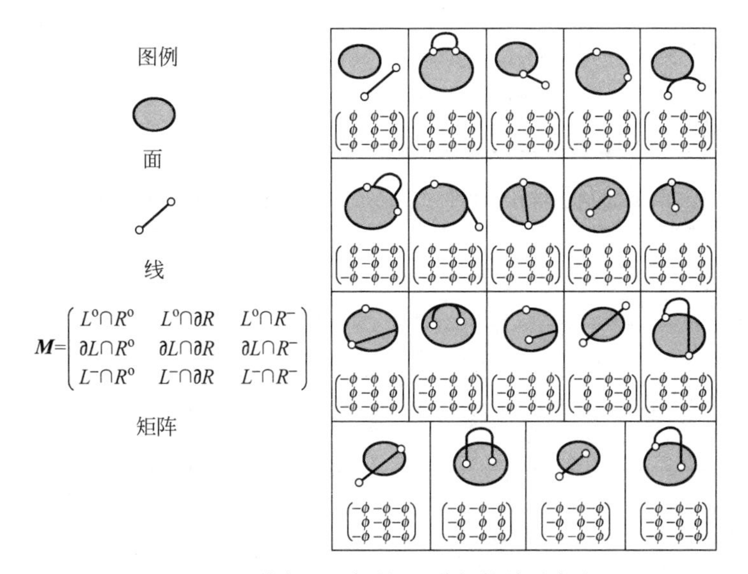

图 2.10 线与面目标的 19 种拓扑关系表达

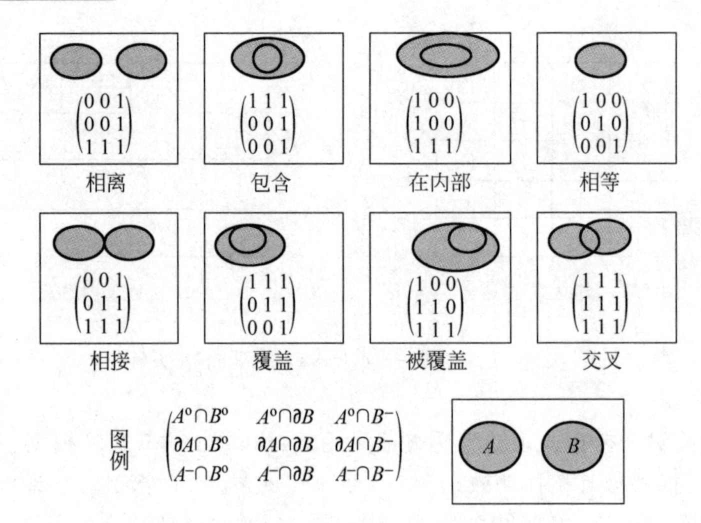

图 2.11 面与面目标的 8 种拓扑关系表达

4）拓扑数据结构存储

空间数据的拓扑关系如图 2.12 所示，结构存储表达（如结点与弧段、多边形与弧段等拓扑关系）如表 2.2(a)～(d)所示。

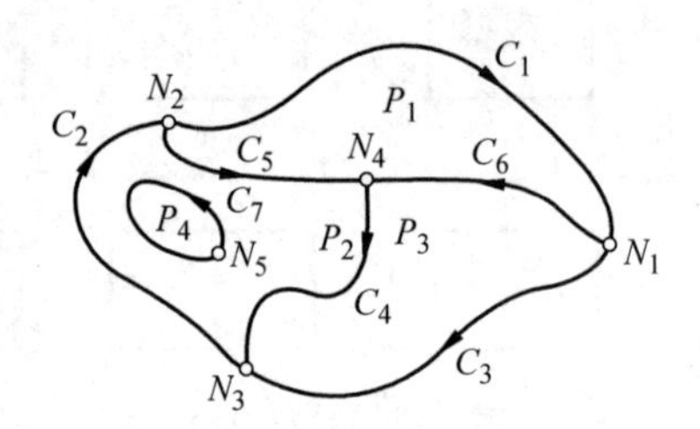

图 2.12 空间数据的拓扑关系

表 2.2(a) 结点与弧段的拓扑关系

结 点	通过该结点的链或弧
N_1	C_1, C_3, C_6
N_2	C_1, C_2, C_5
N_3	C_2, C_3, C_4
⋮	⋮

表 2.2(b) 多边形与弧段的拓扑关系

多边形(面)	构成多边形(面)的弧段
P_1	$C_1, C_6, -C_5$
P_2	C_2, C_5, C_4
P_3	$C_3, -C_4, -C_6$
⋮	⋮

表 2.2(c) 弧段与多边形的拓扑关系

弧段(链)	多边形	
	左面	右面
C_1	∅	P_1
C_2	∅	P_2
C_3	∅	P_3
⋮	⋮	⋮

注：∅表示空。

表 2.2(d) 弧段与结点的拓扑关系

弧段(链)	两端结点	
	从	到
C_1	N_2	N_1
C_2	N_3	N_2
C_3	N_1	N_3
⋮	⋮	⋮

5）拓扑关系对GIS空间分析的意义

拓扑关系对于数据处理和GIS空间分析具有重要的意义。表现为：第一，拓扑关系能清楚地反映实体之间的逻辑结构关系，它比几何关系具有更大的稳定性，不随地图投影而变化；第二，拓扑有助于空间要素的查询，利用拓扑关系可以解决许多实际问题（如区域的邻接和相邻问题分析）；第三，根据拓扑关系可重建地理实体，这对于虚拟GIS发展很有利。

2.1.3　地理数据、地理实体与图层

在GIS中，地理数据是以图层（Map Layer或Coverage）为单位进行组织和存储的。所谓图层，就是一组相关信息或数据的集合，也是一种特殊的文件类型。一幅图层表示一种类型的地理实体，它包含了以一定的栅格或矢量数据结构组织的有关同一地区、同一类型地理实体的定位和属性数据，这些数据相互关联，存储在一起形成一个独立的数据集（Dataset）。由于一幅图层反映某一特定的主题，因此，它又称为专题数据层（Thematic Data Layer）。图层表示法就是以图层为结构表示和存储综合反映某一地区的自然、人文现象的地理分布特征和过程的地理数据，这种方法实际上源自传统的专题地图表示法。专题地图主要用于反映某一主题地理现象的分布特征，一个地区的自然和人文地理综合特征是通过使用一系列的专题地图来表示的。存储在GIS中的每一幅图层可看作一幅反映单一主题现象的专题地图，一般，一个图层只能用于描述单一地理实体（点、线或面）或某一专题。

1. 地理数据或实体分层基本原则和方法

我们在划分图层时遵循基本的原则有：①不同的图形对象类型存放在不同的图层；②基础地理数据作为单独图层；③依系统对各种数据的处理方式不同而分层存放；④放在一起使用的图层必须是空间上仿射的，否则就会发生明显错误。实施的方法如下。

（1）专题分层：每图层对应一个专题，包含某一种或某一类数据或实体。例如，地貌层、水系层、道路层、居民地层等。

（2）时间序列分层：把不同时间或不同时期的数据作为一个数据层。例如，2000年和2005年福州林地数据就可存放两个图层中。

（3）几何特征分层：把点、线、面不同的几何特征数据分成不同的层，如高程点只有位置，没有长度与面积；如道路、水系等，抽象成线，由点串构成，有长度属性；面状的水库湖泊等，不但有位置，而且还有面积、周长等属性。

2. 地理数据或实体分层的目的

地理数据分层后便于空间数据的管理、查询、显示和分析等。主要目的如下：

（1）空间数据分为若干数据层后，对所有空间数据的管理就简化为对各数据层的管理，而一个数据层的数据结构往往比较单一，同一层内的数据具有相同的属性结构、几何维数和空间操作，便于实施相同的存储管理。

（2）对分层的空间数据进行查询时，不需要对所有空间数据进行查询，只需要对某一层空间数据进行查询即可，因而可加快查询速度。

（3）分层后的空间数据，由于便于任意选择需要显示的图层，因而增加了图形显示的灵活性。

（4）对不同数据层进行叠加，可进行各种目的的空间分析，特别有利于地图的叠加分析。

3. 处理数据时应注意的问题

在使用GIS采集和处理地理数据、地理实体和图层之间的关系时,应注意以下几个问题。

(1) 某些空间数据库管理系统要求把点、线、面实体分别组织、存储在不同的图层中,如ESRI早期版本的Arc/Info对Coverage的存储,点与面目标不能存放在一起。

(2) 由于不同属性描述,所定义的属性表是不一样的,所以,同一种几何类型但功能不同的地理实体应分别组织、存储在不同的图层中。

(3) 反映同一地理实体但具有不同比例尺或不同资料来源的地理数据应分别组织、存储在不同的图层中。

(4) 对来源于不同部门或需要经常更新的地理数据应分别组织、存储在不同的图层中。

(5) 当研究的区域范围较广时,由于地理数据量大,应注意合理分幅,然后再将各分幅数据分别存储,构建所需的图层。

2.2 地球形状与空间模型

2.2.1 地球形状认识及表达

在宇宙中,地球不停地运动(图2.13)。长期以来,人们对地球形状的认识常描述为球体,或椭球体,或不规则的椭球体,或具有高低起伏的扁球体。究竟如何表达地球形状,与人们研究所要求的精度相关。

图2.13 宇宙中的地球

自然地面实际呈高低起伏状,最高处为珠穆朗玛峰峰顶,海拔8848.86m(2020年测),最低处为马里亚纳海沟底,海拔 −11034m,但两者相差不到20km,若与地球的赤道半径6378.140km和极半径6356.755km相比,或与地球的平均半径6378.14km对比,相差悬殊。若用相同的比例尺来反映地球,则难以表达地表20km的差别。我们把地球视为"圆球体",如地球仪,所以在研究地球形状时,主要视精度的需求而定。人们或用规则的椭球体来模拟地球,或用规则的球体来模拟地球,或用大地水准面来模拟真实的地面(图2.14)。换句话说,对现实世界的数据表达可以采用地球空间模型,地图和GIS其实都是模型,地图以图形符号来记载和表示地理数据;GIS以数字形式来记载和表示地理数据。

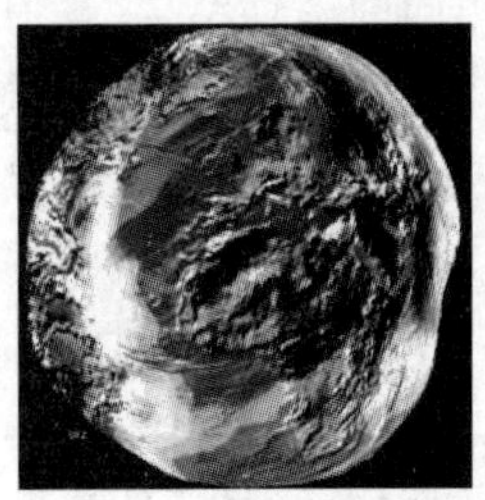

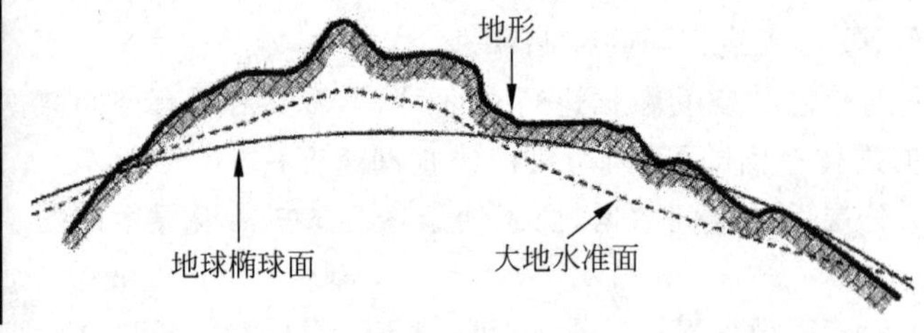

图2.14 地球表面

2.2.2 地球空间模型

如何描述地球的形状，这是地图和GIS要解决的重要问题之一。一般可用地球空间模型表达。根据大地测量学的研究成果，常见的地球空间模型有以下几种。

(1) 地球的自然表面：一个高低起伏、不规则的表面，包括海陆表面。

(2) 地球大地水准面：假设当海水处于完全静止的平衡状态时，从海平面延伸到所有大陆下部，而与地球重力方向处处正交的一个连续、闭合的水准面，也就是地球引力场的等势面，称为大地水准面，如图2.14所示。

(3) 地球椭球体面：以大地水准面为基准建立起来的地球椭球体模型(图2.15)，表面是个规则的数学表面，椭球体的大小通常用两个半径——长半径a(也叫赤道半径)和短半径b(也叫极半径)，或由一个半径和扁率u或偏心率e来决定。其中，

扁率：

$$u=\left(\frac{a-b}{a}\right)$$

第一偏心率：

$$e=\sqrt{(a^2-b^2)/a^2}$$

第二偏心率：

$$e=\sqrt{(a^2-b^2)/b^2}$$

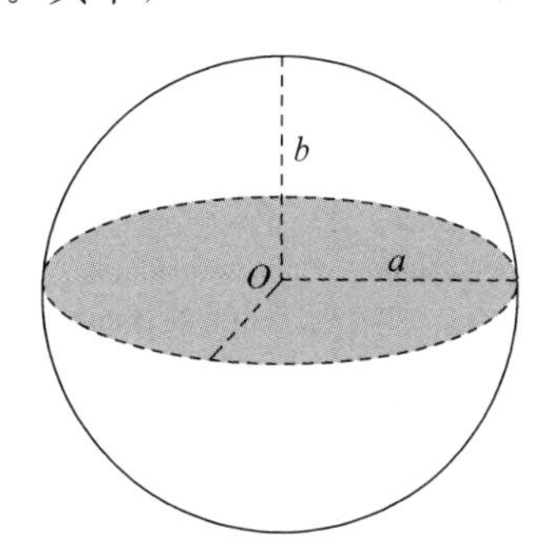

图2.15　地球椭球体模型

对于地球椭球体的描述，由于计算年代不同，所用方法也不同；测定地区不同，其描述方法也不同。一百多年来，各国研究者对地球椭球体进行了众多研究，提出了多组地球椭球体参数。常用数据见表2.3。不同的GIS软件，所提供的地球椭球体模型种类不同，如Arc/Info软件中提供了30多种地球椭球体模型数据。

表2.3　常用的地球椭球体数据

椭球体名称	提出时间/年	长轴半径a/m	短轴半径b/m	扁率u
Everest	1830	6377276	6356075	1∶300.8
Bassel	1841	6377379	6356079	1∶299.15
Clarke	1880	6378249	6356515	1∶293.5
Clarke	1886	6378206	6356584	1∶295.0
Hayford	1910	6378388	6356912	1∶297.0
Krasovski	1940	6378245	6356863	1∶298.3
IUGG	1976	6378160	6356775	1∶298.25
WGS84	1984	6378137.0	6356752.3	1∶298.26

我国于1954年开始采用苏联克拉索夫斯基(Krasovski)椭球体作为地球表面几何模型，即1954年北京坐标系。20世纪70年代末建立了新的1980西安坐标系，采用了国际大地测量与地球物理联合会(IUGG)提供的椭球体。1984年后采用世界大地坐标(WGS84)椭球体，建立了国家大地坐标系。但由于国家大地坐标系是二维、非地心的坐标系，不仅制约了地理空间信息的精确表达和各种先进的空间技术的广泛应用，无法全面满足当今气象、

地震、水利、交通、航空航天等部门对高精度测绘地理信息服务的要求,而且也不利于与国际航线以及与海图的有效衔接,因此,2008 年 7 月 1 日后启用 2000 国家大地坐标系,它是全球地心坐标系在我国使用的具体体现,同时,国家测绘局公告 2000 国家大地坐标系与现行国家大地坐标系转换、衔接的过渡期暂定 10 年。2000 国家大地坐标系采用的地球椭球参数如下:

长半轴 $a=6378137\text{m}$

扁率 $f=1/298.257222101$

地心引力常数 $\text{GM}=3.986004418\times10^{14}\text{m}^3\cdot\text{s}^{-2}$

自转角速度 $\omega=7.292115\times10^{-5}\text{rad}\cdot\text{s}^{-1}$

应用 GIS 技术来模拟、反演区域地理过程或现象是地学应用的重要发展趋势,但地表不同区域参数的选择(是曲面还是平面,是球体还是椭球体或不规则椭球体)是 GIS 地学应用模型构建的关键(将在第 6 章介绍)。

(4) 数学模型:为解决其他一些大地测量学问题提出的,如类地形面、准大地水准面等。

2.3 地球空间参照基础的坐标系

地理空间数据是用于描述位置和空间要素属性的数据。GIS 可以将这些地球表面的空间要素作为地图要素展现在平面上,但地图图层必须基于相同的坐标系统。因此,掌握坐标系统和理解地图投影是很重要的。

2.3.1 坐标系统

坐标系统是 GIS 图形显示、数据组织分析的基础,建立完善的坐标投影系统对于 GIS 应用来说是必要的,所以,了解空间参照基础的坐标系统很重要。与 GIS 有关的坐标系统有地理坐标系统、用户自定义坐标系统和投影坐标系统。这三者并不是完全独立的,而且各自都有其应用特点,其中地理坐标系统属于球面坐标系统,用户自定义坐标系统和投影坐标系统则为平面坐标系统。

1. 球面坐标一般模式

为了确定地表位置,需引入坐标系(球面坐标和平面坐标),也就是需要求出地面点对大地水准面的关系,它包括地面点在大地水准面上的平面位置和地面点到大地水准面的高度。球面坐标的一般模式是由基圈、始圈和终圈构成的球面三角,如图 2.16 所示。

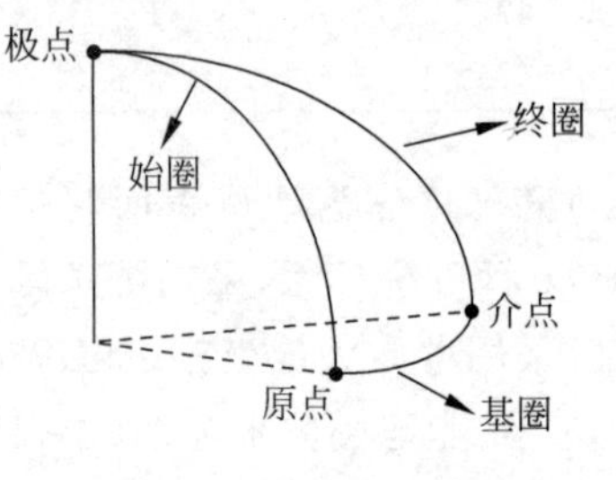

图 2.16 球面三角形示意

2. 常见的坐标系

目前常见的定位坐标系统有地方独立坐标系、1954 北京坐标系、1980 西安坐标系、1984 国家大地坐标、2000 国家大地坐标等。

1）地理坐标系

地理坐标系属于球面坐标系，它的基圈是赤道，始圈是本初子午线，终圈是所在地的经线、纬线和经线相交定点，用纬度(ϕ)和经度(λ)表示，即(ϕ,λ)。例如，北京(39.9°N,116.4°E)、福州(26.5°N,119.3°E)、武汉(30.5°N,114.2°E)等。地球表面空间要素的位置是基于用经、纬度值表示的地理坐标系。

2）平面坐标系

若把地球曲面视为平面，或地球曲面投影后的平面，可用笛卡儿直角坐标系(x,y)表示地面的位置，单位“m”或“km”。GIS 用户通常是在平面上对地图要素进行处理，地球表面空间要素的位置是基于用 x 轴和 y 轴表示的平面坐标系。

3）高程系

如果考虑高度，对应于每一个空间点位置，可以用大地坐标系的形式表示，即(ϕ,λ,h)，也可用空间大地直角坐标系表达，即(x,y,z)表示。目前国内常见高程系有黄海高程系(高程基准面以黄海平均海面为准)和地方高程系(如福建以罗星塔平均海平面作为基准)。高程可用海拔(m)表示。如 1985 国家高程基准，即指以青岛水准原点和青岛验潮站 1952—1979 年的验潮数据确定的黄海平均海水面所定义。

3. 空间坐标转换

不同来源的空间数据一般会存在地图与地理坐标的差异，为了获得一致的数据，必须进行空间坐标的变换。空间坐标转换是把空间数据从一种空间参考系映射到另一种空间参考系中。空间转换有时也称投影变换(稍后介绍)。

2.3.2 地图投影

1. 地图投影的基本问题

地球是个球体，如何将地表曲面转换成平面，从一种坐标系转换到另一种坐标系，这就是地图投影的问题。将地球椭球面上的点映射到平面上来的方法称为“地图投影”。

实际上，将不可展的地球椭球面展成平面，且不断裂，图形就要发生变形，在制图学上称为“投影变形”。一般有长度变形、角度变形和面积变形。地图投影的类型很多，依变形性质可分为等角投影、等积投影和任意投影；依可展曲面形状可分为圆锥投影、圆柱投影和方位投影；依投影面与地轴轴向的相对位置可分为正轴、斜轴和横轴投影等(关于地图投影知识参见相关的地图学教材)。每一种投影都与一个坐标系统相联系。坐标系统是一套说明某一物体地理坐标的参数，其中参数之一就为“投影”。投影关系说明如何将图形物体显示于平面上，而坐标系统则显示出地形地物所在的相对位置。

2. 地图投影与 GIS

地图是 GIS 的主要数据来源，在采集地图数据并输入 GIS 的过程中，就要考虑地图投影的系统配置。为确保 GIS 在同一系统内或在不同系统之间的信息(或数据)能够实现交换和共享，配准是第一步。否则后续所有基于 GIS 的空间分析、处理及应用都是不可能的。注意：这里所说的“处理”指的是“投影和重新投影”，前者是指将数据集从地理坐标转换成投影坐标,后者是指从一种投影坐标转换成另一种投影坐标。

可以说地图投影对GIS的影响是渗透在GIS建设的各个方面,图2.17可以反映地图投影与GIS的关系。

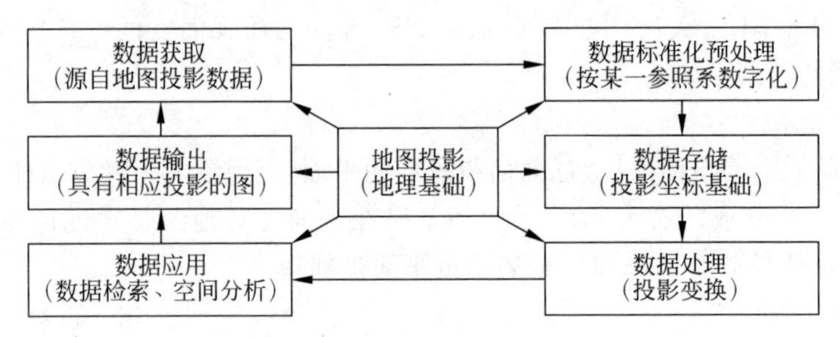

图2.17 地图投影与GIS的关系

3. 地图投影在GIS中的作用

地图投影在GIS中的作用主要有以下几个方面。

(1) GIS以地图方式显示地理信息。地图是平面,而地理信息则是在地球椭球面上,因此地图投影在GIS中不可缺少。投影是一个GIS项目的首要任务。

(2) GIS数据库中地理数据以地理坐标存储时,以地图为数据源的空间数据必须通过投影变换转换成地理坐标;而输出或显示时,要将地理坐标表示的空间数据通过投影变换转换成指定投影的平面坐标。

(3) 在GIS中,地理数据的显示可根据用户的需要而指定投影方式,但当所显示的地图与国家基本地图系列的比例尺一致时,一般采用国家基本系列地图所用的投影。

4. 统一地图投影系统

地球曲面转换成平面是应用了地图投影的原理,在空间信息系统中投影系统配置要统一。一般要求如下几点。

(1) 各国家的GIS投影与该国基本地图系列所用的投影系统一致。

(2) 各比例尺GIS投影与相应比例尺的主要信息源与地图所用的投影一致。

(3) 各地区GIS投影与所在区域适用的投影一致。

(4) 各种GIS一般以一种或两种(至多三种)投影系统为其投影坐标系统,以保证地理定位框架的统一。

空间信息系统中地图投影配置的一般原则如下。

(1) 所配置的投影系统应与相应比例尺的国家基本图(基本比例尺地形图、基本省区图或国家大地图集)投影系统一致;我国基本比例尺地形图除1∶1000000外均采用高斯-克吕格投影为地理基础。

(2) 应根据GIS服务领域的功能需求,考虑相应的投影变形条件,例如,与区域面积量算相关的,应采用等积投影;服务于航海导航的,则应采用等角投影。

(3) 所用投影应能与网格坐标系统相适应,即所采用的网格系统(特别是一级网格)在投影带中应保持完整。

(4) 金字塔式多比例尺图层叠置与浏览的网络地图表达(如Google Map、百度地图等),选用投影时应考虑方便跨层瓦片地图的1∶n剖分问题,Google Map网络地图采用

Web Mercator 投影，投影后经纬线呈正交，方便相邻图层一分为四。

我国 1∶1000000 地形图采用兰伯特(Lambert)投影，其分幅原则与国际地理学会规定的全球统一使用的国际百万分之一地图投影保持一致。我国大部分省区图以及大多数这一比例尺的地图也多采用 Lambert 投影和属于统一投影系统的 Albers 投影(正轴等面积割圆锥投影)。在 Lambert 投影中，地球表面上两点间的最短距离(即大圆航线)表现为近于直线，这有利于 GIS 中的空间分析量度的正确实施。

5. 统一的地图投影系统的意义

为 GIS 选择和设计一种或几种适用的地图投影系统和网格坐标系统，可以为各种地理信息的输入、输出及匹配处理提供一个统一的定位框架，使各种来源的地理信息和数据能够具有共同的地理基础，并在这个基础上反映出它们的地理位置和地理空间关系特征。

6. 面向数字地球的投影问题

数字地球(Digital Earth)是美国前副总统戈尔于 1998 年提出的，其基本概念是指可以嵌入海量地理数据的多分辨率和三维的地球表示，是虚拟地球，是现实地球的模型。受传统地图空间数学基础理论和方法的影响，目前几乎所有的 GIS 均沿用地图投影作为自己参考系的数学基础，这在特定用途、局部范围内是可行的，但全球空间信息化进程的快速推进和数字地球战略的实施，在给 GIS 带来巨大应用与发展空间的同时，也提出了一些新的问题。其中，在地图投影方面，为适应全球空间数据共享和大型 GIS 建设，需要一套新的实用的“地图投影”模型；为强调区域特征和灵活方便地表达地图，采用多级缩放功能来满足人们对重点区域的细节信息的可视化显示。目前，有关这方面的研究已有一定的进展，典型的成果是球面格网模型的建立(球面四元三角网 QTM)及其在全球参考系统中的应用。

2.4 地球时间系统

2.4.1 时间的本质和含义

时间与空间一样，都是物质存在的一种形式，宇宙万物都在时间的长河中发生、发展与变化。斗转星移，日月盈亏，寒来暑往，潮涨潮落……总是一件事接着一件事，一个过程跟着另一个过程，绵延不断，反映出时间既是无始无终的，又是连续不断的。这种物质运动变化的序列和持续的性质就是时间的本质。时间不能完全脱离于空间，而必须和空间结合在一起，空间目标的表征和现象是随时间变化而变化的。

时间有时刻和时段两重含义，时刻是指无限流逝时间中的某一瞬间，就像时间尺度上的刻度与标记——用以确定事件发生的先后，例如，年代、月份、日期、时、分、秒等；而时段是指任意两时刻之间的间隔——用以衡量事件经历的长短，例如，年数、月数、日数、时数、分数、秒数等。

2.4.2 量时原则和时间计量系统

时间是通过物质的运动形式来计量表达的,但在选择不同的物质运动形式来表达或计量时间的过程中,必须遵从的三个原则是,被时间计量所考察的物质运动必须具有周期性、稳定性和可测性。地球公转运动、月球公转运动和地球自转运动都符合量时原则的“三性”,分别以它们运动周期来计量时间,便产生了“年”“月”“日”的基本单位。然而,即使是同一种周期性运动,选择不同的量时天体(参考点),其周期时值也不同,于是便产生了不同的时间计量系统。例如,依据地球自转的恒星时、太阳时系统,依据地球公转的历书时系统;依据原子振荡的原子时系统等。在 GIS 中人们经常用到的是太阳时系统(以太阳在天穹上的位置来确定一日中的时间),包括平太阳时(简称平时)和视太阳时(简称视时)。它们之间的关系为:

视时－平时＝时差

其中,视时可测,时差可查天文部门提供的数据(或表格),平时 1 天为 24 小时。

平太阳时在实际应用中,有地方时、区时、标准时、世界时、法定时、协调世界时等。例如,我们用的“北京时间”,就是中国的法定时,或东八区区时,或 120°E 地方平时。有关时间计算或换算可参考相关书籍。

思考题

1. 何谓地理实体?主要类型有哪些?
2. 简述地理数据与地理实体间的关系。
3. 如何用地理实体表达现实世界?
4. 如何描述地球的形状?
5. 地理空间数据的描述有哪些坐标系?相互的关系是什么?
6. 地球表面、大地水准面及地球椭球体面之间的关系是什么?
7. 如何进行不同基准下的高程转换?
8. 简述地图投影的基本问题。
9. 在数字地图中,地图比例尺在含义与表现形式上有哪些变化?
10. 简述地图投影与 GIS 的关系。

进一步讨论的问题

1. 选择投影需要考虑哪些因素?如果要制作 1∶1000000 的土地利用图,该选择何种类型的地图投影?
2. GPS 数据如何与地图数字化数据进行集成?
3. 除地形分幅外,谈谈还有何种地理空间框架?它们如何进行编码?

实验项目 1 续

继续完成实验项目 1。

第 2 章彩图

第 2 章思考题答案

第3章

GIS数据结构和空间数据库

本章导读

通常情况下,精心选择的数据结构可以带来更高运行速度或者存储效率的算法。GIS要对现实世界进行描述、表达和分析,首先要建立合理的数据模型以存储地理对象的位置、属性以及动态变化等信息,合理的数据模型是进行空间分析的基础。一旦数据模型确定,就必须选择与该模型相应的数据结构来组织地理实体的数据,并且选择适合于记录该数据结构的文件格式。数据的存储与组织是一个数据集成的过程,也是建立GIS数据库的关键步骤,涉及空间数据和属性数据的组织。本章主要介绍GIS数据结构;GIS在计算机中的表示方法,即数据模型;空间数据结构的建立,以及构建空间数据库等问题。

3.1 GIS数据结构

要将实际地理世界/现象过程在GIS概念世界中表达,需要建立一定的数据模型来描述地理实体及实体关系。在GIS领域,目前普遍采用了两种数据模型:基于目标的数据模型和基于场的数据模型。前者所描述单位与实体世界的目标实体相对应,强调实体的“整体性”,但在实体间的空间关系表达上缺乏便捷的策略,模型通常需要通过复杂的矢量运算;后者描述的对象遍布整个研究空间,模型描述的单位划分为极小的面元,强调实体的“相关性”“连续性”,但实体的整体性描述不如前者,实体间的关系通过诸如栅格的扩展等“相关性运算”来获取。

数据结构是对数据模型具体的存储实现,通过特定的逻辑组织将地理实体、地理现象在GIS系统中记录下来。基于场的观点对应的数据结构通常为包括规则格网的栅格结构和不规则格网结构;基于目标的观点对应的数据结构通常为矢量结构。图3.1为同一地区采用不同的数据结构表达的示意图。若不严格区分时,在实际操作中空间数据结构与空间数据模型通常可混用。

从计算机存储角度而言,数据结构是数据的组织形式,是指在计算机存储、管理和处理的数据逻辑结构。空间数据是一种较复杂的数据类型,涉及空间特征、属性特征及它们之间关系的描述,非空间数据主要涉及属性数据。从研究数据的历史悠久程度来看,有传统数据结构(主要是关系、层次和网状数据结构)和现代数据结构(语义数据结构、面向对象数据结构)。人们在应用时,具体选择哪种数据结构,主要视GIS应用的目的来定。本章重点介绍

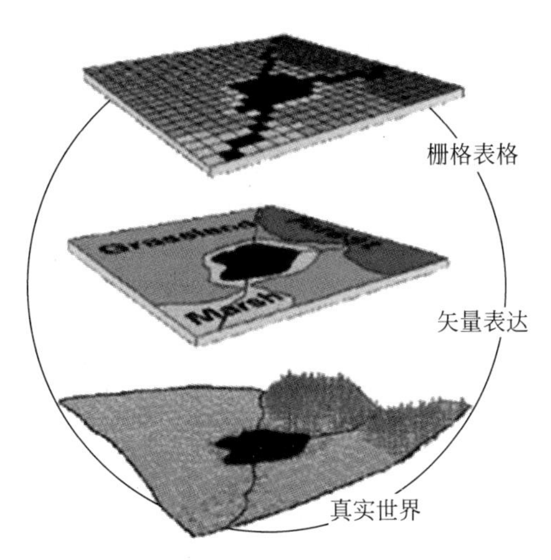

图 3.1　同一地区采用不同的数据结构表达

矢量数据结构、栅格数据结构和面向对象的数据结构。

3.1.1　矢量数据结构

矢量数据结构是通过记录坐标的方式尽可能精确地表示点、线和多边形等地理实体，坐标空间设为连续，允许任意位置、长度和面积的精确定义。矢量数据的显著特点是定位明显，属性隐含。它需用矢量结构模型来表达。

1. 矢量数据模型

1）基于对象的矢量数据简单模型

矢量数据模型是以点为基本单位描述地理实体的分布特征，即每一个地理实体都看作是由点组成的，每一个点用一对(x,y)坐标表示。这里的(x,y)坐标可为地理坐标，也可为平面直角坐标。点状实体由一个单独的点表示；线状实体由一系列有序点串或集表示，点的记录顺序称为线的“方向”；面状实体由一系列首末同点的闭合环或有序点集表示。线状和面状实体在显示时分别以直线段将组成它们的点连接成线段弧和多边形，如图 3.2 所示。

2）矢量数据获取方式和编码方法

矢量数据模型只需选取和记录反映地理实体分布形状特征的点，但点的数量对地理实体表示有影响。它非常适合表示线状实体和面状实体的范围边界。

矢量数据的获取方式（详见第 4 章）主要有以下三种。

（1）由外业测量获得：可利用测量仪器自动记录测量结果（常称为“电子手簿”），然后转到地理数据库中。

（2）由栅格数据转换获得：利用栅格数据矢量化技术，把栅格数据转换为矢量数据（一般可由转换程序执行）。

（3）由跟踪数字化获得：用跟踪数字化的方法，把地图变成离散的矢量数据。

矢量数据的编码方法主要有以下三种。

（1）对于点实体和线实体，直接记录空间信息和属性信息。

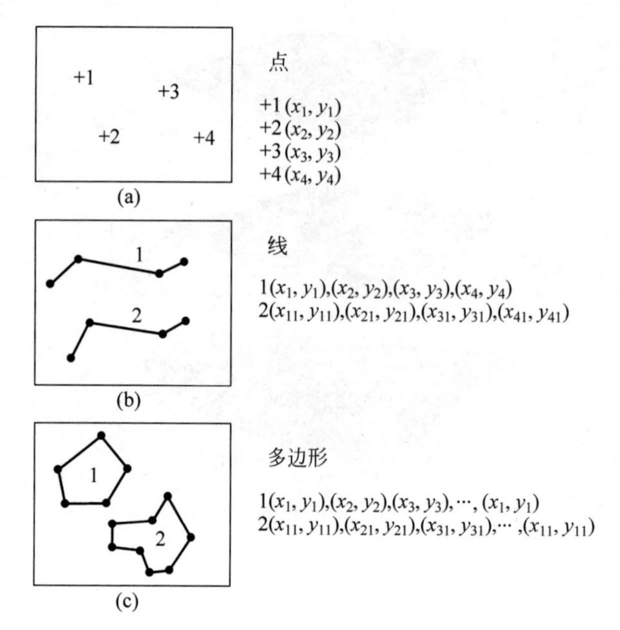

图 3.2 基于对象的矢量数据简单模型

(2) 对于多边形(或面状)地物,有坐标序列法、树状索引编码法和拓扑结构编码法。

(3) 坐标序列法是由多边形边界的(x,y)坐标对集合及说明信息组成。

三种编码方法评价比较如表 3.1 所示。

表 3.1 矢量数据的编码方法评价

方法	评价
(1)	简单,无拓扑
(2)	树状索引编码法是将所有边界点进行数字化,顺序存储坐标对,由点索引与边界线号相联系,以线索引与各多边形相联系,形成树状索引结构,消除了相邻多边形边界数据冗余问题;拓扑结构编码法是通过建立一个完整的拓扑关系结构,彻底解决邻域和岛状信息处理问题的方法,但增加了算法的复杂性和数据库的大小
(3)	最简单的一种多边形矢量编码法,文件结构简单,但多边形边界被存储两次产生数据冗余,而且缺少邻域信息

2. 矢量数据结构

常用的矢量数据结构有简单矢量数据结构、拓扑数据结构、不规则三角网(TIN)数据结构以及网络数据结构等。

1) 简单矢量数据结构

在简单矢量数据结构中,空间数据按照基本的空间对象(点、线、面或多边形)为单位单独组织,并以地理实体(点、线、面)为单位,将地理实体特征点的坐标存储到一个数据文件中。每个实体由其编号或识别码标识,实体的属性数据(如等级、类型、大小等)设为属性码,以表的形式存储在另一个数据文件中,当需要查询、显示或分析某一实体的属性数据时,GIS 以实体编号为关键字从属性数据文件中将它们读取出来,如(x,y)坐标或坐标串表达,其特点是结构简单,存取便捷。数据结构见表 3.2 和表 3.3。

表 3.2 简单点的矢量数据结构文件

标识码	属性码	x,y 坐标
⋮	⋮	⋮

表 3.3 简单线的矢量数据结构文件

标识码	属性码	x,y 坐标串
⋮	⋮	⋮

多边形的矢量数据结构与线的矢量数据结构类似,但坐标串的首尾坐标相同。构成多边形边界的各个线段,以多边形为单元进行组织。

多边形矢量模型结构如图 3.3 所示,其中图 3.3(a)表达的多边形既不连通也无邻接关系,它是早期的矢量模型之一,有人称它为"面团(Spaghetti)结构"。边界坐标数据和多边形单元实体一一对应,各个多边形边界都单独编码和数字化,正是由于这种特性,表示两个面状实体共同边界的数据需数字化和存储两遍,从而导致数据冗余和表示上的不一致。不过在对同一条曲线重复数字化时,不太可能准确地选择相同点,因此,两个具有共同边界的面状实体在显示时会出现边界的交叉,导致出现许多狭小的多边形,这些狭小多边形的存在会给某些 GIS 应用带来麻烦。此外,这种结构由于没有反映地理实体的拓扑特性,寻找相邻或包含的地理实体、最佳路径分析等都不能被有效地执行。图 3.3(b)、(c)是后期改进的表达结构。如图 3.3(b)、(c)的结构具有连通和邻接特性,图 3.3(d)除了连通和邻接性外,还有方向性和包含性特征。图 3.3(b)~(d)的模型结构可称为"面状矢量拓扑数据结构"。

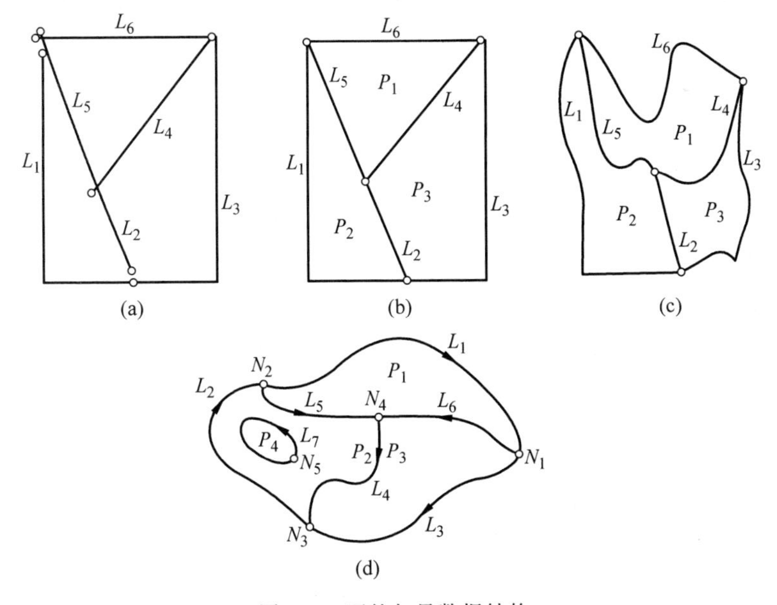

图 3.3 面的矢量数据结构

2) 拓扑数据结构

拓扑数据结构除了存储地理实体的坐标数据以外,还以计算机可以识别的方式存储反映地理实体拓扑特性,即实体之间的邻接、连接和包含关系。在拓扑数据结构中,点状实体仅以其编号和一对(x,y)坐标表示和存储。线状实体则表示为线段弧,又称为弧段(Arc)。表示线状实体的拓扑数据结构如图 3.4、表 3.4 和表 3.5 所示。

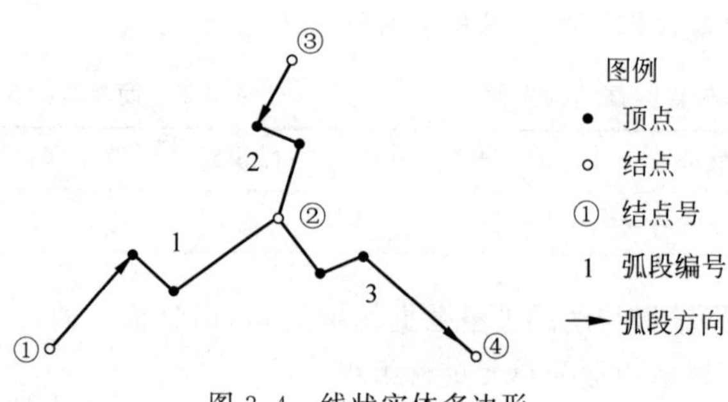

图 3.4 线状实体多边形

表 3.4 弧段-结点表

弧段编码	起始点	终结点
1	①	②
2	③	②
3	②	④

表 3.5 弧段-坐标表

弧段编码	x,y 坐标
1	(10,17)(22,31)(30,28)(50,50)
2	(53,90)(45,73)(53,70)(50,50)
3	(50,50)(60,37)(70,42)(90,15)

每条弧段都有两个端点,称为结点,弧段上其他点称为节点,弧段起始点称为起结点(From_node),终点为终结点(To_node),沿弧段从起结点到终结点标识着弧段的方向。拓扑数据结构通常以两个数据文件分别存储组成弧段的结点和所有点的坐标数据(图 3.3)。一个数据文件存储每段弧的起结点和终结点,称为"弧段-结点表",它包含了线状实体连接的拓扑特性方面的信息。第二个数据文件存储组成弧段的所有点的坐标,称为"弧段-坐标表",用于线状实体的定位如表 3.4 和表 3.5 所示。

面状实体可看成是由一系列的弧段组成的多边形。图 3.5 和表 3.6～表 3.8 显示了一个离散型面状实体的拓扑数据结构,表示了四个多边形编号从 1 到 4,整个区域以外的范围编号为 0。这个拓扑数据结构以三个数据文件分别存储组成各个多边形的弧段(多边形-弧段表)、坐标数据(弧段-坐标表)以及各弧段与相邻多边形之间的关系(左-右多边形表)。

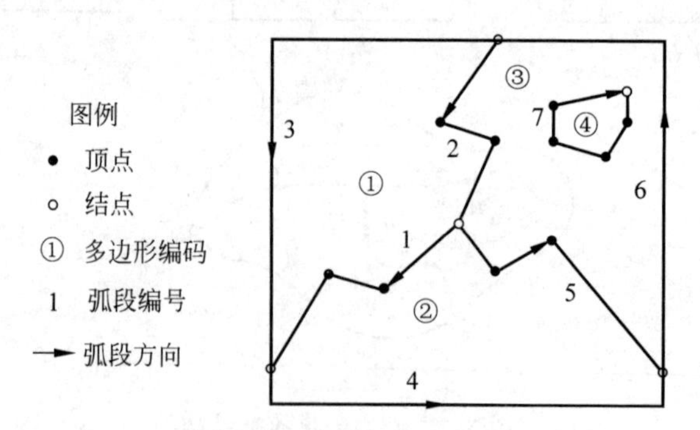

图 3.5 面状实体多边形

拓扑数据结构将每一地理实体的属性数据单独存放在另一个数据文件中,在需要时以地理实体的编号为关键字读取所需数据,这点与简单矢量数据结构一样。属性数据文件可以是一个数据文件记录之间没有结构联系的展开文件,或是以一定数据模型存储的数据库文件。

表 3.6　多边形-弧段表

多边形编码	弧段编码
①	1,2,3
②	1,4,5
③	2,5,6
④	7

表 3.7　左-右多边形表

弧段编码	左多边形	右多边形
1	②	①
2	③	①
3	①	0
4	②	0
5	②	③
6	③	0
7	③	④

表 3.8　弧段-坐标表

弧段编码	x,y 坐标串
1	(50,50)(30,28)(22,31)(10,17)
2	(53,90)(45,73)(53,70)(50,50)
3	(10,17)(10,90)(53,90)
4	(10,17)(10,10)(90,10)(90,15)
5	(50,50)(60,37)(70,42)(90,15)
6	(90,15)(90,90)(53,90)
7	(65,66)(78,66)(77,55)(71,51)(64,54)(65,66)

拓扑数据结构具有地理实体的表示方法简单、数据存储的效率高、数据的输入是否有误可检查、利用最小边界矩形可快速运算，以及地图输出质量好等优点，因此，已被广泛应用于GIS，特别适合表示存储离散型面状的实体数据。但不同的GIS系统所采用的拓扑数据结构不一定相同。这里谈及的拓扑数据结构主要取自Arc/Info软件，其他GIS软件的拓扑数据结构包括：双重独立编码(DIME)、多边形转换器(POLYVERT)、地理编码和参照系统拓扑集成(TIGER)等。

3）不规则三角网数据结构

不规则三角网(Triangulated Irregular Network，TIN)是根据一系列不规则分布的数据点产生的，每个数据点由(x，y，z)表示，这里x，y为点的坐标，z为所表示的地理实体在该点的属性值，如高程值、温度值等。TIN将数据点以直线相连形成一个不规则三角网，网中所有三角形相互邻接，互不相交，互不重叠，如图3.6所示。TIN可以将区域上达到点群连接构网，通过上下文联系反映点与点之间的邻域关系，进一步地，在TIN模型上可以表达诸如地形高低的地势起伏、坡度、坡向等信息内容。图3.7为TIN在地形表达上的应用图示。

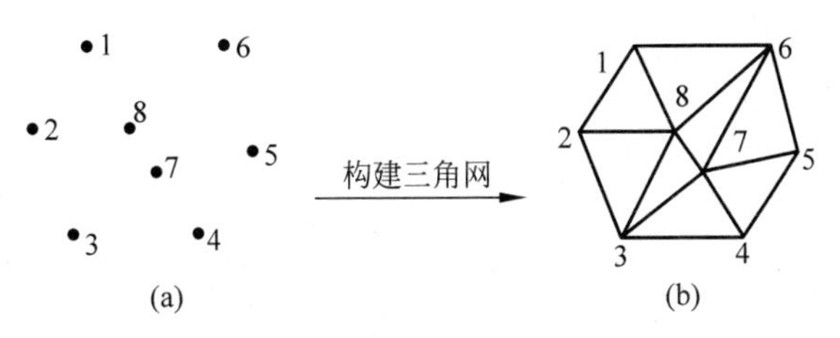

图3.6　不规则三角网和多边形形成

图 3.7 TIN 在地形表达上的应用图示

将不规则分布的数据点连接成三角网的方法有好几种，其中最常用的为德洛奈(Delaunay)三角形。使用德洛奈三角构网法形成的每一个三角形，它的外接圆不含有除三个顶点以外的其他数据点，而这个外接圆的圆心正是与该三角形三个顶点相对应的多边形(也称泰森多边形，Thiessen 或 Voronoi)的公共顶点，如图 3.8 所示。泰森多边形可用于 GIS 定性分析、统计分析、邻近分析等。

泰森多边形具有以下特性。

(1) 每个泰森多边形内仅含有一个离散点数据。

(2) 泰森多边形内的点到相应离散点的距离最近。

(3) 位于泰森多边形边上的点到其两边离散点的距离相等。

建立泰森多边形算法的关键是对离散数据点合理地连成三角网，即构建德洛奈三角网。建立泰森多边形的步骤如下。

(1) 离散点自动构建三角网，即构建德洛奈三角网。对离散点和形成的三角形进行编号，记录每个三角形是由哪三个离散点构成的。

(2) 找出与每个离散点相邻的所有三角形的编号，并记录下来。注意：在已构建的三角网中找出具有一个相同顶点的所有三角形即可，如图 3.9 所示。

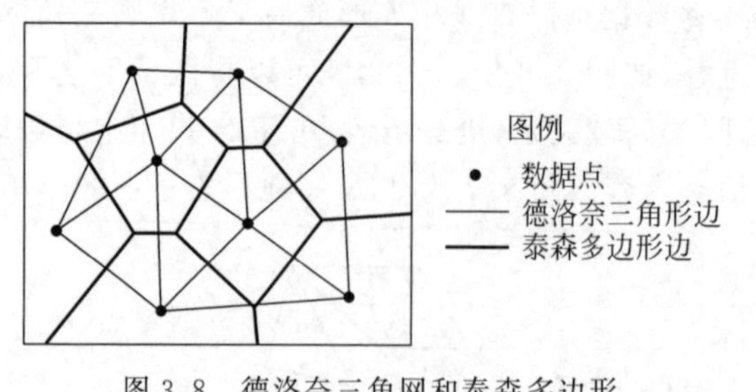

图 3.8 德洛奈三角网和泰森多边形

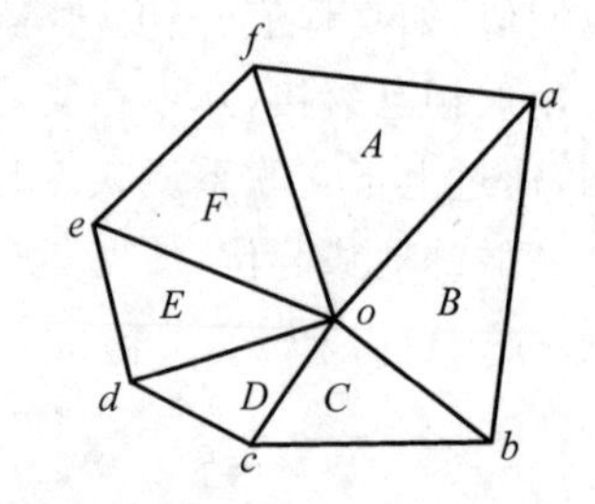

图 3.9 泰森多边形的建立

(3) 对与每个离散点相邻的三角形按顺时针或逆时针方向排序，以便下一步连接生成泰森多边形。排序的方法如图 3.9 所示。设离散点为 o，找出以 o 为顶点的一个三角形，设为 A；取三角形 A 除 o 以外的另一顶点，设为 a，则另一个顶点也可找出，即为 f；则下一个三角形必然是以 of 为边的，即为三角形 F；三角形 F 的另一顶点为 e，则下一个三角形是

以 oe 为边的；如此重复进行，直到回到 oa 边。

(4) 计算每个三角形的外接圆圆心，并记录。

(5) 根据每个离散点的相邻三角形，连接这些相邻三角形的外接圆圆心，即得到泰森多边形。对于三角网边缘的泰森多边形，可作垂直平分线与图廓相交，与图廓一起构成泰森多边形。

以上步骤可在编程软件环境中实现。

TIN 是一种拓扑数据结构，它不仅存储每个数据点的(x,y,z)三维坐标值，而且存储三角网的拓扑特性，包括组成每个三角形的三个顶点（数据点）或边以及每个三角形的所有相邻三角形。每个三角形具有三个特性（面积、梯度（或坡度）和方位），都可以作为 TIN 的属性值存储在一个数据文件中，或在使用 TIN 时将它们计算出来。

采用距离变换生成泰森图的过程如图 3.10 所示。有点类似在水面扔几个石子，水纹扩展，显示变化的趋势。

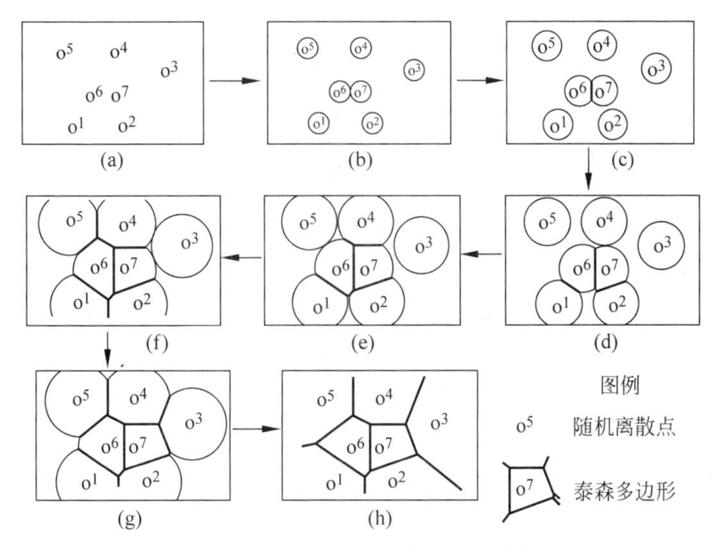

图 3.10 采用距离变换生成泰森图

TIN 是根据不规则分布的数据点所构建的，很适合表示连续型面状实体，尤其对于复杂的、变化大的面状实体，表达比较逼真，效果较好。图 3.11 是由 TIN 表示的闽西根溪河流域的地势图。

图 3.11 由 TIN 表示的闽西根溪河流域的地势图

以 ArcView GIS 软件为例：TIN 表面数据模型由结点、边、三角形、包面和拓扑组成。

(1) 结点：是 TIN 的基本结构单元。结点来自输入数据源中包含的点和线折点。每个结点都将包括在 TIN 三角形中。TIN 表面模型中的每个结点都必须包含一个 z 值。

(2) 边：通过边将每个结点与其最近的结点连接起来，从而形成符合德洛奈准则的三角形。每条边有两个结点，但每个结点可包含两条或多条边。每条边的两个端点都有一个包含 z 值的结点，因此可以计算边的两个结点间的坡度。

对于用于构建 TIN 的输入数据源中的每个要素，将根据其表面要素类型进行处理。断裂线要素始终保留为 TIN 三角形的边。在内部将这些断裂线 TIN 边标记为硬边或软边。

(3) 三角形：每个三角面描述部分 TIN 表面的行为。三角形三个结点的 x、y 和 z 标值可用于获取面的信息，如坡度、坡向、表面积和表面长度。将整组三角形作为整体考虑，可以获取表面的其他信息，包括体积、表面轮廓和可见性分析。

由于每个面概括特定的表面行为，因此确保采样点选择恰当以实现表面的最佳拟合十分重要。如果对表面的重要区域采样不当，TIN 表面模型产生的结果可能不够理想。

(4) 包面：包面定义 TIN 的插值区。TIN 包由一个或多个包含用于构建 TIN 的整组数据点的面构成。在包面内部或边上，可以插入表面 z 值，执行分析以及生成表面显示。在包面外部，无法获取表面信息。TIN 包可由一个或多个非凸面构成。

非凸包必须由用户定义，通过在 TIN 构建期间加入“裁剪”和“擦除”排除要素来实现。这些要素明确定义表面的边。如果未使用排除要素定义包，TIN 生成器将创建一个凸包来定义 TIN 的边界边。凸包是一个具有以下属性的面：连接 TIN 任意两点的线本身必须位于面内部或必须定义凸包的边。非凸包的定义对避免在位于实际数据集外但在凸包内部的 TIN 区域产生错误信息非常重要。

如果不使用裁减要素，阴影区域可能会插入不正确的值。

(5) 拓扑：通过保留定义每个三角形的结点、边数、类型以及与其他三角形邻接性的信息定义 TIN 的拓扑结构。

对每个三角形，TIN 将记录以下信息：

三角形数量；

每个相邻三角形的数量；

定义三角形的三个结点；

每个结点的 x，y 坐标；

每个结点的表面 z 值；

每个三角形边的边类型(硬或软)。

另外，TIN 还保留了构成 TIN 包的所有边的列表以及定义 TIN 投影和测量单位的信息。TIN 的存储方式与 Shaper 或 Coverage 类似，TIN 以文件目录形式存储。但要注意，TIN 没有关联的 Info 文件。TIN 目录由七个包含 TIN 表面信息的文件组成。这些文件以二进制格式编码，因此无法通过标准文本显示或编辑程序读取。

4) 网络数据结构

现实世界中，若干线状要素相互连接成网状结构，资源沿着这个线性网流动，这样就构成了一个网络。它的基础数据是点与线组成的网络数据。在 GIS 中，网络(Network)是指一组相互连接的线状地理实体，如道路网、水系网、电力网、煤气和输油管道网等。在 GIS 中，网络数据模型本质上是矢量数据模型，它把网络看成由结点和路径组成，并以结点和路径为单位描述网络的几何、拓扑和专题特征，如图 3.12 所示。下面以道路网为例介绍网络数据结构。

GIS 网络分析中最常涉及的是道路网，如图 3.13 所示。每段路径有一个起始点和一个终结点（按数字化的顺序），这些信息都存储在表 3.9 中，每段路径的属性以及有关的阻强指标值（衡量交通的指标）存储在表 3.10 中，这些可能包括路段的长度、限速、车道数、允许的行驶方向等。在表示允许的行驶方向时，FT 表示允许的方向是由起始点到终结点，TF 表示由终结点到起始点，FT 和 TF 标志着相应的路径为单行道，E 表示双行道，N 则表示该路径不允许车辆行驶。

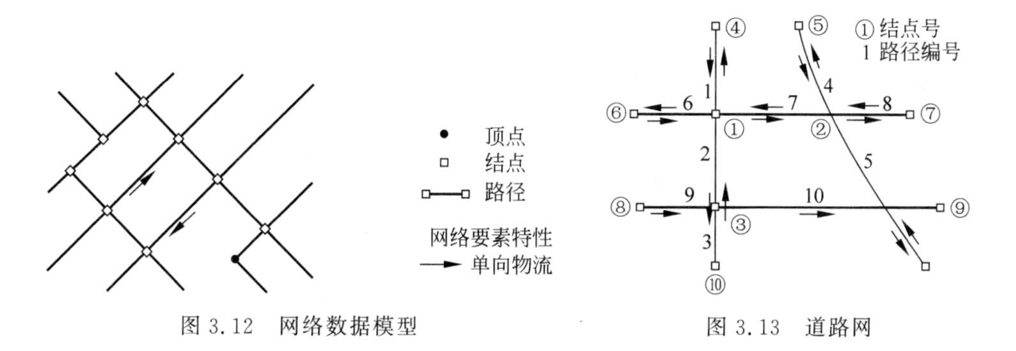

图 3.12 网络数据模型　　　　图 3.13 道路网

表 3.9 路径-结点表

路　　径	起　始　点	终　结　点
1	④	①
2	①	③
3	③	⑩
4	②	⑤
⋮	⋮	⋮

表 3.10 路径属性表

路　　径	长度/m	起始点到终结点的时间/min	终结点到起结点的时间/min
1	850	2.0	1.5
2	1100	3.0	3.0
3	600	1.5	2.0
⋮	⋮	⋮	⋮

结点表示道路交叉口或路口，从某一路径来到一个路口可以一直往前走，向左转，向右转或作 U 形转弯（180°）折回来走。在一个路口可转弯的方向取决于路口道路的情况以及此路口的交通规则。在路口转弯所花的时间常称为转弯阻强（Turn Impedance），在一般情况下，它与转弯的方向有关。交通网中每段路径在其结点处所有允许的转弯方向及转弯阻强都存储在一个转弯类型表中，如表 3.11 所示。

表 3.11 转弯类型表

结点	起始路径	终结路径	角度/(°)	时间/min
①	1	2	0	0.25
①	1	6	−90	0.25
①	1	7	90	0.50
①	1	1	180	0.75
⋮	⋮	⋮	⋮	⋮
②			0	0.00
②			90	0.50
②			−90	0.25
			0	0.00
			⋮	⋮
③			90	−1.00
③			−90	0.25

在过去三十几年中,矢量数据模型是 GIS 中变化最大的方面。例如,ESRI 公司在不同时期所开发的 GIS 软件都对应一种矢量数据模型,ArcView 对应 Shape-file,Arc/Info 对应 Coverage,ArcGIS 对应 Geodatabase。Shape-file 和 Coverage 就是地理关系数据模型的代表,Geodatabase 是面向对象数据模型的代表。矢量数据模型的演变是计算机技术发展和 GIS 市场竞争的结果。对用户来说,有许多新的概念和方法要学习。

3.1.2 栅格数据结构

栅格数据结构表示法以规则网格描述地理实体,记录和表示地理数据,具体说明如下。

1. 栅格数据模型

栅格数据模型视地球表面为平面,将其分割为一定大小、形状规则的格网(Grid),以网格(Cell)为单位记录地理实体的分布位置和属性,如图 3.14 所示。

组成格网的网格可以是正方形、长方形、三角形或六边形,但通常使用正方形。使用这种栅格数据模型,一个点状地理实体表示为一个单一的网格或表示为单个像元;一个线状地理实体表示为一串相连的网格或在一定方向上连接成串的相邻像元的集合;一个面状地理实体则由一组聚集在一起且相互连接的网格或由聚集在一起的相邻像元的集合表示。每个地理实体的形状特征表现为由构成它的网格组成的形状特征。每个网格的位置由其所在的行列号表示,如图 3.15 所示,一般将格网定位为上北下南,行平行于东西向,列平行于南北向。在格网左上角的地面坐标、格网形状、格网大小以及比例尺已知的情况下,可以计算出每个网格中心所处的地理位置,从而确定地理实体分布的地面位置,计算地理实体的几何特征(如长度、面积等)。

由图 3.15 显示,栅格数据可以是一组数据矩阵,每个数据称为网格值,代表相应网格内地理实体的属性。根据属性值编码方案的不同,网格值可以为整数或浮点数,有些 GIS 还允许以文字作为网格值。在最简单的情况下,网格值为 0 或 1,表示某一地理实体的存在与否。

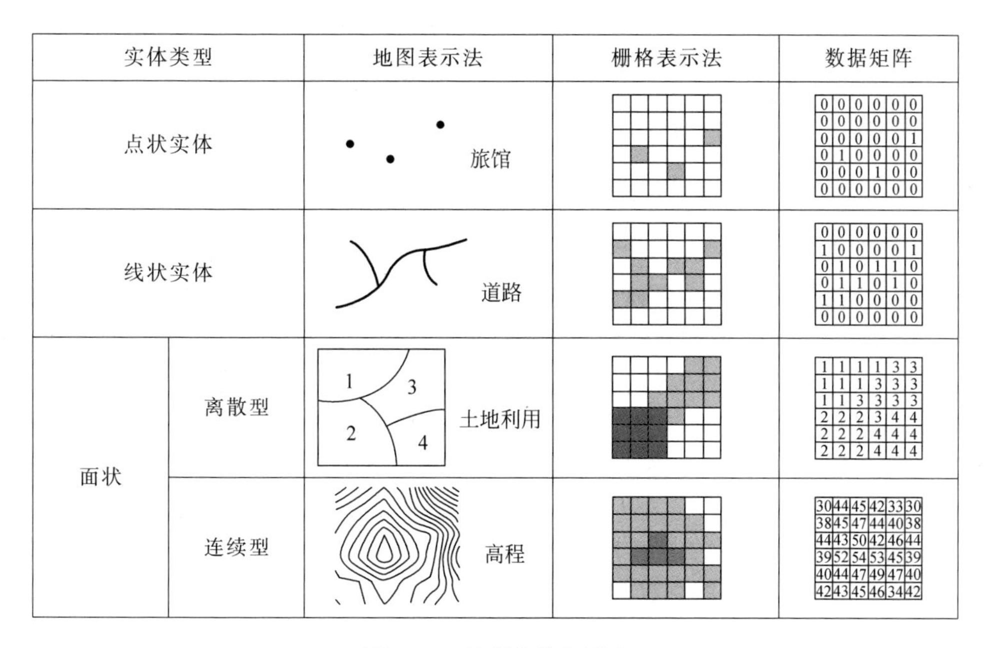

实体类型		地图表示法	栅格表示法	数据矩阵
点状实体		旅馆		0 0 0 0 0 0 0 0 0 0 0 0 0 0 0 0 0 1 0 1 0 0 0 0 0 0 0 1 0 0 0 0 0 0 0 0
线状实体		道路		0 0 0 0 0 0 1 0 0 0 0 1 0 1 0 1 1 0 0 1 1 0 1 0 1 1 0 0 0 0 0 0 0 0 0 0
面状	离散型	1 3 2 4 土地利用		1 1 1 1 3 3 1 1 1 3 3 3 1 1 3 3 3 3 2 2 2 3 4 4 2 2 2 4 4 4 2 2 2 4 4 4
	连续型	高程		30 44 45 42 33 30 38 45 47 44 40 38 44 43 50 42 46 44 39 52 54 53 45 39 40 44 47 49 47 40 42 43 45 46 34 42

图 3.14　地理实体表示法

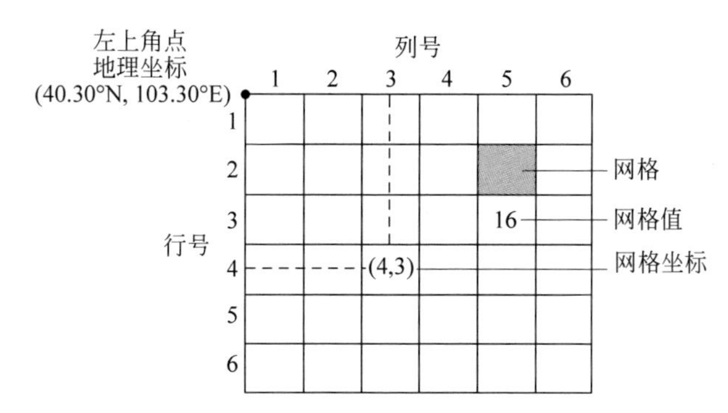

图 3.15　栅格数据模型的基本要素

一般栅格数据不明确地表示地理实体的拓扑特性，但有些特性可以通过计算获得。例如，若已知一个网格的行列坐标，就可以标注与它相邻的网格。类似地，根据网格的行列坐标和网格值，可以搜寻包含在一个面状实体内的另一个地理实体，以此类推。

栅格数据的精度在很大程度上取决于网格的大小。网格越大，精度越低；反之，网格越小，精度越高。栅格数据的精度对地理实体几何形状特征表示的详细性和精确性影响很大，一般地，实体特征越复杂，栅格尺寸越小，分辨率越高。但栅格数据量越大(按分辨率的平方指数增加)，计算成本就越高，处理速度就越慢。不管网格有多小，由于每个网格只能拥有一个数值，因此，每个网格内有关地理实体属性变化的细节会全部丢失。而且，栅格数据总会在某种程度上歪曲地理实体的细部特征，所以，在表示线状地理实体时少用。

当一个网格包含两种或两种以上不同类型的地理实体时，只能将它表示为其中一种类型。通常使用的网格赋值规则如下。

(1) 中心点法：选取位于栅格中心的属性值为该栅格的属性值。

(2) 面积占优法：选取占据栅格单元属性值为面积最大者赋值。常用于分类较细、地理类别图斑较小的情景。

(3) 重要性法：定义属性类型的重要级别，选取重要的属性值为栅格属性值，常用于有重要意义而面积较小的要素，特别适用于点、线地理要素的定义。

(4) 长度占优法：定义每个栅格单元的值由该栅格中线段最长的实体的属性来确定。

2. 栅格数据结构

栅格数据结构是以规则的阵列来表示空间地物或现象分布的数据组织，组织中的每个数据表示地物或现象的非几何属性特征。栅格数据结构的显著特点是属性明显，定位隐含，即数据直接记录属性的指针或数据本身，而所在位置则根据行列号转换为相应的坐标。栅格数据在计算机中可以有多种存储方式(或编码)，主要包括完全栅格数据结构(栅格矩阵编码)和压缩栅格数据结构，如游程编码、链编码(Chain Coding)、四叉树编码(Quadtree)等。

1) 完全栅格数据结构

完全栅格数据结构将网格值按照网格的行、列排列顺序直接以一个栅格矩阵存储在一个计算机数据文件中，即将栅格数据看作一个数据矩阵，逐行(或逐列)逐个记录代码(也称直接栅格编码)。通常，这个文件具有一个文件标头部分，用以存放有关栅格数据模型基本要素方面的数据，包括行数、列数、网格大小、格网左上角或左下角的实际地面坐标等，或将这些数据单独存放到一个标头文件中，如图3.16所示。ArcView GIS空间分析的DEM就是使用这种栅格数据结构存储的。另外DEM和卫星数字影像主要也采用这种数据结构。

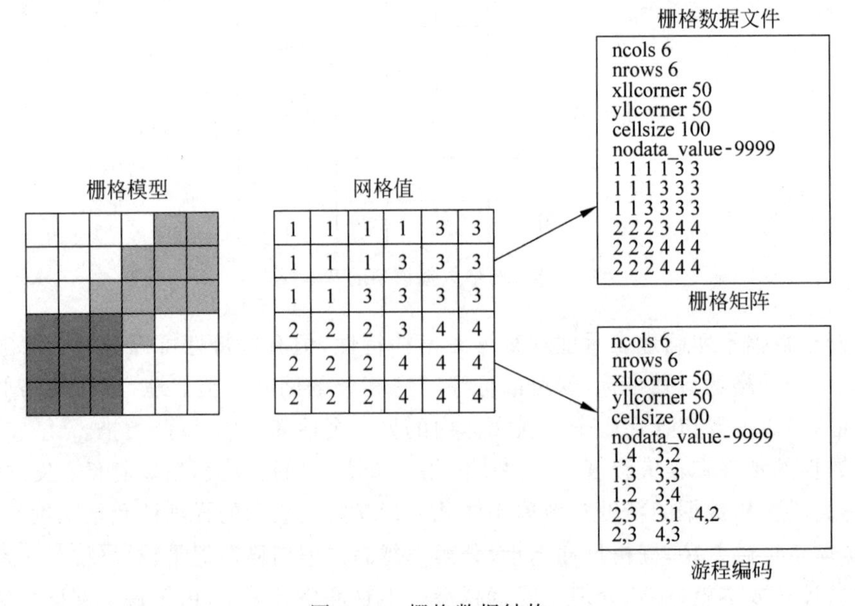

图3.16 栅格数据结构

栅格矩阵要求存储所有的网格值，所产生的数据文件的大小取决于网格的行数和列数($m \times n$)。网格的大小对栅格数据量有很大的影响，即数据量随网格大小的改变呈平方变化。另外这种数据结构存储的网格值，冗余度较大。尤其对大量数据的栅格矩阵表达在存储上会占据大量的空间，为解决这个问题，人们提出数据压缩的方法，常见的有：游程编码、链编码和四叉树编码等。

2）压缩栅格数据编码

（1）游程编码

地理数据往往有较强的相关性，也就是说相邻像元的值往往是相同的。通过记录行或列上相邻的若干属性相同点的代码，可实现游程长度编码。具体方法：按行扫描，将相邻等值的像元合并，并记录代码的重复个数。如图 3.17 所示，其编码为 A4 A1 B3 A2 B2 A2 B2。若在行与行之间不间断地连续编码，则为 A5 B3 A2 B2 A2 B2。区域越大，数据的相关性越强，则使用游程长度编码，压缩效果越佳。

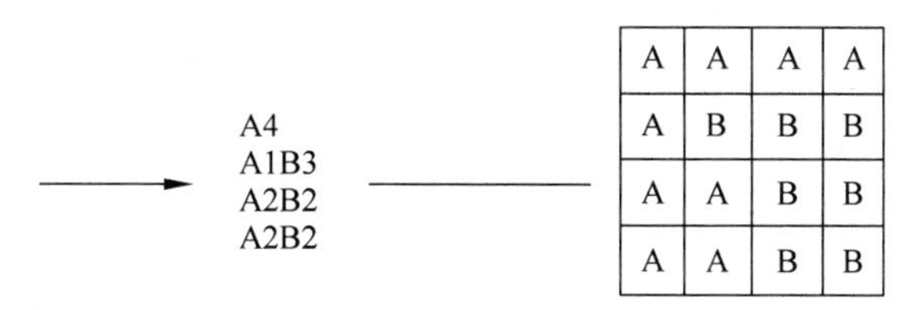

图 3.17　游程长度编码

（2）链编码

链编码（也称“弗里曼链码”）是用一系列按顺序排列的网格表示一个面状实体的分布界线，用以表示和存储面状实体的栅格数据。运用这种数据结构时，首先在面状实体的边界上选择一个起点，然后按逆时针或顺时针方向沿边界记录前进的方向以及在该方向上移动的网格数目直到最后回到起点，如图 3.18 所示。图 3.18(a)是原图，图 3.18(b)代表 8 个方位

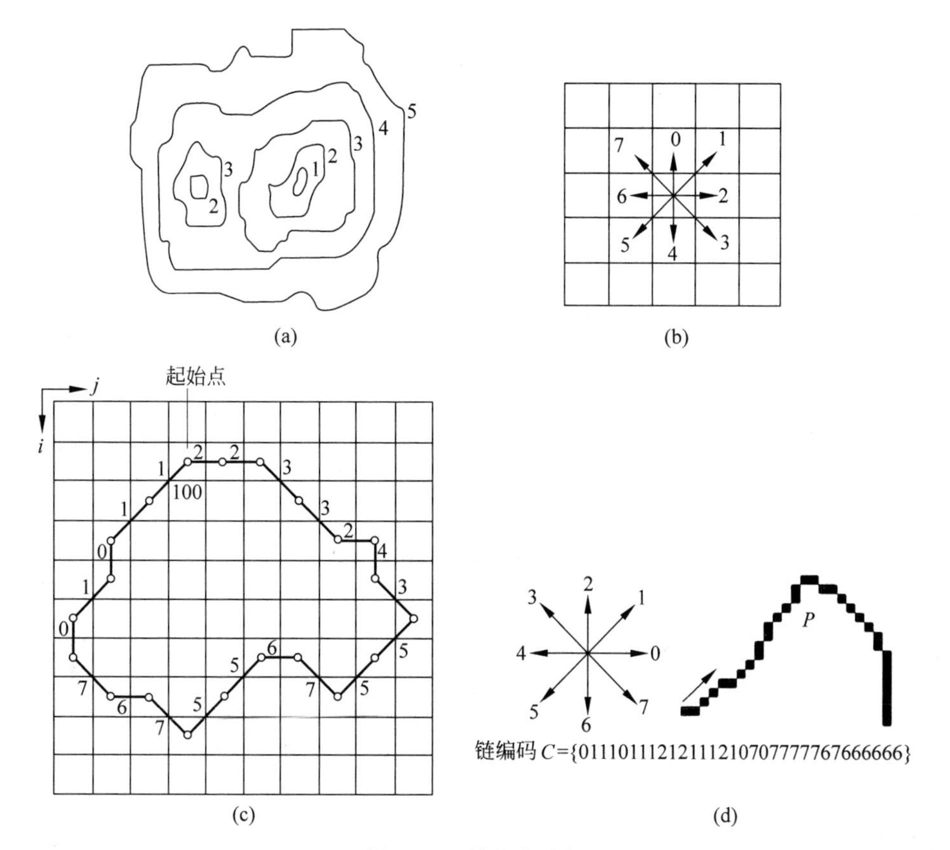

图 3.18　链编码示意

(N,EN,E,ES,S,……)的编码,图 3.18(c)为栅格模型网格的数据编码。图 3.18(d)为链编码。

(3) 四叉树编码

四叉树(QT)编码的思路是把地理空间(特别是多边形区域信息)定量划分为可变大小的网格,每个网格具有相同性质的属性,它是最有效的栅格数据压缩编码方法之一。

四叉树结构的原理可以表述为:将二维区域按照四个象限进行递归分割($2^n \times 2^n$,且 $n \geqslant 1$),直到子象限的数值单调为止。凡数值(特征码或类型值)呈单调的单元,无论单元大小,均作为最后的存储单元。这样,对同一种空间要素,其区域格网的大小随该要素分布特征而不同,四叉树结构在数据存储与检索方面效率很高。以图 3.19 表示四叉树的建立过程。

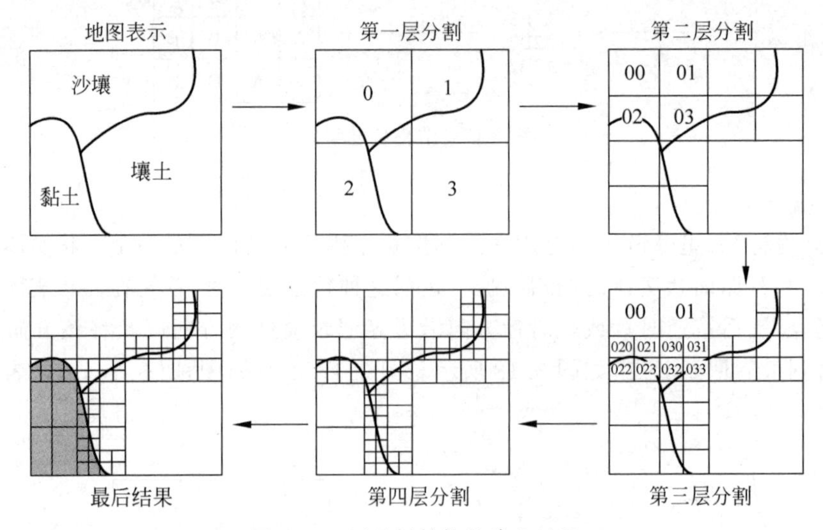

图 3.19 四叉树结构的建立过程

同理,若对三维和四维数据结构而言,就有八叉树和十六叉树结构的编码,本书就不做介绍了。

四种栅格数据编码各有特点,比较见表 3.12。总之,栅格数据模型用规则网格来覆盖整个空间数据。网格中的各个单元格数值与其位置上的空间特征相对应,而且单元格数值的变化反映了事物现象在空间上的变化。与矢量数据模型不同的是栅格数据模型在过去三十几年中并未改变与其相关的概念或数据格式。有关栅格数据模型的研究目前已经集中在数据结构和数据压缩方面。在 GIS 软件中,虽可使用多种数据,但采用栅格格式居多,所以,对用户来说,理解栅格数据的存储和检索很重要。

表 3.12 栅格数据编码的特点

名 称	特 点
直接栅格编码	将栅格数据看作一个数据矩阵,逐行(或逐列)逐个记录代码,这样存储的栅格数据包括了许多多余的数据
游程编码	通过记录行或列上相邻的若干属性相同点的代码来实现。压缩效率较高,叠加、合并等运算简单,编码和解码运算快。块码采用方形区域为记录单元,是游程长度编码扩展到二维的情况
链编码	用一系列按顺序排列的网格表示和存储一个面状实体的分布界线

续表

名称	特点
四叉树编码	1. 容易而有效地计算多边形的数量特征，多用于数字影像处理。 2. 阵列各部分的分辨率是可变的，边界复杂部分四叉树分级多，分辨率也高，而不需要表示的细节部分则分级少，分辨率低。因而既可精确表示图形结构，又可减少存储量，效率高。 3. 直接栅格编码到四叉树编码及四叉树编码到简单栅格编码的转换比块码等其他压缩方法容易。 4. 多边形中嵌套不同类型小多边形的表示比较方便

3.1.3 矢栅一体化数据结构

矢量数据和栅格数据两者各有优缺点，比较见表 3.13。从理论上，矢量结构与栅格结构是可以互相转换的，这是 GIS 的基本功能之一，目前已经有许多高效的转换算法(详见第 4 章的数据处理)。在 GIS 应用的许多方面，栅格数据和矢量数据相互补充，因而将两种数据相结合是 GIS 项目中可取的一个普通特色，具有矢量和栅格两种结构特征的一体化数据结构，即矢栅一体化数据结构。

表 3.13 矢量与栅格格式比较

数据	优点	缺点
矢量数据	1. 属于结构紧凑，冗余度低。 2. 有利于网络和检索分析。 3. 图形显示质量好，精度高。 4. 位置明显	1. 数据结构复杂。 2. 多边形叠置分析比较困难。 3. 属性隐含
栅格数据	1. 数据结构简单。 2. 便于空间分析和地表模拟。 3. 现势性较强。 4. 属性明显	1. 数据量大。 2. 投影转换比较复杂。 3. 位置隐含

设在对一个线目标数字化采样时，恰好在所经过的栅格内都获取了样点，这样的取样数据就具有矢量和栅格双重性质。一方面，它保留了矢量数据的全部特性，一个目标跟随了所有位置信息，并能建立拓扑关系；另一方面，它建立了路径栅格与地物的关系，即路径上的任意一点都与目标直接建立了联系。这样，用填满线目标路径和充满面状目标空间的表达方法作为矢量栅格一体化数据结构的基础。每个线目标除记录原始取样点外，还包括所通过的栅格；每个面状地物除记录它的多边形周边以外，还包括中间的面栅格。无论是点状地物、线状地物，还是面状地物，均采用面向目标的描述方法，并进行拓扑关系说明，因而它可以完全保持矢量的特征，建立位置与地物的联系，使之具有覆盖的性质。构成矢量栅格一体化的数据结构。

3.1.4 面向对象的数据结构

面向对象(Object-Oriented，OO)技术最早出现在 20 世纪 60 年代，但在 80 年代后期至今已得到广泛的应用。在 GIS 中,为更好地表示现实世界,将空间数据和属性数据存储在同一个系统中成为可能。这种新的数据模型称为面向对象的数据模型。

1. 面向对象的概念

面向对象模型是含有数据和操作方法的独立模块,可以认为是数据和行为的统一体。对象是可以识别、可以描述的实体,因此,分布在地球表面的所有可以描述的地理实体,都可以视为对象(Object)。用对象来表示组织空间要素,如一个城市、一棵树均可作为地理对象。这些数据操作和运算行为都称为对象的方法。对象的特点:①具有一个唯一的标识,以表明其存在的独立性;②具有一组描述特征的属性,以表明其在某一时刻的状态——静态属性数据;③具有一组表示行为的操作方法,用以改变对象的状态——作用、功能-函数、方法。

通过寻找共同点,所有具有共性的系统成分就可归为一种对象。根据对象的共性,及对它研究的目的可划分为类、实例和消息等。它们之间的关系如图 3.20 所示。

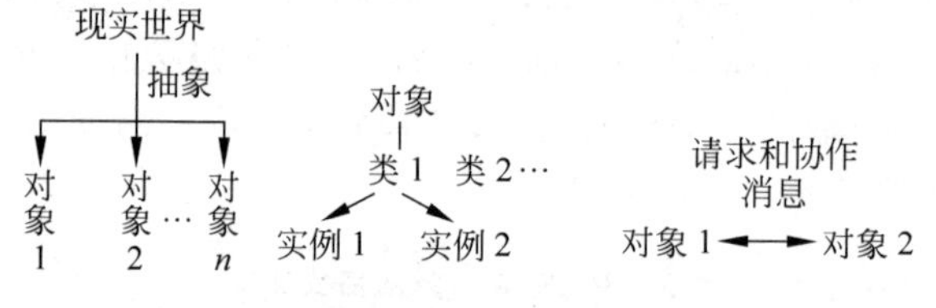

图 3.20 对象、类、实例和消息

(1) 类(Class)。共享同一属性和方法集的所有对象的集合构成类。如河流均具有共性,如名称、长度、流域面积等,以及相同的操作方法,如查询、计算长度、求流域面积等,因而可抽象为河流类。类可组合为“超类”(Superclass)或分为“子类”(Subclass)。例如,城市和县市都属于某一个省,因此,省是城市和县的超类,城市和县是省的子类。

(2) 实例(Instance)。类的一个具体对象,称为实例,如长江、黄河等。真正抽象的河流不存在,只存在河流的例子。类是抽象的对象,是实例的组合。类和实例是相对的,类和实例的关系为上下层关系。

(3) 消息(Message)。对象之间的请求和协作,称为消息。例如,单击“鼠标”,就是对按钮提出请求,就是消息。

2. 面向对象数据模型

面向对象数据的模型是以对象的属性和方法来表示、记录和存储地理数据的,而且地理实体的定位特性与专题属性一样,都表示为对象的属性。每一个对象都属于一个类别。图 3.21 以“城市”类为例,可以看出由类产生对象实际上是以具体的数据来描述一个具体对象的属性,并将这些数据和该类对象所允许的行为,即操作和运算数据方法,包装在一起,将其中一些属性数据和方法隐藏起来不让外部对象访问、调用、修改和执行。外部对象只能发给它一个消息(请求),让它根据其类型定义对数据进行一定的操作或运算。

3. 面向对象的特性

面向对象具有三个特性,即抽象、封装和多态。

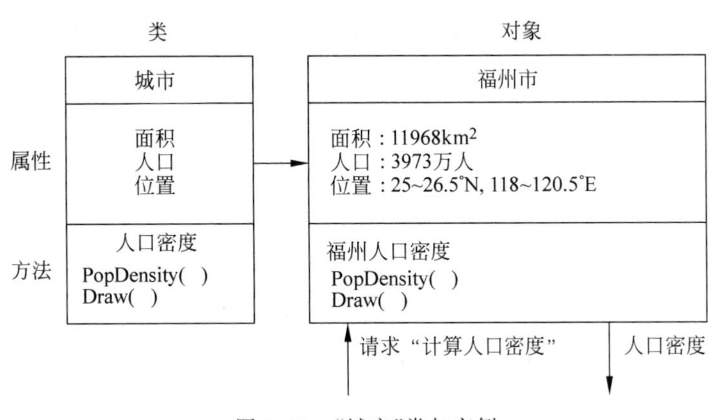

图 3.21 “城市”类与实例

(1) 抽象：是对现实世界的简明表示。形成对象的关键是抽象，对象是抽象思维的结果。

(2) 封装：指把对象的状态及其操作集成化，使之不受外界影响。这种将对象的属性和方法包装在一起并加以隐藏的特性，称为“对象的封闭性”。

(3) 多态：指同一消息被不同对象接收时，可解释为不同的含义。同一消息，对不同对象，功能不同。功能重载多态，简化消息，但功能不减。

4. 面向对象核心技术

面向对象具有四种核心技术，即分类、概括、聚集和联合。

(1) 分类：把一组具有相同属性结构和操作方法的对象归纳或映射为一个公共类的过程。例如，建筑物可分为住宅、厂房等，住宅可分为城市住宅和农村住宅等，城市住宅可分为行政区、商业区、住宅区、文化区等若干个类(图 3.22)。

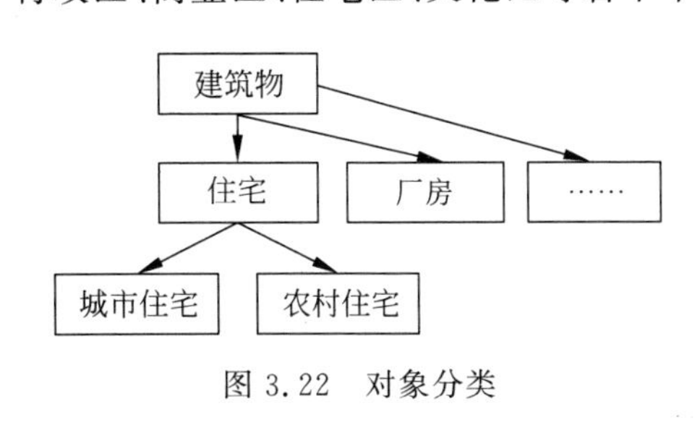

图 3.22 对象分类

(2) 概括：将相同特征和操作的类再抽象为一个更高层次、更具一般性的超类的过程。子类是超类的一个特例。一个类可以是超类的子类，也可以是几个子类的超类。所以，概括可能有任意多层次。概括技术避免了存储上的大量冗余。这需要一种能自动地从超类的属性和操作中获取子类对象的属性和操作的机制，即继承机制。

(3) 聚集：把几个不同性质类的对象组合成一个更高级的复合对象的过程。

(4) 联合：相似对象抽象组合为集合对象，其操作是成员对象的操作集合。

5. 面向对象数据模型核心工具

面向对象数据模型有两种核心工具，即继承和传播。

(1) 继承：一类对象可继承另一类对象的特性和能力，子类继承父类的共性，继承不仅可以把父类的特征传给中间子类，还可以向下传给中间子类的子类。子类还可定义自己新的数据结构，它服务于概括。继承机制可减少代码冗余，减少相互间的接口和界面。子类若任意使用父类的数据结构,有可能破坏封装;若只能通过发送消息来使用父类的域,又可能失去有效性。继承的类型有单重继承和多重继承,有全部继承和部分继承,有取代继承和包含继承等,可在图3.23中体现。

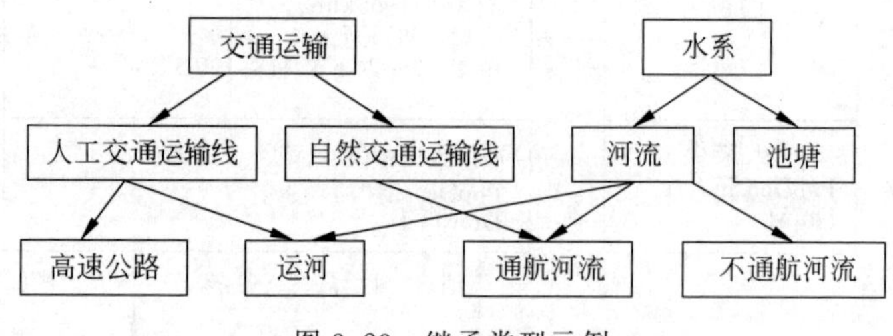

图3.23 继承类型示例

(2) 传播:指复杂对象的某些属性值不单独存于数据库中,而由子对象派生或提取,并将子(成员)对象的属性信息强制传播给综合复杂对象。成员对象的属性只存储一次,以保证数据一致性和减少冗余。例如,福州市总人口为存储在各成员对象中的各区人口总和。继承与传播又有区别,表现在:①继承服务于概括,传播作用于联合和聚集;②继承是从上层到下层,应用于类,而传播是自下而上,直接作用于对象;③继承包括属性和操作,而传播一般仅涉及属性;④继承是一种信息隐含机制,只要说明子类与父类的关系,则父类的特征一般能自动传给其子类,而传播是一种强制性工具,需要在复合对象中显式定义它的每个成员对象,并说明它需要传播哪些属性值。

6. 案例

在ArcGIS软件中,数据结构就是一种基于对象的表达。

1) 对象类(Object Class)

在Geodatabase中对象类是一种特殊的类,它没有空间特征,是指存储非空间数据的表格(Table)。

2) 要素类(Feature Class)

同类空间要素的集合即为要素类。如河流、道路、植被、用地、电缆等。要素类之间可以独立存在,也可具有某种关系。当不同的要素类之间存在关系时,我们将其组织到一个要素数据集中。

3) 要素数据集(Feature Dataset)

要素数据集由一组具有相同空间参考(Spatial Reference)的要素类组成。将不同的要素类放到一个要素数据集下一般有三种情况:

(1) 专题归类表示——当不同的要素类属于同一范畴。

(2) 创建几何网络——在同一几何网络中充当连接点和边的各种要素类,需组织到同一要素数据集中。

(3) 考虑平面拓扑(Planar Topologies)——共享公共几何特征的要素类。

存放了简单要素的要素类可以存放于要素集中,也可以作为单个要素类直接存放在Geodatabase目录下。直接存放在Geodatabase目录下的要素类也称为独立要素类(Standalone Feature)。存储拓扑关系的要素类必须存放到要素集中,使用要素集的目的是确保这些要素类具有统一的空间参考，以利于维护拓扑。Geodatabase 支持要素类之间的逻辑完整性，体现为对复杂网络(Complex Networks)、拓扑规则和关联类等的支持。

4）关系类(Relationship Class)

定义两个不同的要素类或对象类之间的关联关系。

5）几何网络(Geometric Network)

几何网络是在若干要素类的基础上建立的一种新的类。

6）域(Domains)

定义属性的有效取值范围，可以是连续的变化区间，也可以是离散的取值集合。

7）约束规则(Validation Rules)

对要素类的行为和取值加以约束的规则。

8）栅格数据集(Raster Datasets)

用于存放栅格数据，可以支持海量栅格数据，支持影像镶嵌。

9）TIN 数据集(TIN Datasets)

TIN 是 Arc/Info 非常经典的数据模型，用不规则分布的采样点的采样值(通常是高程值，也可以是任意其他类型的值)构成的不规则三角集合。用于表达地表形状或其他类型的空间连续分布特征。

10）定位器(Locators)

定位器是定位参考和定位方法的组合，对不同的定位参考，用不同的定位方法进行定位操作。所谓定位参考，不同的定位信息有不同的表达方法，在 Geodatabase 中，有四种定位信息：地址编码、$< X,Y >$、地名及邮编、路径定位。定位参考数据放在数据库表中，定位器根据该定位参考数据在地图上生成空间定位点。

3.2　GIS 空间数据库

GIS 空间数据主要有定位和属性两种。常规的数据库管理系统(DBMS)主要适用于属性数据的组织和管理，不能有效地用于存储、查询检索和管理定位数据。而一些 GIS 软件是通过计算机操作系统的文件来管理定位数据，依赖常规数据库管理系统存储和管理属性数据。还有一些 GIS 软件系统嫁接了常规数据库管理系统，使之成为该 GIS 软件系统的一个组成部分；有的则提供了常规数据库管理系统的基本原理以及地理数据库设计的基本原则，并能成功用这些基本原理建立地理数据库，但大型 GIS 都是建立在空间(地理)数据库基础上的，系统既能管理定位数据又能管理属性数据，因此，设计有效的 GIS 空间数据库是极其重要的。

GIS 空间数据存储结构主要有文件和数据库两种形式。文件是数据组织形式的较高层次，指数据记录以某种结构方式在外存储设备上的组织，它们的方式有顺序文件、索引文件、直接存取文件、索引连接文件、多关键字文件。典型 GIS 空间数据文件存储形式见表 3.14。数据库是由若干相关文件构成的系统，构建数据库将在本章下面内容专门介绍。

表 3.14 典型 GIS 空间数据文件存储形式

典型 GIS 空间数据文件	包括文件	备注
MapInfo 数据文件	*.tab：头文件，软件版本号、存储坐标投影、地图边界、属性项名等，是 ASCII 码文件	包括文件系统和文件组织
	*.map：图形文件，存储所有 GIS 图形	
	*.id：索引文件，存储图形与属性的关联关系	
	*.dat：属性文件，存储所有属性项值	
ArcView 数据文件	*.shp：图形文件	包括文件系统和文件组织
	*.dbf：属性文件	
	*.shx：索引文件	

3.2.1 空间数据库简介

虽然目前没有统一的数据库的定义，但一般认为数据库(DataBase，DB)是一个存储在计算机内的、有组织的、有共享的、统一管理的数据集合。也就是说为了一定的目的，以特定的结构组织、存储和应用的相关联的数据集合体。它是一个按数据结构来存储和管理数据的计算机软件系统。数据库的概念实际包括两层意思：①数据库是一个实体，它是能够合理保管数据的"仓库"，用户在该"仓库"中存放要管理的事务数据，"数据"和"库"两个概念结合成为数据库。②数据库是数据管理的一种方法和技术，它能更合适地组织数据、更方便地维护数据、更严密地控制数据和更有效地利用数据。数据库指的是按照数据结构来组织、存储和管理数据的仓库。在计算机中，数据组织的最基本单位为数据项(Data Item)。数据库由所有相关文件的总和构成。它是最高一层的数据组织，是信息系统的信息资源，是信息系统的一个重要组成部分。数据库管理系统是处理数据存储、进行各种管理的软件系统；对数据库的操作全部通过数据库管理系统进行，这些操作也称为数据库应用程序。目前常用的数据库管理系统主要有：Access、SQL Server、Oracle 等。

空间数据库是针对空间数据(包括定位数据和非定位数据)的存储管理数据集，它具有通用数据库的普适性特点，同时又有定位数据管理存储的特殊性。早先的空间数据库分别采用两套机制实施空间数据存储管理与属性数据存储管理，然后通过关键字将两者有机地连接起来。比如早期 Arc/Info 系统中分别用空间图形数据管理实施定位数据的存储、建立空间索引、实施空间查询，这部分数据管理称为 Arc；而对于属性信息部分通过关系数据库实施存储管理、建立属性索引、实施属性 SQL 查询，这部分数据管理称为 Info。不同于属性数据的存储管理，空间数据的存储结构、拓扑关系的记录、空间区域索引、空间定位查询等内容都是一般关系数据库系统所不能胜任的，因此要针对 GIS 空间数据的特殊性专门开发数据库管理系统，实施"空间性"特征的管理功能。

1. 空间数据库概念

空间数据库(SDB)是 GIS 中空间数据的存储场所。空间数据库系统(SDBS)一般包括空间数据库、空间数据库管理系统和空间数据库应用系统三个部分。

(1) 空间数据库：按照一定的结构组织在一起的相关数据的集合，是 GIS 在计算机物理存储介质上存储的与应用相关的地理空间数据的总和，一般是以一系列特定结构的文件形式组织在存储介质之上的。数据的组织包括数据项、记录、文件和数据库(表3.15)。

表3.15　数据库中数据组织级别

级　别	特征描述
数据项	描述一个对象的某一属性的数据，称为数据项，它有型和值之分。数据项的型定义了它的数据类型。数据项的值为一个具体对象的属性值，可以数字、字母、字符串等表示。一个对象可具有若干属性，一个对象可由若干数据项描述
记录	若干个数据项组成的一个序列称为描述该对象的记录。记录类型是数据项型的一个有序组，记录值则是数据项值的同一有序组。通常，将记录值简称为记录
文件	记录型和记录的总和称为文件。能够唯一标识记录的数据项称为文件的关键字。用于组织文件的关键字则称为主关键字
数据库	以一定的结构集中存储在一起的相关数据文件的集合称为数据库。数据库中的数据是结构化的；对数据采取集中控制，统一管理；数据的存储独立于应用程序；具有一套标准的、可控制的方法用于数据的输入、修改、更新、检索，以确保数据的完整性和有效性；具有一定的数据保护能力

(2) 空间数据库管理系统：该系统的实现是建立在常规的数据库管理系统之上的。常规数据库管理系统是提供数据库建立、使用和管理工具的软件系统；而空间数据库管理系统是指能够对物理介质上存储的地理空间数据进行语义和逻辑上的定义，提供必需的空间数据查询检索和存取功能，以及能够对空间数据进行有效的维护和更新的一套软件系统。空间数据库管理系统除了需要完成常规数据库管理系统所必备的功能外，还需要提供特定的针对空间数据的管理功能。实现方法为：①直接对常规数据库管理系统进行功能扩展，加入一定数量的空间数据存储与管理功能，如Oracle系统；②在常规数据库管理系统上添加一层空间数据库引擎，以获得常规数据库管理系统功能之外的空间数据存储和管理的能力，如ESRI的SDE(Spatial Database Engine)等。

空间数据库与一般数据库比较，具有以下特点：

(1) 管理数据量大。地理系统是一个复杂的综合体，要用数据来描述各种地理要素的位置特征、属性特征、时间特征，其数据量往往很大。

(2) 管理数据类型多。既能管理属性数据，又能管理空间数据。

(3) 数据应用领域广。目前GIS数据已涉及地理研究、环境保护、土地利用与规划、资源开发、生态环境、市政管理、道路建设等领域。

(3) 空间数据库应用系统：是为了满足特定的用户数据处理需求而建立起来的，具有数据访问功能的应用软件，它提供给用户一个访问和操作特定数据库的用户界面。

空间数据库应用系统在整个GIS中占有极其重要的地位，是GIS发挥作用的关键，也是所有分析、决策的重要基础。

空间数据库的存储管理通过三种基础数据库模型中的任何一种都可实现，但在不同的发展历史时期，因数据库技术展示出不同的热门趋势特征，空间数据库存储管理采用与不同模型的结合与开发应用。早先关系数据库比网络数据库、层次数据库成熟，理论体系完备，空间数据库多采用关系数据库存储管理；后来关系对象数据库发展成熟，便采用关系代数数据库。在人工智能技术、大数据技术发展的新时代，IT 领域数据库技术发展出现了以图(Graph)数据结构为基础的数据库发展热门趋势，与早先的网络数据库对应。图结构下的数据库因其有效的实体联系表达、高效的邻域关系处理和索引机制，在人工智能的深度学习、知识图谱中发挥了重要作用。尤其是在知识图谱应用中，图结构的结点-边的表达机制能有效描述知识规则、实施知识推理，图结构数据库具有很好的发展前景。与此对应，空间数据库的存储管理也将在图结构数据库中找到新的技术支撑，空间数据的逻辑机构上具有直接的网络图关系表达(道路网、河系网、建筑物群邻域结构等)，在人工智能技术的驱动下，图结构的数据库管理将成为空间数据库新的热点。

2. 数据库系统结构

数据库系统的基本结构：一般可分为三个层次，即内模式、概念模式和外模式，进一步介绍如下。

(1) 内模式：数据库最内的一层，也称存储模式。它是对数据库在物理存储器上具体实现的描述，也就是对数据物理结构和存储方式的描述。

(2) 概念模式：数据库的逻辑表示，也称模式。它是对数据库中全体数据的逻辑结构和特征的描述，包括每个数据的逻辑定义以及数据间的逻辑关系，是所有用户的公共数据视图。

(3) 外模式：也称子模式或用户模式。它是数据库用户(包括应用程序员和最终用户)能够看见和使用的数据逻辑结构和特征的描述，是概念模式的子集，是数据库用户的数据视面(View)。

为了表达信息的内容，数据应按一定的方式进行组织和存储。根据数据组织方式和数据间逻辑关系，一般可分为数据项、记录、文件和数据库，如表 3.15 所示。

数据间的逻辑联系主要是指记录与记录之间的联系。记录用来表示现实世界中的实体，实体之间存在一种或多种联系，反映这种逻辑关系主要有一对一、一对多和多对多的联系。表达这些数据结构的模型有关系模型、层状模型、网络模型、面向对象模型和时态模型等。其中关系模型、层状模型、网络模型可合称传统数据模型。

3. 数据模型

数据库的数据结构、操作集合和完整性约束规则集合组成了数据库的数据模型。传统的数据模型有层次模型、网络模型和关系模型，优缺点比较见表 3.16。

表 3.16 传统的数据模型比较

数据模型	优　点	缺　点
层次模型	1. 易于理解、更新与扩充。 2. 通过关键字，数据访问易于实现。 3. 事先知道全部可能的查询结构，数据检索方便	1. 访问限于自上而下的路径，不够灵活。 2. 大量索引文件需要维护。 3. 一些属性值重复多次，导致数据冗余，存储和访问的开销增加

续表

数据模型	优　点	缺　点
网络模型	1. 空间特征及其坐标数据易于连接。 2. 在很复杂的拓扑结构中搜索，有环路环境指针是一个很有效的方法。 3. 避免数据冗余，已有数据可充分使用	1. 间接的指针使数据库扩大，在复杂的系统中可能占据数据库的很大部分。 2. 每次数据库变动，这些指针必须更新维护，其工作量相当大
关系模型	1. 结构灵活。 2. 可以满足布尔逻辑和数学运算表达的各种查询需要。 3. 允许对各种数据类型的搜索、组合和比较	1. 为找到满足指定关系要求的数据，许多操作涉及对文件的顺序搜索，对大型系统而言，很浪费时间。 2. 为保证以适宜速度进行搜索的能力，商用系统一般经过十分精心的设计，故价格昂贵

传统数据库模型在数据库发展中虽曾起过重要作用，但仍然存在许多的不足，主要表现为：

(1) 以记录为基础的结构不能很好地面向用户和应用。

(2) 不能以自然的方式表示客体之间的关系。

(3) 语义贫乏。

(4) 数据类型太少，难以满足应用需要。

针对缺陷，人们陆续提出新的数据结构模型，其中具有代表意义的是面向对象的数据模型(在 3.1.3 节曾述及)。

3.2.2 空间数据库设计

空间数据库的设计问题实质是将地理空间实体以一定组织形式在数据库系统中加以表达的过程，也就是 GIS 中空间实体数据模型化问题。

1. 空间数据库设计过程

GIS 是人类认识客观世界、改造客观世界的实用工具。GIS 的开发和应用需要经历一个由现实世界到概念世界，再到计算机信息世界的转化过程。然而，概念世界的建立是通过对错综复杂的现实世界的认识与抽象，即需要对各种不同专业领域的研究和系统分析，最终形成 GIS 的空间数据库系统和应用系统所需的概念化模型。进一步的逻辑模型设计，其任务就是把概念模型结构转换为计算机数据库系统所能够支持的数据模型。设计逻辑模型时首先应选择对某个概念模型结构设计得比较好的数据模型，其次再选定合适的、能支持这种数据模型的数据库管理系统，最后的存储模型则是指概念模型反映到计算机物理存储介质中的数据组织形式。

GIS 的概念模型是人们从计算机环境的角度出发和思考，对现实世界中各种地理现象、它们彼此的联系及其发展过程的认识及抽象的产物。具体地说，主要包括对地理现象和过程等客体的特征描述、关系分析和过程模拟等内容。这些内容在 GIS 的软件工具、数据库系统和应用系统研究中往往被抽象、概括为数据结构的定义、数据模型的建立及专业应用模型的构建等主要理论与技术问题。它们共同构成 GIS 基础研究的主要内容。

GIS 的空间数据结构是对地理空间实体所具有的特性的一些最基本描述。表现为四个最基本的类型,即点、线、面和体等。这些类型的关系既复杂又相互联系。一方面,线可以视为由点组成,面可由作为边界的线所包围而形成,体又可以由面所包围而形成;另一方面,随着观察这些实体的坐标系统的维数、视角及比例尺的变化,它们之间的关系和内容可以按照一定的规律相互转化(例如,由三维坐标系统变为二维坐标系统后,通过地图投影变化,空间体可变成面,面可以部分地变成线,线可以部分地变成点;通过视角变化,也可将某些实体由面变点等变化;通过比例尺改变,如坐标系统的比例尺缩小时,部分的体、面、线可能均变为点)。同时,所有地理现象和地理过程中的要素并非孤立存在,而是具有各种复杂的联系。这些联系可以从空间、时间和属性三个方面加以考察。

(1) 实体间空间联系可以分解为空间位置、空间分布、空间形态、空间关系、空间相关、空间统计、空间趋势、空间对比和空间运动等联系形式。其中,空间位置描述的是实体个体的定位信息;空间分布是描述空间实体的群体定位信息,且通常能够从空间概率、空间结构、空间聚类、离散度和空间延展等方面予以描述;空间形态反映空间实体的形状和结构;空间关系是基于位置和形态的实体关系;空间相关是空间实体基于属性数据上的关系;空间统计是描述空间实体的数量、质量信息,又称为空间计量;空间趋势反映实体空间分布的总体变化规律;空间对比可以体现在数量、质量、形态三个方面;空间运动则反映空间客体随时间的迁移或变化。以上种种空间信息基本上反映了空间分析所能揭示的信息内涵,彼此互有区别又有联系。

(2) 实体之间的时间联系一般可以通过实体变化过程来反映。有些实体数据的变化周期很长,如地质地貌等数据随时间的变化。而有些空间数据则变化很快,需要及时更新,如土地利用数据等。实体时间信息的表达和处理构成了空间事态 GIS 及数据库的基本内容。

(3) 实体间的属性联系主要体现为属性多级分类体系中的从属关系、聚类关系和相关关系。从属关系主要反映各实体之间的上下级或包含关系;聚类关系是反映实体之间的相似程度及并行关系;相关关系则反映不同类实体之间的某种直接或间接的并发或共生关系。属性联系可以通过 GIS 属性数据库的设计加以实现。

2. 空间数据库数据模型

对于上述地理空间实体及其联系的数学描述,可以用数据模型这个概念进行概括。建立空间数据库系统数据模型的目的,是揭示空间实体的本质特征,并对其进行抽象化,使之转化为计算机能够接受和处理的数据形式。在 GIS 研究中,空间数据模型就是对空间实体进行描述和表达的数学手段,使之能反映实体的某些结构特征和行为功能。按数据模型组织的空间数据使得数据库管理系统能够对空间数据进行统一的管理,帮助用户查询、检索、增删和修改数据,保障空间数据的独立性、完整性和安全性,以利于改善对空间数据资源的使用和管理。空间数据模型是衡量 GIS 功能强弱与优劣的主要因素之一。数据组织得好坏直接影响到空间数据库中数据查询、检索的方式、速度和效率。从这一意义上看,空间数据库的设计最终可以归结为空间数据模型设计。

数据库系统中通常采用的数据模型有层次模型、网络模型、关系模型,语义模型、面向对象的数据模型等。这是从数据的逻辑组织基于计算机存储表达角度的分类,在实际应用中 GIS 软件多采用关系模型,该模型有严格的理论基础——关系代数,后来该模型与面向对象模型结合,又发展了面向对象的关系模型。由于空间定位数据具有多维、多态、不定长等特性，很难纳入关系表格存储管理，如早期的GIS数据库管理系统是把属性与空间定位数据分开。面向对象技术发展后，空间定位数据才真正纳入数据库管理体系与属性数据管理融为一体，典型的代表便是Oracle公司推出的Oracle Spatial，以及ArcGIS的SDE Geodatabase模块。

从空间数据组织来看，数据模型的设计有两种选择，即基于目标的和基于场的数据模型。两种模型对空间的表达各有特点，但建模的侧重点不同。在GIS发展历史上，有关数据模型构建问题的争议，有人认为类似18世纪初物理学中对光是"波"还是"粒子"的争论。

使用不同的数据系统分别存储空间数据和属性数据，通常称为地理相关模型，而基于对象数据模型则将空间数据和属性数据存储在统一的数据库中。空间数据和属性数据要通过要素ID连接起来。ESRI公司的产品ArcView对应Shape_file，Arc/Info对应Coverage，就是地理关系数据模型的代表。ArcGIS对于Geodatabase是面向对象数据模型的代表。

3. 空间数据库设计原则、步骤和技术方法

随着GIS空间数据库技术的发展，空间数据库所能表达的空间对象日益复杂，数据库和用户功能日益集成化，从而对空间数据库的设计过程提出了更高的要求。许多早期的空间数据库设计过程着重强调的是数据库的物理实现，注重于数据记录的存储和存取方法。设计人员往往只需要考虑系统各个单项独立功能的实现，从而也只考虑少数几个数据库文件的组织，然后选择适当的索引技术，以满足实现这个功能的性能要求。而现在，对空间数据库的设计已提出许多准则，其中包括：①尽量减少空间数据库的冗余量；②提供稳定的空间数据结构，在用户需要改变时，该数据结构能迅速做相应的变化；③满足用户对空间数据及时访问的需求，并能高效地提供用户所需的空间数据查询结果；④在数据元素间维持复杂的联系，以反映空间数据的复杂性；⑤支持多种多样的决策需要，具有较强的应用适应性。

GIS数据库设计往往是一件相当复杂的任务，为了有效地完成这一任务，特别需要一些合适的技术，同时还要求将这些设计技术有效地组织起来，构成一个有序的设计过程。设计技术和设计过程是有区别的。设计技术是指数据库设计者所使用的设计工具，其中包括各种算法、文本化方法、用户组织的图形表示法、各种转化规则、数据库定义的方法及编程技术；而设计过程则确定了这些技术的使用顺序。例如，在一个规范的设计过程中，可能要求设计人员首先用图形表示用户数据，再使用转换规则生成数据库结构，下一步再用某些确定的算法优化这一结构，这些工作完成后，就可进行数据库定义工作和程序开发工作。

一般来说，数据库设计技术分为下列两类：①数据分析技术是用于分析用户数据语义的技术手段；②技术设计技术是用于将数据分析结果转化为数据库的技术实现。

上述两类技术所处理的是两类不同的问题。第一类问题考虑的是正确的结构数据，这些问题通过使用诸如消除数据冗余技术、保证数据库稳定性技术、结构数据技术来解决，其目的是使用户易于存取数据，从而满足用户对数据的各种需求；第二类问题是保证所实现的数据库能有效地使用数据资源，解决这个问题要用到一些技术设计技术，如选择合适的存储结构以及采用有效的存取方法等。

数据库设计的内容包括数据模型的三方面：数据结构、数据操作和完整性约束。具体区分为：①静态特性设计，又称结构特性设计，也就是根据给定的应用环境，设计数据库的

数据模型(即数据结构)或数据库模式。它包括概念结构设计和逻辑结构设计两个方面。②动态特性设计又称数据库的行为特性设计。设计数据库的查询、静态事务处理和报表处理等应用程序。③物理设计。根据动态特性,即应用处理要求,在选定的数据库管理系统环境之下,把静态特性设计中得到的数据库模式加以物理实现,即设计数据库的存储模式和存取方法。

数据库设计的整个过程包括以下几个典型步骤,在设计的不同阶段要考虑不同的问题,每类问题有其不同的自然论域。在每个设计阶段必须选择适当的论述方法及与其相应的设计技术。这种方法强调的是,首先将确定用户需求与完成技术设计相互独立开来,而对其中每一个大的设计阶段再划分为若干更细的设计步骤。

(1) 需求分析。根据GIS的应用领域和服务对象,把来自用户的信息加以分析、提炼,最后从功能、性能上加以描述,是用户需求分析阶段的任务。系统分析员从逻辑上定义系统功能,解决"系统干什么",抛开具体的物理实现过程,暂不解决"系统如何干"。面向空间管理的业务部门,其业务运作是基于大量的图形资料、图表资料、表格数据和文字资料的,这些数据的流程反映了其管理作业程序。通过结构化分析把业务过程细化,对每个细化的业务子过程中的数据处理是通过数据流程图来描述,由数据流向、加工、文件、源点和终点四种成分,得到数据操作的逻辑模型。

(2) 概念设计。把用户的需求加以解释,并用概念模型表达出来。概念模型是现实世界到信息世界的抽象,具有独立于具体的数据库实现的优点,因此是用户和数据库设计人员之间进行交流的语言。数据库需求分析和概念设计阶段需要建立数据库的数据模型,可采用的建模技术方法主要有三类:①面向记录的传统数据模型,包括层次模型、网络模型和关系模型;②注重描述数据及其之间语义关系的语义数据模型,如实体-联系模型等;③面向对象的数据模型,它是在前两类数据模型的基础上发展起来的面向对象的数据库建模技术。本章将依次论述这些模型在空间数据库设计中的应用,并将数据库实现模型中的一些存储方法及查询技术一并加以阐述。

(3) 逻辑设计。数据库逻辑设计的任务是:把信息世界中的概念模型利用数据库管理系统所提供的工具映射为计算机世界中为数据库管理系统所支持的数据模型,并用数据描述表达出来。逻辑设计又称为数据模型映射。所以,逻辑设计是根据概念模型和数据库管理系统来选择的。例如,将上述概念设计所获得的实体-联系模型转换成关系数据库模型。

(4) 物理设计。数据库的物理设计指数据库存储结构和存储路径的设计,即将数据库的逻辑模型在实际的物理存储设备上加以实现,从而建立一个具有较好性能的物理数据库。该过程依赖于给定的计算机系统。在这一阶段,设计人员需要考虑数据库的存储问题:所有数据在硬件设备上的存储方式,管理和存取数据的软件系统,数据库存储结构以保证用户以其所熟悉的方式存取数据,以及数据在各个位置的分布方式等。

3.2.3 空间数据库实现和维护

1. 空间数据库的实现

根据空间数据库逻辑设计和物理设计的结果,可以在计算机上创建实际的空间数据库结构,装入空间数据,并测试和运行,这个过程是空间数据库的实现过程,它包括:①建立实际的空间数据库结构；②装入试验性的空间数据对应用程序进行测试，以确立其功能和性能是否满足设计要求，并检查对数据库存储空间的占有情况；③装入实际的空间数据，即数据库的加载，建立实际运行的空间数据库。

2. 相关的其他设计

其他设计的工作包括加强空间数据库的安全性、完整性控制，以及保证一致性、可恢复性等，总之是以牺牲数据库运行效率为代价的。设计人员的任务就是要在实现代价和尽可能多的功能之间进行合理的平衡。这一设计过程包括如下几方面：

(1) 空间数据库的再组织设计。对空间数据库的概念、逻辑和物理结构的改变称为再组织，其中改变概念或逻辑结构又称为再构造，改变物理结构称为再格式化。再组织通常是由于环境需求的变化或性能原因而引起的。一般数据库管理系统，特别是关系型数据库管理系统都提供数据库再组织的实用程序。

(2) 故障恢复方案设计。在空间数据库设计中考虑的故障恢复方案，一般是基于数据库管理系统提供的故障恢复手段，如果数据库管理系统已经提供了完善的软硬件故障恢复和存储介质的故障恢复手段，那么设计阶段的任务就简化为确定系统登录的物理参数，如缓冲区个数和大小、逻辑块的长度、物理设备等，否则就要定制人工备份方案。

(3) 安全性考虑。许多数据库管理系统都有描述各种对象(记录、数据项)的存取权限的成分。在设计时根据用户需求分析，规定相应的存取权限。子模式是实现安全性要求的一个重要手段，也可在应用程序中设置密码，对不同的使用者给予一定的密码，以密码控制使用级别。

(4) 事务控制。大多数数据库管理系统都支持事务概念，以保证多用户环境下的数据完整性和一致性。事务控制有人工和系统两种控制办法，系统控制以数据操作语句为单位，人工控制则以事务的开始和结束语句显示。大多数数据库管理系统也提供封锁粒度的选择，封锁粒度一般有库级、记录级和数据项级。粒度越大控制越简单，但并发性能差。这些在相关的设计中都要统筹考虑。

3. 空间数据库的维护

空间数据库正式投入运行，标志着数据库设计和应用开发工作的结束和运行维护阶段的开始。本阶段的主要工作是：①维护空间数据库的安全性和完整性。需要及时调整授权和密码，转储及恢复数据库。②监测并改善数据库性能。分析评估存储空间和响应时间，必要时进行数据库的再组织。③增加新的功能。对现有功能按用户需要进行扩充。④修改错误，包括程序和数据。

3.2.4 空间数据存储和管理

数据存储与管理是建立GIS数据库的关键步骤，涉及空间数据和属性数据的组织。栅格模型、矢量模型或栅格/矢量混合模型是常用的空间数据组织方法。空间数据结构的选择在一定程度上决定了系统所能执行的数据分析的功能，在地理数据组织与管理中，最为关键的是如何将空间数据与属性数据融为一体。目前，GIS大多数系统都是将二者分开存储，通过共同项(一般定义为地物标识码或ID)来连接。这种组织方式的缺点是数据的定义与数据操作分离,无法有效地记录地物在时间域上的变化属性。

3.3 GIS空间查询及数据探查

3.3.1 空间查询

空间查询是指从GIS数据库中获取用户咨询的数据,并以一定的形式提供给用户。有时地理空间查询也涉及简单的几何计算(如距离和面积)或地理实体的重新分类(将在第5章"基于矢量数据的GIS空间分析"中介绍)。

数据库查询要采用一定查询语言实现用户与数据库系统的接口,常用的查询语言为SQL,具有如下的语法形式:

Select《目标标识序列》 From《数据库》 Where《查询条件》

SQL查询语言包括三部分内容。

1. 数据定义DDL(Data Definition Language)

实现数据表、数据视图的框架定义,建立索引。

2. 数据管理DML(Data Manipulation Language)

实现数据的追加、删除、插入、维护等数据管理。

3. 数据控制DCL(Data Control Language)

实现事务、进程管理,对安全性进行控制。

通用的SQL查询语言与空间概念集成后产生了空间SQL查询语言,促使数据类型从简单的整数、小数、字符等扩展为点、线、多边形、复杂线、复杂多边形等复杂的空间数据类型。查询的操作谓词也扩展到针对空间数据的处理。在OGIS、SQL等空间查询的标准中,结合空间关系和非空间属性的查询可以归纳为几何操作、拓扑操作和空间分析操作等。

(1) 几何操作,诸如空间参考系确立、外接矩形生成、边界提取等。

(2) 拓扑操作,包括对相等、分离、相交、相切交叉、包含等拓扑关系的布尔判断。

(3) 空间分析操作,包括缓冲区生成、多边形叠置、凸壳生成等。

3.3.2 数据探查

在GIS项目中,对GIS数据库中的海量数据进行分析的捷径定义为数据探查。用户或研究者可以通过数据探查(Data Exploration)事先了解一些数据的总趋势以及数据间可能存在的关系,以便更好地挖掘理解数据,为系统地阐明研究问题和设想提供前提。

无论基于矢量还是基于栅格地图、图表统计和表格在多视窗口中显示并动态链接,都可视为数据探查的内容,所以,数据探查的一个重要组成部分为交互式、动态链接的可视化(有关可视化问题将在第7章介绍)。

交互式处理(Interactive Processing)指的是操作人员和系统之间存在交互作用的信息处理方式。操作人员通过终端设备输入信息和操作命令,系统接到后立即处理,并通过终端设备显示处理结果。操作人员可以根据处理结果进一步输入信息和操作命令。

动态链接(Dynamic Linking)就是不对那些组成程序的目标文件进行链接，等到程序要运行时才进行链接，即把链接这个过程推迟到运行时再进行。

数据探查可以看成GIS空间分析的前期准备。

传统上，为探索数据结构和发现数据类型，主要用统计方法中的差距、中值、平均值、方差、标准差以及图表等来描述。

(1) 差距(Range)：最大与最小之间的差值。

(2) 中值(Median)：中间点的值。

(3) 平均值(Mean)：数值的平均，即

$$\text{Mean}=\sum_{i=1}^{n}\frac{x_i}{n}$$

(4) 方差(Variance)：每个数据与平均值的差的平方的平均，即

$$\text{Variance}=\sum_{i=1}^{n}\frac{(x_i-\text{Mean})^2}{n}$$

(5) 标准差(Standard Deviation)：方差的平方根。

基于一定软、硬件环境下的GIS软件包可以同时使用地图、统计图和表格，适合做数据探查。GIS中的数据探查虽类似于统计学中的数据分析，但有区别。表现在：

① GIS数据探查包括对空间数据与属性数据探查，空间数据是新的数据探查。

② GIS数据探查的表达主要是地图和地图特征可视化。

思考题

1. 数据库主要有哪几个主要的结构成分？
2. 数据库是如何组织数据的？
3. DBMS的作用是什么？
4. 地理实体如何存放在数据库里？
5. 请简要说明层次模型、网络模型和关系模型的结构特点。
6. 对象数据模型有什么特点？
7. 时间在GIS内有什么意义？如何保存时间信息？
8. 如何设计空间数据库？
9. 对空间数据库进行维护有什么意义？
10. 简述空间数据入库流程。
11. 何谓地理查询？

进一步讨论的问题

1. 空间数据库建设要注意哪些问题？试举例说明。
2. 试述面向对象的数据模型与传统数据模型的区别和联系。

实验项目 2 GIS 数据采集

一、实验内容

(1) 栅格图像配准。

(2) 屏幕跟踪数字化。

二、实验目的

(1) 了解地图配准的概念及原理。

(2) 掌握 ArcMap 中栅格地图配准的方法。

(3) 掌握 ArcMap 中栅格数据矢量化的流程。

(4) 掌握点、线、面各种要素类型的基本编辑方法。

三、实验数据

GIS_data/ Data2

第 3 章彩图

第 3 章思考题答案

第4章

GIS数据采集和数据处理

本章导读

为了能够表达出空间实体的形状，就要研究需要数据获取的方法，即研究如何获取数据；通过某种途径获得数据之后，什么性质的数据处理才能够有效地表达出地理实体的特性，即数据处理研究。在大数据时代，非结构化数据处理尤为重要。本章就GIS数据采集和数据处理以及数据质量和精度控制进行介绍，以便为第5章和第6章GIS空间分析和建模服务。

4.1 GIS数据源

数据采集是指把现有数据(资料)转换为计算机可以处理的形式，并保证这些数据的完整性与逻辑性的一致。数据采集与输入状况影响GIS用户，影响GIS数据库中的数据，为保证GIS数据在内容与空间上的完整性、数值逻辑一致性与正确性等，GIS数据来源、数据转换成功与否、数据共享程度以及数据的质量状况等非常重要。GIS数据源自地图数据、遥感数据、文本资料、统计资料(电子和非电子数据)、地表实测数据、野外测量或GPS数据、多媒体数据和已有系统的数据等，其中，遥感数据(RS Data)和全球定位系统数据(GPS Data)是GIS的重要数据源。各类数据输入如图4.1所示。

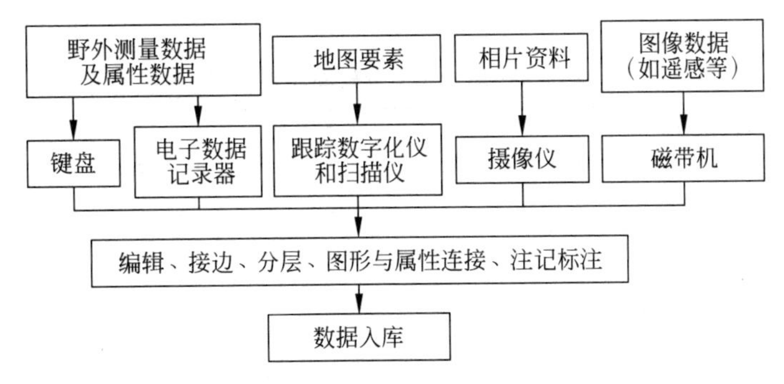

图4.1 GIS数据采集流程

4.1.1 纸质地图数据

纸质地图(Hardcopy Map)是GIS数据的主要来源。因为纸质地图是过去信息有价值的记录，它不仅含有实体的类别和属性，而且含有实体间的空间关系。将纸质地图转化成计算机存储和处理的数字地图的过程，称为地图数字化(包括跟踪数字化和扫描数字化)。通过数字化可以获取地图数据。地图数据通常有点(居民点、采样点、高程点、控制点等)、线(河流、道路、构造线等)、面(湖泊、海洋、植被等)及注记(地成名注记、高程注记、人口注记等)。地图注记往往是对GIS属性特征的描述，地图符号间的关系对应为目标间的框架关系，此外，地图中还蕴含着大量的信息内容，需要通过人工判读识别出来，这往往取决于数据采集人员的专业知识、地图判读经验。

4.1.2 遥感数据

遥感影像包括航空相片和卫星影像。

航空相片是指安装在飞机上的照相机，沿着预定的航向，按照一定的飞行高度和重叠度摄取的地表影像。与地图比较，航空相片所包含的信息内容丰富、客观真实，它不加选择地、详细地记录了在拍摄时刻被摄地区的地表现象，而不像地图内容是经过了地图制图人员的选取和概括的产物。通过对航空相片的解译和野外调绘，可以获取有关地区生态环境各要素数据。航空相片解译或调绘的成果通常转绘成地图，以地图的形式经数字化输入GIS，成为GIS的一个重要数据源。所以航空相片为显示专题要素提供背景，为地理数据更新提供依据。

卫星影像是利用安装在卫星上的传感器接收由地面物体反射或发射的电磁波能量，经模数转换和计算机处理而获得的地表影像数据。如TM数据、SPOT数据、IKONOS数据、NOAA数据、MODIS数据等，已成为GIS另一个重要的数据源。

卫星影像为数字影像，由像元矩阵组成。每一个像元有一个亮度值，代表卫星传感器接收的来自该像元覆盖地区物体在特定波段范围内的电磁波辐射能量。亮度值通常以一个8字节数值(0～255)、10字节数值(0～1023)或12字节数值(0～4095)表示。以亮度值作为灰度等级，可将卫星影像显示为黑白影像。像元的大小决定了卫星影像的空间分辨率，像元越小，影像的空间分辨率就越高。影像的空间分辨率决定了它们的使用性。不同卫星使用不同的遥感传感器，它们的空间分辨率和影像覆盖面也各不相同。表4.1是影像空间分辨率和覆盖面说明。

表4.1 影像空间分辨率和覆盖面

	影像种类	空间分辨率/m	覆盖面(宽度)/km
航空相片	1∶10000	<0.2	2
	1∶50000	3	10
	1∶100000	5	15
	1∶150000	10	25
	1∶250000	15	35
卫星影像	IKONOS panchromatic	1	11
	IKONOS multi spectral	4	11
	SPOT	10	60
	SPOT HRV	20	60

续表

	影像种类	空间分辨率/m	覆盖面(宽度)/km
卫星影像	LANDSAT TM	30	185
	LANDSAT MSS	80	185
	AVHRR	1000	3000
	METEOSAT	2400	>10000

GIS与遥感数据关系密切。①卫星影像以数字形式存在,所以可直接或经过预处理后输入到GIS中,特别是影像处理软件(如Erdas或Envi等)可以根据地理实体在影像上呈现的颜色将它们区别开,并能将辨别出来的地理实体组织成不同的栅格图层,存入地理数据库;②由于卫星遥感周期性地重复获取同一地区的影像,利于获取监测、动态数据,利于实时更新地理数据库;③通过使用不同波段的卫星影像或将不同波段的影像进行融合处理后,可提取或解译有关的专题要素,用于特定的分析和应用;④与其他地理数据源相比,卫星数据获取的费用相对较低,它是目前GIS的重要数据源之一;⑤GIS也可用卫星影像为背景显示专题要素,制作卫星影像地图用于区域分析;⑥利用卫星影像有利于更新数据库的数据。

4.1.3 野外测量和GPS数据

在没有所需的地图或遥感影像数据的情况下,就需要通过野外测量(如全站仪使用等)或使用GPS采集数据作为GIS的输入。目的在于确定测量区域内地理实体或地面各点的平面位置和高程。

一般野外试验、实地测量等获取的数据可以通过转换直接进入GIS的地理数据库,以便于进行实时的分析和进一步的应用。

GPS是一种采用距离交会法的卫星导航定位系统。通过测定测距信号的传播时间来间接测定距离,将无线电信号发射机从地面站搬到卫星上,组成一个卫星导航定位系统,较好地解决覆盖面与定位精度之间的矛盾。GPS由空间部分、控制部分和用户设备三部分组成。

近年来,GPS已越来越多地应用于GIS数据的野外采集。GPS地面接收器根据来自GPS卫星的信号计算地面点的位置。普通GPS接收器的精度在10～25m,目前最高可达厘米级的精度。大多数GPS接收器将采集的坐标数据和相关的专题属性数据存储在内存中,可以下载到计算机并利用相关程序做进一步的处理,或直接下载到GIS数据库中,许多还可以将计算机里的坐标数据直接转换成另一地图坐标系统或大地坐标系统。使用GPS,可以在行走或驾车时采集地面点的坐标数据,为GIS的野外数据采集提供了灵活和简便的工具。

4.1.4 其他数据

其他数据包括:图表、文本资料、统计资料、实测数据、多媒体数据、网络众源数据、原有系统的数据等。

1. 图表

图像是历史和当前有价值的地理数据。表包括纸质和电子表格,是GIS属性数据的主要来源。

2. 文本资料

文本资料是指各行业、各部门的有关法律文档、行业规范、技术标准、条文条例等,如边界条约等。这些也属于GIS的数据。

3. 统计资料

各种类型的统计报告、社会调查数据等,是GIS属性数据的主要来源。

4. 实测数据

如野外实地勘测数据、量算数据,台站的观测记录数据,遥测数据。

5. 多媒体数据

多媒体数据(包括声音、录像等)通常可通过通信口传入GIS的地理数据库中,目前其主要功能是辅助GIS的分析和查询。

6. 网络众源大数据

在网络服务环境下,由众多用户自发地上传汇集的一类空间信息(Crowdsourcing,众源数据),基于个人传感器、自媒体交流等方式上传,在特定的众源数据处理平台下编辑、清洗、更新、集成为数据量庞大、内容丰富的新时代数据类型。通常包括网络上传的矢量路线、GPS轨迹、POI点位置、带有位置信息的微博、文本、地名地址、地理参照的图片、视频等。该数据类型来源广泛、开放性强、形式丰富,但也具有可靠性差、不一致、内容混杂等弊端。

7. 原有系统的数据

GIS可以从互联网下载数据集,或从政府部门的GIS项目获取数据;还可以从其他已建成的信息系统和数据库中获取相应的数据。由于规范化、标准化的推广,不同系统间的数据共享和可交换性越来越强。这样就拓展了数据的可用性,增加了数据的潜在价值。

为整合各种来源的空间数据,数据处理、分类和编码是很重要的。例如,空间数据的地理参照系(地球的形状、坐标系、高程系)的不同,引起空间数据来源不同时,图幅往往不匹配,为此需要将一种投影的数字化数据转换为所需要投影的坐标数据,即进行投影转换。投影转换的方法有:解析变换(正解变换、反解变换)、数值变换、解析和数值变换。目前,大多数GIS软件是采用正解变换法来完成不同投影之间的转换,并直接在GIS软件中提供常见投影之间的转换(关于数据处理参见第4.4节)。

4.2 地理数据分类和编码

地理数据或信息种类繁多、内容丰富,只有将“现实世界”按一定的规律进行分类和编码,才能使其在“信息世界”中有序地存储、检索,以满足各种应用分析需求,因此,基础地理数据的分类和编码是GIS空间数据库建立的重要基础。

地理数据源庞大且复杂,若根据数、模方式与否可概括为两种不同的形式,即数字数据和模拟数据。前者可直接或经转换输入GIS中,后者必须转换成数字形式才能输入计算机为 GIS 所用。一旦地理数据输入系统后，就可创建 GIS 空间数据库。但值得注意的是，在 GIS 中，地理数据的采集和输入都要根据一定的分类标准和编码体系进行组织的。

4.2.1 地理数据分类

1. 分类概念及原则

分类是指根据属性或特性将地理实体划分为各种类型，表示同一类型地理实体的数据可以采集在一起，构成一个图层(图 4.2)。也就是说，GIS 是根据地理实体的类型通过数字化采集和组织地理数据的。分类是将具有共同的属性或特征的事物或现象归并在一起，而把不同属性或特征的事物或现象分开的过程。拟定分类体系是进行空间数据编码的工作基础，其目的是识别要素和提供要素的地理含义。

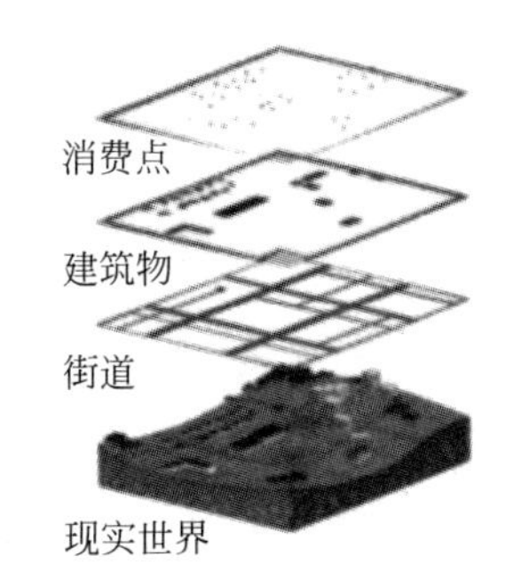

图 4.2 现实世界和图层划分

分类是人类思维所固有的一种活动，也是认识事物的一种方法。分类必须依据科学性、系统性、可扩性、实用性、兼容性、稳定性、不受比例尺限制及灵活性等原则。

地理数据分类是将具有共同的属性或特征的事物或现象归并在一起，而把不同属性或特征的事物或现象分开的过程。

地理数据的分类体系由两部分组成，即类型名称和描述。类型名称可以根据地理实体的形态或功能而定，但究竟是形态分类还是功能分类，主要取决于地理数据的应用。分类体系的描述部分则是描述各类地理实体的基本功能和性质。例如，八大土地类型是"类型名称"，各地类的特性如何则属于"描述"。

在一个大型 GIS 项目中，除非已有一个合适的分类系统，否则需要在深入理解用户需求的基础上，建立一个完整的地理数据分类体系，为地理数据的采集、编码和存储提供标准。

一个理想的地理数据分类体系应该具有科学性、系统性、完整性和一致性，并能做到简明、充分满足地理数据应用要求。分类过细或过粗都会导致一些潜在的实际问题。在 GIS 中，分类系统用特征码表示。特征码就是按照信息分类编码的结果，利用一组数字、字符或数字字符的混合来标记不同类别信息的代码。特征码多采用线分类法，形成串、并联结合的树形结构。它是将空间实体根据一定的分类指标形成若干层次目录，构成一个分层次、逐级展开的分类体系。

由于分类系统是一个分级系统，因此使用的特征码必须采用统一拟定的编码系统，并符合各行各业的分类分级体系，拟定的特征码要能为多用途数据库提供足够的实用信息，便于计算机处理与信息交换，易于识别和记忆，并使冗余数据最少，代码长度适宜。此外还要坚持：①标准性和通用性；②唯一性和代表性；③清晰性和明确性；④可扩充性和稳定性；⑤完整性和易读性等基本原则。

目前，有关地理基础信息数据分类体系的中国国家标准主要包括 1992 年发表的《国土基础信息数据分类与代码》(GB/T 13923—1992)、1993 年的《1∶500，1∶1000，1∶2000 地形图要素分类与代码》(GB/T 14804—1993)、1995 年的《1∶5000 1∶10000 1∶25000 1∶500000 1∶100000 地形图要素分类与代码》(GB/T 15660—1995)和 2001 年颁布的《专题地图信息分类与代码》(GB/T 18317—2001)。不同的专业部门也有相应的分类系统。例如,中国农业区划委员会根据土地的用途、经营特点、利用方式和覆盖特点等因素,20 世纪 80 年代中期将土地划分为八大地类(表 4.2),现在将土地利用现状划分为三大类。关于土地利用现状与三大类对照如表 4.3 所示。

表 4.2 中国农业区划委员会的土地利用分类体系中的八个一级类型

类型名称	描述
1. 耕地	种植农作物的土地,包括新开荒地、休闲地、轮歇地、草田轮作地;以种植农作物为主,间有零星果树、桑树或其他林木的土地;耕种三年以上的滩地和海涂。耕地中包括南方宽<1.0m,北方宽>2.0m 的沟、渠、路、田埂,但不包括地面坡度>6°的梯田坎
2. 园地	种植以采集果、叶、根茎等为主的集约经营的多年生木本和草本作物、覆盖度>50%,或每亩株数大于合理株数 70%的土地,包括果树苗圃等用地
3. 林地	生成乔树、竹类、灌木、沿海红树林等林木的土地,不包括居民绿化用地,以及铁路、公园、河流、沟渠的护路、护岸林
4. 牧草地	生成草本植物为主,用于畜牧业的土地
5. 城镇、村庄、工矿用地	城市、建制镇、村民及居民点以外的工矿、国防、名胜古迹等企事业单位用地,包括其内在交通、绿化用地
6. 交通用地	居民点以外的各种道路及其附属设施和民用机场、港口码头用地,包括护路林
7. 水域	陆地水域和水利设施用地及表层被冰雪常年覆盖的土地,不包括滞洪区和垦殖三年以上的滩地、滩涂中的耕地、林地、居民点、道路等
8. 未利用土地	目前还未利用的土地,包括盐碱地、沼泽地、沙地、裸岩石砾地、梯田坎等难以利用的土地

表 4.3 土地利用现状与三大类对照

三大类	土地利用现状分类			
	一级类		二级类	
	编码	类别名称	编码	类别名称
农用地	01	耕地	011	水田
			012	水浇地
			013	旱地
	02	园地	021	果园
			022	茶园
			023	其他园地
	03	林地	031	有林地
			032	灌木林地
			033	其他林地
	04	草地	041	天然牧草地
			042	人工牧草地
	10	交通用地	104	农村道路
	11	水域及水利设施用地	114	坑塘水面
			117	沟渠
	12	其他土地	122	设施农用地
			123	田坎

续表

<table>
<tr><th rowspan="3">三大类</th><th colspan="4">土地利用现状分类</th></tr>
<tr><th colspan="2">一　级　类</th><th colspan="2">二　级　类</th></tr>
<tr><th>编　　码</th><th>类 别 名 称</th><th>编　　码</th><th>类 别 名 称</th></tr>
<tr><td rowspan="31">建设用地</td><td rowspan="4">05</td><td rowspan="4">商服用地</td><td>051</td><td>批发零售用地</td></tr>
<tr><td>052</td><td>住宿餐饮用地</td></tr>
<tr><td>053</td><td>商务金融用地</td></tr>
<tr><td>054</td><td>其他商服用地</td></tr>
<tr><td rowspan="3">06</td><td rowspan="3">工矿仓储用地</td><td>061</td><td>工业用地</td></tr>
<tr><td>062</td><td>采矿用地</td></tr>
<tr><td>063</td><td>仓储用地</td></tr>
<tr><td rowspan="2">07</td><td rowspan="2">住宅用地</td><td>071</td><td>城镇住宅用地</td></tr>
<tr><td>072</td><td>农村宅基地</td></tr>
<tr><td rowspan="8">08</td><td rowspan="8">公共管理与公共服务用地</td><td>081</td><td>机关团体用地</td></tr>
<tr><td>082</td><td>新闻出版用地</td></tr>
<tr><td>083</td><td>科教用地</td></tr>
<tr><td>084</td><td>医卫慈善用地</td></tr>
<tr><td>085</td><td>文体娱乐用地</td></tr>
<tr><td>086</td><td>公共设施用地</td></tr>
<tr><td>087</td><td>公园与绿地</td></tr>
<tr><td>088</td><td>风景名胜设施用地</td></tr>
<tr><td rowspan="5">09</td><td rowspan="5">特殊用地</td><td>091</td><td>军事设施用地</td></tr>
<tr><td>092</td><td>使领馆用地</td></tr>
<tr><td>093</td><td>监教场所用地</td></tr>
<tr><td>094</td><td>宗教用地</td></tr>
<tr><td>095</td><td>殡葬用地</td></tr>
<tr><td rowspan="6">10</td><td rowspan="6">交通运输用地</td><td>101</td><td>铁路用地</td></tr>
<tr><td>102</td><td>公路用地</td></tr>
<tr><td>103</td><td>街巷用地</td></tr>
<tr><td>105</td><td>机场用地</td></tr>
<tr><td>106</td><td>港口码头用地</td></tr>
<tr><td>107</td><td>管道运输用地</td></tr>
<tr><td rowspan="2">11</td><td rowspan="2">水域及水利设施用地</td><td>113</td><td>水库水面</td></tr>
<tr><td>118</td><td>水工建筑物用地</td></tr>
<tr><td>12</td><td>其他土地</td><td>121</td><td>空闲地</td></tr>
<tr><td rowspan="10">未利用地</td><td rowspan="5">11</td><td rowspan="5">水域及水利设施用地</td><td>111</td><td>河流水面</td></tr>
<tr><td>112</td><td>湖泊水面</td></tr>
<tr><td>115</td><td>沿海水面</td></tr>
<tr><td>116</td><td>内陆滩涂</td></tr>
<tr><td>119</td><td>冰川及永久积雪</td></tr>
<tr><td>04</td><td>草地</td><td>043</td><td>其他草地</td></tr>
<tr><td rowspan="4">12</td><td rowspan="4">其他土地</td><td>124</td><td>盐碱地</td></tr>
<tr><td>125</td><td>沼泽地</td></tr>
<tr><td>126</td><td>沙地</td></tr>
<tr><td>127</td><td>裸地</td></tr>
</table>

2. 分类码和标识码

分类码是直接利用信息分类的结果制定的分类代码，用于标记不同类别信息的数据。分类码一般由数字或字符或数字字符混合构成。例如，美国地质调查局(USGS)制定的《数字线划图形标准》中的7位代码结构如图4.3所示，图中，①A1、A2、A3为主码，B1、B2、B3、B4为子码。②A1、A2又称层次码，A3是子码的解释位，如果A3为0，则表示子码是要素的分类码，如果非0，则表示子码是要素的参数值或称参数属性代码，例如，高程、道路长度等。③子码中，B1通常为0(作为备用码，便于扩充)，其余三位数字标识要素的图形类型(点、线或面)、分类分级(计曲线、间曲线或助曲线)和其他特征(如洼地，河流的左、右岸等)。其中前三位为主码，后四位为子码。

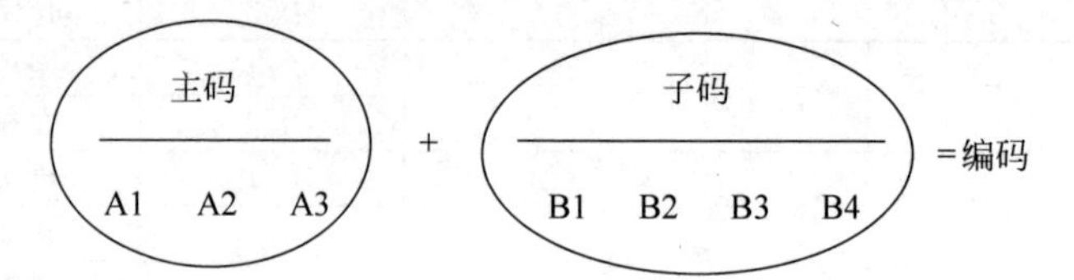

图4.3 USGS《数字线划图形标准》采用的代码结构

我国国土基础信息数据分为9大类，后再细分，即门类、大类、中类、小类、识别码。其代码结构及识别码如图4.4所示，其中门类一位数；大类一位数或者两位数；中类一位数或两位数；小类一位数或两位数；识别码一位数或两位数，用于扩充代码。

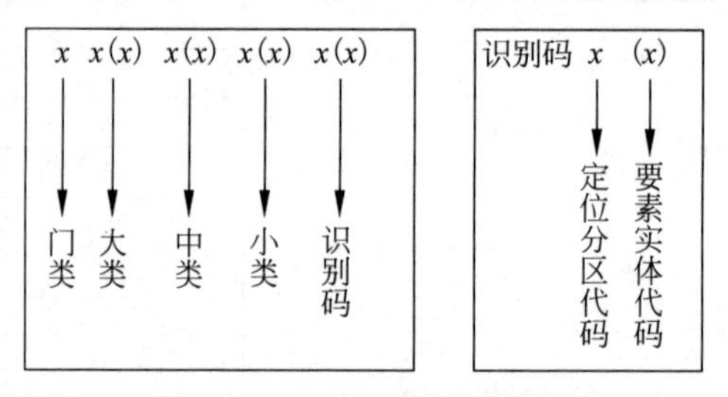

图4.4 代码结构及识别码

门类码、大类码、中类码、小类码分别用数字顺序排列，识别码由用户自行定义，以便于扩充。分类代码见表4.4。

表4.4 分类代码

代码	名称	代码	名称
1	测量控制点	11032	二等
11000	平面控制点	11033	三等
11010	大地原点	11034	四等
11020	三角点	12000	高程控制点
11021	一等	12010	水准原点
11022	二等	12020	水准点
11023	三等	12021	一等
11024	四等	12022	二等
11030	导线点	…	
11031	一等		

例如,中国 1∶1000000 地形数据库的数据分类体系采用三级结构,即代码由三段码组成:归属码、分类码和标识码。归属码说明数据来源,包括提供数据的单位、系统名称和数据库名称等,它除在不同系统之间交换或转换数据外,一般不使用;分类码说明实体所属的类别,它完全按照《国土基础信息数据库分类与代码》的国家标准;标识码也称识别码,用于标识主要的要素实体,如县级以上居民地及其行政界线、铁路、主要公路、主要河流和湖泊等,用于对实体界线检索,标识码由 6 位字符和数字混合构成。

分类码是直接利用信息分类的结果制定的分类代码,用于标记不同类别信息的数据。分类码一般由数字、字符、数字字符混合构成。标识码是间接利用信息分类的结果,在分类的基础上,对某一类数据中各个实体进行标识,以便能按实体进行存储和逐个进行查询检索。标识码通常由定位分区和各要素实体代码两个码段构成。

4.2.2 地理数据编码和代码

地理数据的编码是在数据分类的基础上,以易于计算机和人识别的代码唯一地标识地理实体的类型。代码由字符(数字或字母或数字和字母混合)构成,由于代码简单,计算机易于准确操作和管理,在地理数据库中,地理实体的类别大多以代码表示。编码是指确定属性数据的代码的方法和过程。代码是一个或一组有序的易于被计算机或人识别与处理的符号,是计算机鉴别和查找信息的主要依据和手段。编码的直接产物就是代码,而分类分级则是编码的基础。在属性数据中,有一部分是与几何数据的表示密切相关的。例如,道路的等级(如一级、二级)、类型(如国道、省道)等。在 GIS 中,通常把这部分属性数据用编码的形式表示,并与几何数据一起管理。在地理数据采集过程中,要以代码标识地理实体的类型和属性,是 GIS 设计中最重要的技术步骤——地理编码,它是现实世界与信息世界之间的转换接口(实际就是一个应用程序连接)。

通用地理编码的基本要求包括:①要素识别(即地方名称、实体类型、地址等);②要素位置(用于唯一地识别实体在地表上的位置);③要素特征(属性);④作用范围描述;⑤提供地理定义。根据这些原则设计的代码主要用于控制地理数据数字化采集和输入,用于在地理数据库中系统地表示地理实体以及它们的属性。代码以及相应的描述通常也存储在地理数据库中作为元数据的一部分,以帮助用户理解、分析、管理和显示地理数据。

通过编码建立统一的经济信息语言,有利于提高通用化水平,使资源共享,达到统一化;有利于采用集中化措施以节约人力,加快处理速度,便于检索。

代码(Code)是给予被处理对象(事物、概念)的符号,是用来代表事物某种属性的一组有序的字母,具体地讲,代码可用来代替某一名词、术语,甚至某一个特殊的描述短语。它是人机的共同语言,是进行信息分类、校对、统计和检索的关键。由于当前计算机只能识别以二进制为基础的数字、英文、汉字及少数特殊符号,因此,代码设计就是如何合理地把被处理对象数字化、字符化的过程。代码设计是一项复杂的工作,需要多方面的知识和经验。涉及面广的代码,一般要由几方面人员在标准化部门组织下进行,制定后要正式颁布,统一贯彻。

具体地讲,代码具有鉴别功能、分类、排序以及专用含义。具体例子可参见第 8 章。

4.3 GIS数据采集和输入

GIS数据采集主要指实地调查和采样，包括野外考察、GPS定位、PDA采集系统等。所选择的大量数据源一般要经过预处理（如对空间数据分幅、分层和分专题要素等）才能借助数字化或其他途径转换成空间数据库可用的数据。

地理数据无论是来源于数字数据，还是来源于模拟数据，都需要与选用的GIS软、硬件相兼容。模拟数据，需经过数字化才能输入GIS中；常用的模拟数据输入方法有：手工数字化、自动数字化（包括扫描）和键盘输入等。计算机虽可阅读和存储数字数据，但输入的数字数据格式与选用的GIS软件要求不一致时，需要通过数据格式转换后才能输入系统。

GIS数据采集与输入的同时，可实现数据编辑功能。数据录入和编辑就是各图层实体的地物要素按顺序转化为x、y坐标及对应的代码输入计算机中。

4.3.1 建库前准备

建库之前需要对数据资源进行调查、统计、分析等。需要考虑所建的空间数据库系统涉及哪些部门？哪些领域？数据资料、图形数据、表格数据、文字资料是否齐全，精度要求如何，数据的规范性如何，能否适用于计算机管理，数据的现势性如何等。由于基础空间信息作为空间定位的参照体系，在数据资料中则处于特别重要的地位，因此，对于研究区域的系列地形图基础数据资料应做周密的调查分析。具体的准备工作包括如下。

1. 资料准备，区域标定

一般包括如下几项内容：①基础原始数据的确定（一般只采集存储基础的原始数据，不存储派生的数据，但若使用频率很高，也可作为基础数据存储，这就是“数据采集存储原则”）；②数据分类项目的确定（即数据分类）；③数据标准准确性的确定（即数据编码）。

2. 进行地理基础的三个统一

地理基础的三个统一，即投影、比例尺、分类分级编码的统一。

3. 软件检查

软件功能测试运行和系统调试等检查及其他辅助工作。

4. 硬件检查

检查主机和外设（包括数字化仪、扫描仪、打印机、绘图仪等的设备）等是否正常工作。

5. 其他工作

（1）数据的预处理（包括对数据源数据的取舍、增强、分离、证实、加工以及再生产）。

（2）建立数据的质量标准和数据管理责任制。

（3）数据库入库的组织管理工作。

4.3.2 几何图形数据采集

1. 数字化方式类型

目前,较常使用的数字化方式有:手扶跟踪数字化、扫描数字化和屏幕数字化三种。

手扶跟踪数字化设备要求特定的手扶跟踪数字化仪。将图纸平铺并固定到数字化板上,然后用定标器将图纸上的图形逐一输入计算机里。除对处理简单图形要素,效率较高外,也适于更新和补充少量内容;一般输入数据多采用点方式,但也可根据实际情况选用点、流或结合方式(稍后再说明)。

扫描数字化设备要求有一定的扫描设备及配套的栅格编辑和矢量化软件;使用时速度较快、精度较高、劳动强度低;但使用时需规定最低分辨率和采点密度。扫描影像时,应考虑软硬件的承受能力和查询显示速度。对于线划图,扫描后通过栅格-矢量转换软件(如R2V)处理后,得到矢量数据,可大大提高数字化工作效率。但对原图数据要求较高,所以,一般应需要对比强、线划实在、背景质地光滑的数据,否则转化得到的线划图就会发生断线、歪曲连通性等严重错误。扫描量化过程如图 4.5 所示。

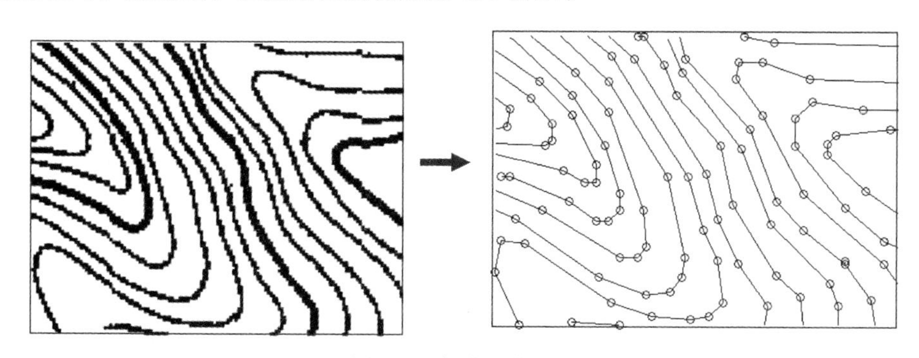

图 4.5 扫描量化过程

屏幕数字化需要扫描数字化设备以及屏幕数字化软件,使用该软件采集数据精度较高、劳动强度较低。

三种方式采集数据各有优缺点,为了实现 GIS 空间分析,用户在使用过程中都应注意以下几个方面:

(1) 采集精度符合质量控制的要求。

(2) 采点密度应合理。

(3) 采集实体要精确(例如,点状要素应采集符号的几何中心点或定位点;线状要素应沿中轴线采集;面状要素应采集多边形边界和标识点,边线应严格闭合)。

2. 几何图形数据的采集步骤

(1) 地图数字化前需要对数字化底图进行适当处理,主要包括:①减少图纸变形的影响;②线划要素的分段;③选取控制点。

(2) 确定数字化路线。在数字化之前一定要设计好数字化所采用的技术路线,这关系到地图数字化的效率。确定数字化路线包括:①选择底图,底图的选取主要考虑底图的精度和要素的繁简；②地图分层与分幅，即明确对哪些要素需要数字化，对要数字化的要素进行分层并确定图名；对图幅大的还要考虑对数字化地图的分幅与拼接。

(3) 地图数字化过程是指把传统的纸质地图或其他材料上的地图(模拟信号)转换为计算机可识别的图形数据(数字信号)的过程，以便进一步在计算机中进行存储、分析和输出。

地图数字化包括手工数字化和自动数字化。

手工数字化(Manual Digitizing)：是指不借用任何数字化设备对地图进行数字化，即手工读取并录入(键盘输入)地图的地理坐标数，其容易导致位置误差。手工数字化按照空间数据的存储格式的不同分为以下几种。

① 手工矢量数字化：是指直接读取地理实体坐标数据并按一定格式记录下来。具体步骤为：第一，对地理实体编码；第二，量取地理实体的坐标；第三，录入坐标数据；第四，由 GIS 软件转换成一定格式的矢量数据。

② 手工栅格数字化：是指将图面划分成栅格单元矩阵，按地理实体的类别对栅格单元进行编码，然后依次读取每个栅格单元代码值的数字化方法。一般步骤为：第一，确定栅格单元大小(由网格精度要求而定)；第二，准备栅格网(一般用聚酯薄膜透明格网)；第三，对栅格单元进行编码；第四，读取栅格单元值；第五，数据录入(由键盘输入格网的行数、列数、网格的边长等)。

③ 手扶数字化仪数字化：指利用手扶数字化仪进行地图数字化。一般需要以下几个基本步骤。

第一步：准备数字化原图。先检查原图内容的完整性。例如，查看多边形是否闭合，线划是否连续等；其次在岛屿多边形上标出一个起始顶点，以保证在数字化岛屿多边形时，最后返回到它的起始顶点；接着在原图上选择和标出四个或四个以上的控制点，每个控制点都必须具有已知的实地注标(经、纬度或地图平面直角坐标)，通常选择原图的图幅角点，经纬网或公里网格网交点，或利用实地坐标已知的显著地物作为控制点。为保证精度，可将原图内容复制或转绘到不变形的聚酯薄膜上。在原图准备好以后，将它固定到数字化台面上。

第二步：定义数字化规则。包括确定如何将原图包含的要素划分成若干图层，每一个图层应当包含同一实体类型(点、线或面)或同一主题要素，数字化需按图层进行，即一个图层数字化完毕后，再数字化另一图层的要素。此外，在数字化之前，还应当确定图形选取和概括的规则，以控制地图或地理数据综合的程度。

第三步：数字化控制点。将数字化仪游标上的十字丝交点对准在原图上标识好的控制点，并记录它们的点坐标，然后由键盘输入它们的实地坐标。数字化仪记录的点位坐标是相对于数字化台面坐标原点(台面左下角)的平面直角坐标(以厘米为单位)，控制点的实地坐标用于将数字化台面坐标转换成地面实际坐标。在数字化仪控制软件接收到控制点的实地和数字化台面坐标以后，它计算出一个转换矩阵，并将这个转换矩阵自动地应用于后续数字化采集的坐标数据，再将它们转换成地面实际坐标，然后输入 GIS，以此类推。控制点的数字化必须尽可能地精确，因为它决定了坐标数据转换的精度。

第四步：数字化地理实体的几何图形。图形数字化实际上是获取构成点、线或面的所有特征点或顶点的坐标。点状实体数字化为一个点；线状实体数字化为一个有序点集。GIS 显示软件将所有点按顺序以直线段相连，形成弧或线段弧，点的顺序代表弧的方向，从而可以建立实体的拓扑关系。面状实体或多边形实体可被数字化为首末同点的有序点集，也可被数字化为一系列的弧段以避免重复数字化相邻多边形的共同边界。每个实体数字化以后，数字化仪控制软件都会自动赋给它们唯一的标识码，用于输入或连接它们的属性数据。

第五步：检查和修正数字化错误。手工检查或用软件识别几何错误(如多边形不闭合、线段不相交等)，绘出数字化图形，将它与原图叠加在一起通过比较找出错误(在"GIS 数据编辑"部分还会进一步说明)。

第六步：输入属性数据。每一个数字化地理实体的属性数据一般由键盘以数据库表格的形式输入，然后以第四步产生的实体标识码为关键字，将属性数据表与数字化的坐标数据相连。在一些 GIS 软件中，多边形实体的属性数据往往连接到多边形中心点，常称为多边形标识点(Lable Point)。多边形标识点可在数字化多边形后通过手工数字化获取，或在 GIS 软件将数字化的弧段形成多边形时自动产生。

大多数手扶数字化仪提供两种操作方式：点方式(Point Mode)和流方式(Stream Mode)。点方式是由操作员选取图形特征点，按动游标上记录点位的按钮获取点的坐标(上述介绍就是点方式)。使用点方式，操作员可以根据图形的复杂程度确定特征点的选取密度。值得一提的是，这个操作实际上就是地图概括的过程。流方式是将数字化过程半自动化。在流方式下，数字化仪控制软件每隔预先设置的时间或距离间隔，自动记录游标十字丝交点所在的点位坐标(可利用本教材配套《地理信息系统导论实验指导(第 3 版)》一书中的实验 2 进行操作练习)。

自动数字化主要有两种方法：扫描和自动跟踪数字化。

① 扫描数字化：获取栅格数据的主要方法是使用扫描仪。通过对地图原图或遥感相片做逐级扫描，将采集到的原图资料上图形的反射光强度转换成数字信息，以栅格数据格式输出地图或相片的数字影像。地图和遥感相片的扫描数字化主要采用滚筒式扫描仪和大幅面送纸式扫描仪。扫描仪数字化数据在 GIS 中主要有两个用途，其一是扫描输出的地图和相片数字影像按照一定的地表坐标参照系定位，可用作显示矢量数据背景；其二是经扫描以栅格数据格式输出的地图和遥感相片经过一个矢量化过程，可转换成矢量数据。矢量化是将栅格数据转换成矢量数据的过程(有关"矢量栅格一体化问题"稍后介绍)。

扫描矢量化处理流程：准备纸质地图→坐标配准→扫描转换→拼接子图块→裁剪地图→屏幕跟踪矢量化→矢量图合成、接边→矢量图编辑→存入空间数据库。

屏幕跟踪矢量化流程：准备扫描图像→选择要数字化的地图→识别该图的投影和坐标系统→在图上选取至少 4 个控制点并获取控制点的实际地理坐标→然后将地图扫描成 GIS 软件可识别的栅格图像格式保存。如果没有现成的坐标系统，也可以在图上建立自己的坐标系统并读取相应的控制点的坐标。

② 自动跟踪数字化：使用具有激光和光敏器件的自动跟踪数字化仪，模拟手工数字化方法自动跟踪地图上的线划。自动跟踪数字化仪输出的是矢量格式的(x, y)坐标串，但精度不是很高。

4.3.3 属性数据采集和文件组织

属性数据一般是经过抽象的概念，通过分类、命名、量算、统计得到的。任何地理实体至少有一个属性,而 GIS 的分析、检索和表示主要是通过对属性的操作运算实现的。属性数据的分类系统、量算指标对系统的功能有较大影响。

1. 属性数据的采集

在数字化过程中,输入地理实体的定位数据的同时,可以采集和输入它们的属性数据,但通常属性数据是分开输入的。这主要是因为属性数据输入相对简单,不需要特殊的输入设备。

(1) 键盘输入方式:属性数据可以从键盘输入计算机数据文件中,或直接输入数据库(如 Access、SQL 等)中。某些 GIS 项目还设计特定形式的、具有数据类型约束的数据输入表,用于输入属性数据(如 MapInfo 软件设计的是 Table 表等)。属性数据大多以二维表的形式输入,表的行表示地理实体,列表示属性。但属性数据表必须有一个能与定位数据相关联的关键字(如地理实体的唯一标识码)。

(2) 人机交互输入方式:用程序批量输入或辅助于字符识别软件进行输入。

(3) 注记识别转换输入方式:地图上的某些注记往往是对实体目标数量、质量特性描述的属性信息,通过扫描后,能自动识别获得这些信息,并将它们转储到属性表中,完成注记识别转换输入。

2. 属性数据的文件组织

属性数据的组织有文件系统、层次结构、网络结构与关系数据库管理系统等。目前已被广泛采用的主要是关系数据库系统(详见第 3 章)。在关系表中存储管理属性数据,首先要定义表头,即对字段的名称、数据类型、表达长度规定好,应用 SQL 操作语言创建表格(Create Table),通过数据插入、批量导入等操作接受属性数据的输入。一旦属性表建立后,还要指定关键字的字段、对于复杂的大容量属性表还要建立索引。

4.3.4 属性数据和图形(几何)数据连接

在数据的组织与管理中,最为关键的是如何将空间数据与属性数据融合为一体。GIS 的数据存储结构是由数据的组织决定的。例如,ArcView GIS 软件的数据存储结构是二维表格,其中属性数据和图像(几何)数据的关联是通过标识符(ID 码)连接的(图 4.6)。标识符可手工输入或由系统自动生成(如用顺序号代表标识符等)。

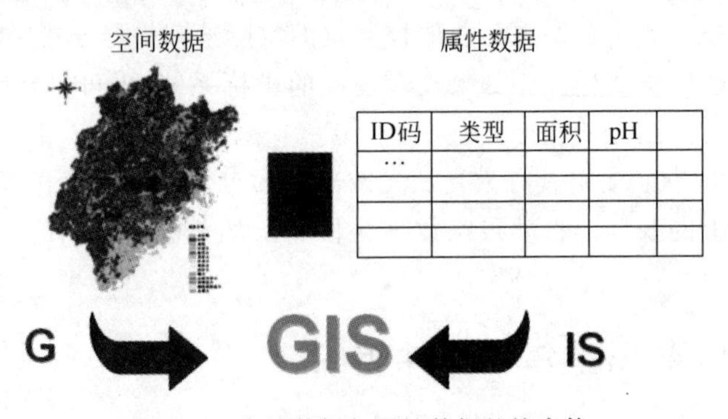

图 4.6 空间数据与属性数据的综合体

由于目前GIS的地物属性数据库大多是以传统的关系数据库为基础的，基于属性的GIS查询可以通过关系数据库的SQL语言进行查询。地物的图形数据和属性数据虽是分开存储的，但图形和属性之间的关联是通过目标的ID码连接，或通过SQL语言进行操作查询数据库。

4.4 GIS数据处理

为了保证系统数据的规范和统一，建立满足用户需求和计算机能处理的数据文件是很重要的。若将地图数据、遥感数据、GPS数据、统计数据、文本数据、多媒体数据等数据源转换成GIS可以处理与接收的数字形式，通常要经过验证、修改、编辑等处理。空间数据编辑和处理是GIS的重要功能之一。数据处理涉及的内容很广，主要取决于原始数据的特点和用户的具体需求。一般有数据变换、数据重构、数据提取等内容。数据处理是针对数据本身完成的操作，不涉及数据内容的分析。空间数据的处理也可称为数据形式的操作。

GIS数据的编辑处理主要包括：①误差识别与纠正，包括地图和相片数字化过程中产生的误差，以及由于地图或相片变形引起的误差；②地图投影和坐标系统的转换，以保证所有的地理数据具有统一的投影和坐标系统；③数据结构转换，即根据数据输入格式和分析的需要，实现矢量到栅格或栅格到矢量的转换；④数据的综合概括，以删去数据中不必要的细节；⑤图幅边缘匹配，以便于相邻图幅数据的合并或跨图幅的空间分析。

4.4.1 空间数据格式转换

常用的地理数据格式见表4.5。由于许多GIS软件系统使用其专用数据格式(如ArcView是用shp数据，Arc/Info是用Coverage数据，MapInfo是用tab数据等)，使用不同GIS软件，大多需要数据格式转换。虽理论上认为数据格式转换没问题，但实际操作有的难度较大。

表4.5 常用的地理数据格式

矢　量	栅　格
ESRI Arc/Info Coverage	ESRI GRID
ESRI Arc/Info E00(ArcInfo Interchange Format)	DTED(Digital Terrain Elevation Data)
ESRI ArcView Shapefile	ERDAS IMAGINE
MapInfo MIF(MapInfo Interchange Format)	BMP(BitMap)
USGSS DLG(Digital Line Graphs)	TIFF(Tagged Image File Format)
TIGER(Topologically Integrated Geographic Encoding and Referencing System，美国人口统计局)	Geo TIFF(TIFF的扩展，包含地理定位信息)
DIME(Dual Independent Map Encoding，美国人口统计局)	GIF(Graphics Interchange Format)
AutoCAD DXF(Data Exchange Format)	JPEG(Joint Photographic Experts Group)
AutoCAD DWG(Drawing)	PNG(Portable Network Graphics)

续表

矢 量	栅 格
CGM(Computer Graphics Metafile,ISO)	MrSID(Multi-resolution Seamless Image Database)
Microstation DGN(Microstation Drawing File Format)	
SDTS/TVP(Spatial Data Transfer Standard/Topological Vector Profile,美国)	
NTF(National Transfer Format,英国)	
VPF(Vector Product Format,美国国家影像与制图局 NIMA)	

在数据格式转换中,需要格式解译程序,一般有直接转换和间接转换两种系统。由于两种系统对数据表达的差异,数据转换后往往会产生失真、歪曲、信息丢失的现象,这不是数据精度的问题,而是对数据的逻辑组织上两套系统关注的侧重点有所差异。例如,实际生产中经常出现的 AutoCAD 的早期版本的 DXF 格式转换到 ArcGIS 的 Coverage 或 Shape 文件,由于前者不是 GIS 软件,而是一个图形处理、图形设计软件,它重点存储图形的符号化信息,如线划宽度、颜色、纹理等,而后者是 GIS 软件,存储管理图形目标的属性描述、拓扑结构、图层信息,尽管两者对坐标串存储是可以匹配的,但缺乏通用性。其他一些信息难于建立匹配关系,有时采用间接的方法,如用 DXF 的线宽存储 Coverage 的属性码,这往往要用户自己约定其间的对应关系。

4.4.2 空间数据坐标转换

除数据格式外,数据处理变换还包括数据从一种数学状态转换为另一种数学状态(即投影变换、辐射变换、比例尺变换、误差修正等);数据从一种几何形态转换为另一种几何形态(如数据拼接、数据截取、数据压缩、结构转换等);数据从全集合到子集合的条件提取(包括类型选择、窗口提取、布尔提取和空间内插等)。空间数据坐标变换的实质是建立两个平面点之间的一一对应关系,包括几何纠正和投影转换。同时还需要进行比例尺变换、变形误差消除、投影类型转换以及坐标旋转和平移等。

1. 地图投影变换

地图投影变换是将一种投影转换为另一种投影,使得坐标数据能匹配,通常包括三种方法:①解析变换,$\{x,y\}\rightarrow\{\phi,\lambda\}\rightarrow\{X,Y\}$,即根据原投影点的坐标反解出地理坐标,再根据地理坐标求得新投影点的坐标;②数值变换法,基于数值逼近理论实现两种未知投影间的转换,寻找同名点,建立 n 次多项式变换函数,基于最小二乘原理,解算系数;③数值解析变换法,已知新投影方程式,而原投影方程式未知时,可采取类似上述的多项式,求得资料图投影点的地理坐标(ϕ,λ),即反解数值变换,然后代入新方程式中,即可实现两种投影间的变换。

2. 坐标转换

空间数据坐标变换的实质是建立两个平面点之间的一一对应关系,包括几何纠正和投影转换,它们是空间数据处理的基本内容之一。对于数字化地图数据,由于设备坐标系与用户确定的坐标系不一致,以及由于数字化原图图纸发生变形等原因,需要对数字化原图的数据进行坐标系转换和变形误差的消除。有时,不同来源的地图还存在地图投影与地图比例尺的差异。因此还需要进行地图投影的转换和地图比例尺的统一。

几何纠正是为了实现对数字化数据的坐标系转换和图纸变形误差的改正,市场上常见的几种商用 GIS 软件一般都有仿射变换、相似变换、二次变换等几何纠正功能。

设 x、y 为数字化仪坐标,X、Y 为理论坐标,m_1、m_2 为地图横向和纵向的实际比例尺,两坐标系夹角为 α,数字化仪原点 O' 相对于理论坐标系原点平移了 a_0、b_0,则根据图形变换原理得出坐标变换公式,见式(4.1)。

$$\begin{cases} X = a_0 + (m_1\cos\alpha)x + (m_2\cos\alpha)y \\ Y = b_0 + (m_1\sin\alpha)x + (m_2\sin\alpha)y \end{cases} \tag{4.1}$$

仿射变换是 GIS 数据处理中使用最多的一种几何纠正方法。它的主要特性为:同时考虑到 x 和 y 方向上的变形,因此纠正后的坐标数据在不同方向上的长度比将发生变化。

经过仿射变换的空间数据,其精度可用点位中误差表示,见式(4.2)。

$$M_{\mathrm{p}} = \pm\sqrt{\frac{V_x^2 + V_y^2}{n}} \tag{4.2}$$

式中

$$V_x = X_{理论值} - X_{统计值}, \quad V_y = Y_{理论值} - Y_{统计值}$$

n 为数字化已知控制点的个数。

注意:在矢量 GIS 中,两点之间的距离由勾股定理计算,但是,用于计算的两点坐标必须是以 m 或 km 为单位的、以某一地图投影为基础的平面直角坐标,不能使用以经度和纬度表示的地理坐标,具体操作参见本书配套的《地理信息系统导论实验指导(第3版)》教材。

4.4.3 空间数据结构转换

在第3章介绍了空间数据结构的两种主要类型。由于矢量数据结构和栅格数据结构各有优缺点(表3.13),一般对它们的应用原则是:数据采集使用矢量数据结构,有利于保证空间实体的几何精度和拓扑特性的描述;空间分析采用栅格数据结构,有利于加快系统数据的运行速度和分析应用的进程。因此,在数据处理阶段,经常要进行两种数据结构的相互转换。值得一提的是,在理论上矢量栅格数据一体化没问题,但利用软件进行实践操作常发生数据丢失现象。

1. 由矢量向栅格转换

矢量数据转换成栅格数据,主要是通过一个有限的工作存储区,使得矢量和栅格数据之间的读写操作限制在最短的时间范围内。点、线、多边形的矢量数据向栅格数据转换,如图4.7所示。在转换处理时,可采用不同的方法,主要有内部点扩散法、复数积分算法、射线算法和扫描算法、边界代数算法等。

(1) 内部点扩散法:由多边形内部种子点向周围邻点扩散,直至到达各边界为止。

(2) 复数积分算法:由待判别点对多边形的封闭边界计算复数积分,来判断两者关系。

(3) 射线算法和扫描算法：由图外某点向待判点引射线，通过射线与多边形边界交点数来判断内外关系。

(4) 边界代数算法：一种基于积分思想的矢量转栅格算法，适合于记录拓扑关系的多边形矢量数据转换。方法是由多边形边界上某点开始，顺时针搜索边界线，上行时边界左侧具有相同行坐标的栅格减去某值，下行时边界左侧所有栅格点加上该值，边界搜索完之后实现多边形的转换。

例如，利用 ArcView 3.3 可直接把矢量表达的等高线向栅格(GRID)格式转换，然后再向 DEM 格式转换。

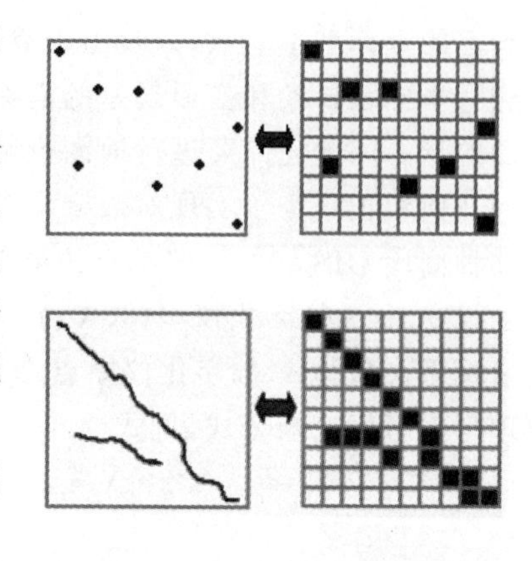

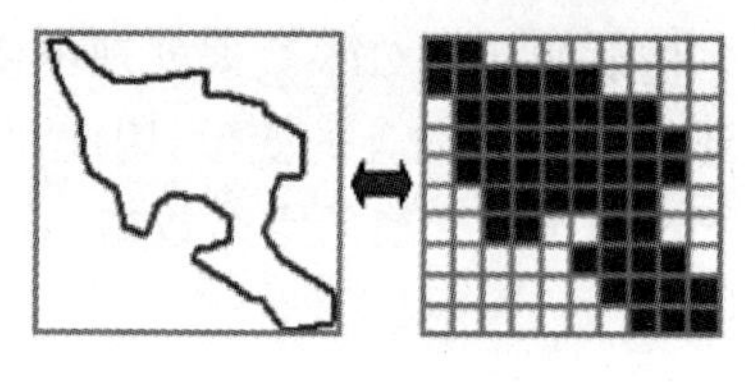

图 4.7 矢量向栅格转换的示意

2. 由栅格向矢量转换

栅格数据转换成矢量数据过程如图 4.8 所示，主要方法为：提取具有相同编号的栅格集合表示的多边形区域的边界和边界的拓扑关系，并表示成矢量格式边界线的过程。一般步骤包括：①多边形边界提取，即使用高通滤波，将栅格图像二值化；②边界线追踪，即对每个弧段由一个结点向另一个结点搜索；③拓扑关系生成和去除多余点及曲线圆滑。

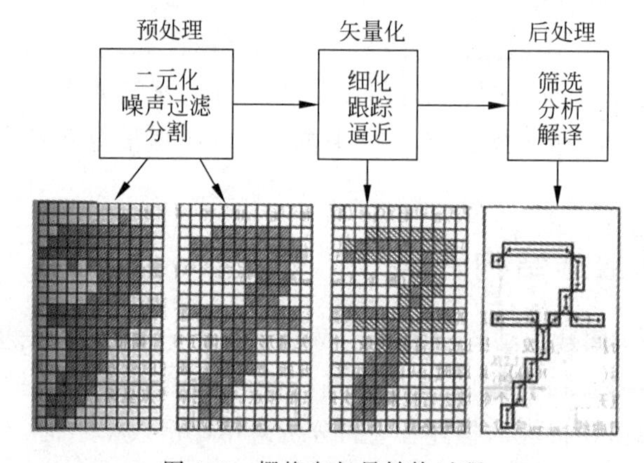

图 4.8 栅格向矢量转换过程

栅格向矢量转换处理的目的是将栅格数据分析的结果，通过矢量绘图仪输出，或为了数据压缩的需要，将大量的面状栅格数据转换为由少量数据表示的多边形边界，但是主要目的是为了能将自动扫描仪获取的栅格数据加入矢量形式的数据库。转换处理时，基于图像数据文件和再生栅格文件的不同，分别采用不同的算法。目前基于 GIS 工具软件可以实现由栅格向矢量转换，如 ArcView 3.3 就可以直接实现 GRID 格式向 TIN 格式转换。

4.4.4 空间数据检查和编辑

通过矢量数字化或扫描数字化所获取的原始空间数据，都不可避免地存在错误或误差，属性数据在建库输入时，也难免会存在错误，所以，对图形数据和属性数据进行一定的检查、编辑是很有必要的。

图形数据和属性数据的误差主要包括以下几个方面：

(1) 空间数据的不完整或重复：主要包括空间点、线、面数据的丢失或重复；区域中心点的遗漏；栅格数据矢量化时引起的断线等。

(2) 空间数据位置的不准确：主要包括空间点位的不准确，线段过长或过短，线段的断裂，相邻多边形结点的不重合等。

(3) 空间数据的比例尺不准确。

(4) 空间数据的变形。

(5) 空间属性和数据连接有误。

(6) 属性数据不完整。

矢量的实体错误包括伪结点、摇摆结点、碎多边形和标注错误等。为发现并有效地消除误差，一般采用如下方法进行检查。

(1) 目视检查法：指在屏幕上用目视检查的方法，检查一些明显的数字化误差与错误，包括线段过长或过短，多边形的重叠和裂口，线段的断裂等。

(2) 逻辑检查法：如根据数据拓扑一致性进行检验，将弧段连成多边形，进行数字化误差的检查。有许多软件已能自动进行多边形结点的自动平差。另外，对属性数据的检查一般也最先用这种方法，检查属性数据的值是否超过其取值范围。属性数据之间或属性数据与地理实体之间是否有荒谬的组合。

(3) 叠合比较法：是空间数据数字化正确与否的最佳检核方法，按与原图相同的比例尺把数字化的内容绘在透明材料上，然后与原图叠合在一起，在透光桌上仔细地观察和比较。一般地，空间数据的比例尺不准确和空间数据的变形马上就可以被观察出来，对于空间数据的位置不完整和不准确，则须用粗笔把遗漏、位置错误的地方明显地标注出来。如果数字化的范围比较大，分块数字化时，除检核一幅(块)图内的差错外还应检核已存入计算机的其他图幅的接边情况。

对于空间数据的不完整或位置的误差，主要是利用 GIS 的图形编辑功能，如删除(目标、属性、坐标)、修改(平移、拷贝、连接、分裂、合并、整饰)、插入等进行处理。对空间数据比例尺的不准确和变形，可以通过比例变换和纠正来处理。

4.4.5　空间数据压缩和综合

当空间数据采集采用高频率的点集记录，或者采用的数据的比例尺大于所要求的，数据表达分辨率太高与其他数据不能匹配时，则要采用空间数据压缩或地图综合技术降低数据量，降低表达的分辨率，使数据在比例尺表达上能够匹配。

1. 空间数据压缩

为减少存储空间、简化数据管理、提高数据传输效率、提高数据的应用处理速度，应通过特定几何算法对空间数据压缩，形成不同详细程度的数据，为不同层次的应用提供所需的适量信息。采用方法通常为坐标串抽稀，如图 4.9 所示。

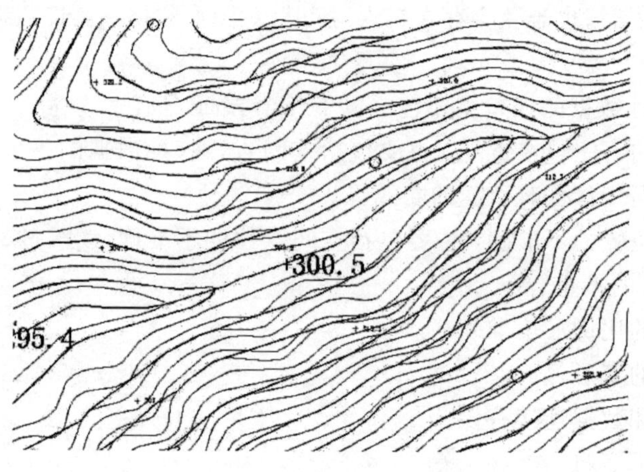

图 4.9　等高线数据的压缩

2. 地图综合

通俗意义上的综合是思维的抽象化过程，即从精细到粗略的表达。对应的概念有：概括、抽象化、粗化、化简等。地图综合是在比例尺变化上的一种图形变换，随着比例尺缩小，保留重要地物去掉次要地物，以概括的形式表达图形。它是在比例尺缩小后，从一个新的抽象程度对空间现象的简化。地图综合的操作包括：选取、化简、合并、夸大、移位、骨架化等。在 GIS 数据处理中通过地图综合技术获得简化的地图数据。

数据压缩与地图综合的相同之处：都导致信息量的减少，都是为了缩小存储空间和节省计算处理时间而去掉繁杂细节。不同之处在于：数据压缩一般是在无损图解精度的前提下去掉"贡献"小的数据，而用插值方法可近似恢复原数据，即数据压缩可用数据的插值加密手段进行逆处理，而制图综合不受图解精度约束，被删除或被派生的信息不可逆。也就是说，数据压缩只是几何细节上的较小程度的变换，地图综合则是较大程度的变换，在地理表达层次上获得新的数据，如将群集分布的建筑物合并综合后获得居住区的分布，已经产生了新的地理概念"居住区"。而对建筑物的压缩仍然保持各多边形建筑物的独立性，只是通过边界点的抽稀对形状做简化处理。地图综合例子可见图 4.10 和图 4.11。

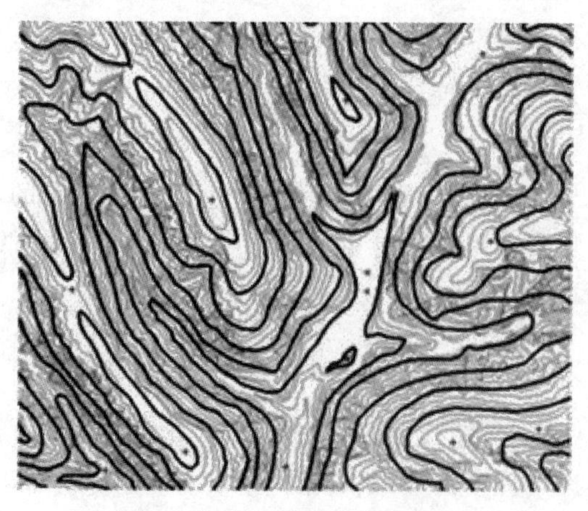

图 4.10　等高线数据综合示意

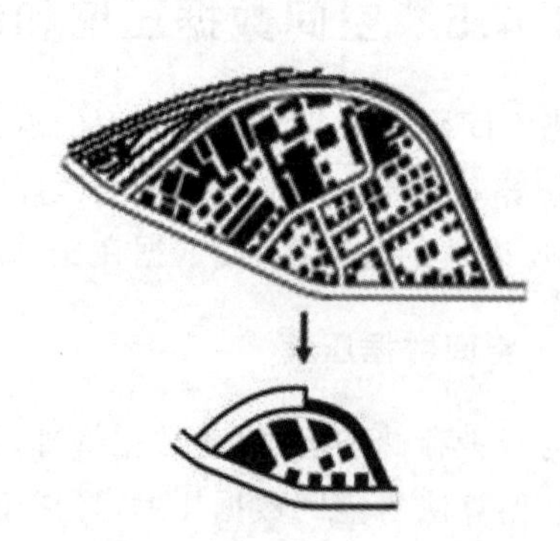

图 4.11　建筑物居住区综合示意

4.4.6 空间数据插值

空间数据插值(包括内插和外延)是进行数据外推的基本方法,即利用已知点的数值来估算其他点的数值过程。空间数据插值使用小样本数据,产生大批量数据,利用地理学相关性原理,实现空间数据插值。数据的插值方法很多,分类也没有统一的标准。

例如,从数据分布规律来看,有基于规则分布数据的内插方法、基于不规则分布数据的内插方法和适合于等高线数据的内插方法等;从内插函数与参考点的关系考虑,又分为曲面通过所有采样点的纯二维插值方法和曲面不通过参考点曲面拟合插值方法;从内插曲面的数学性质来看,有多项式内插、样条内插、最小二乘配置内插等内插函数;从对地形曲面理解的角度,内插方法有克利金法、多层曲面叠置法、加权平均法、分形法等;从内插点的分布范围,内插方法可分为整体内插、局部内插和逐点内插。总之,每一种插值方法都有其自身的特点和适用范围,在应用时要注意。

在 GIS 应用中,空间数据插值方法常常也是 GIS 邻域和趋势分析的手段(详见第 5 章介绍 GIS 邻域和趋势面分析,用“空间数据插值”实现)。

4.4.7 多源空间数据整合

在 GIS 空间数据库中,有空间数据、时间数据和属性数据,为了数据共享,我们可以从空间、时序和管理三个方面对区域数据进行整合。一般原则为:①空间上应按照统一范式的区域划分;②时间上按时序划分为过去、现在和将来,以便 GIS 时空动态分析;③管理上应依据通用软件操作的数据要求(具体案例可见第 8 章)。

遥感与 GIS 的结合具有重要意义。本书曾在第 1 章中提及,这里再次强调几点:GIS 的生命力将最终取决于空间数据库的现势性,遥感数据是 GIS 的重要信息源和数据更新的主要手段。同时,遥感与 GIS 的结合可以有效地改善基于遥感数据的分析。利用 GIS 的空间数据可以提高遥感数据的分类精度。分类可信度的提高,又推动了 GIS 中数据快速更新的实现。GIS 中的高程、坡度、坡向、土壤、植被、地质、土地利用等信息是遥感分类经常要用到的数据。另外,遥感与 GIS 的结合可以进一步加强 GIS 的空间分析功能。遥感与 GIS 的结合方式通常有三种:①分开但是平等的结合;②表面无缝的结合;③整体的结合。

此外,遥感还可用于 GIS 地理数据库的快速更新。用卫星影像获取各种地面要素的矢量信息,将遥感图像与 GIS 空间数据对应的图形以透明方式叠加,并发现和确定需要更新的内容。然后要将栅格数据进行矢量化处理,同时进行一些入库前的预处理。这样数据就可以按 GIS 指定的数据结构入库了。

GPS 与 GIS 的结合也具有重要意义。GPS 定位准,耗时少,节约人力物力,推动了 GIS 中数据快速更新的实现。

多源空间数据集成、加工处理以及建立数据库过程如图 4.12 所示。

4.4.8 地理大数据

1. 大数据特点及处理

随着网络技术、传感器技术、自媒体技术的发展与深入应用,产生了时空大数据,既有官

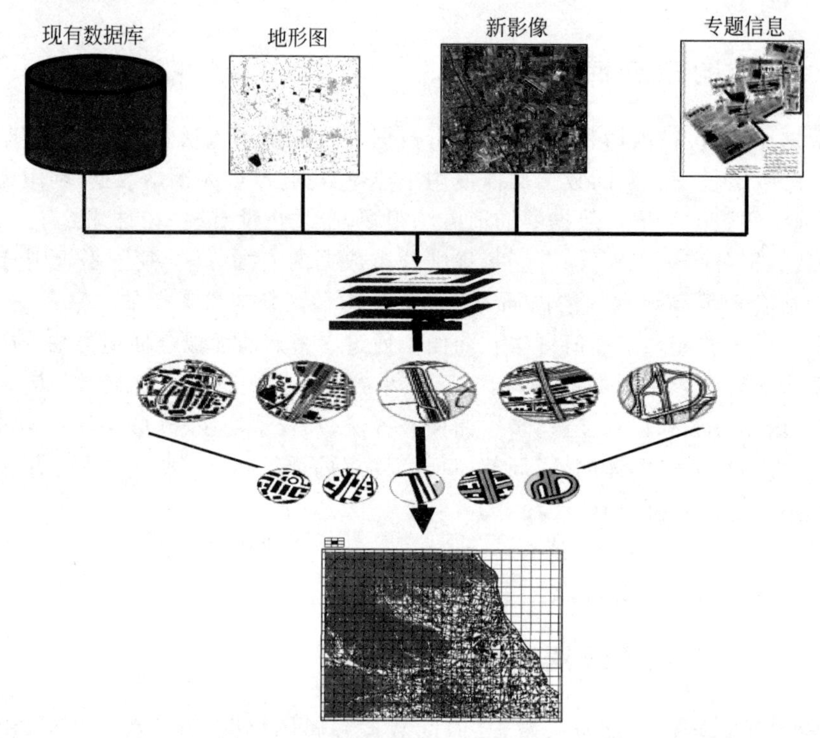

图 4.12 多源空间数据集成、加工处理及建立数据库过程

方权威部门采集的(如人口调查、国土资源大调查、地理国情调查等),也有通过开放途径由众多参与者完成的,该形式采集的地理数据具有来源广泛、操作开放、形式多样等特征,被称为"众源"数据。

大数据现象刚产生时,大家关注的是数据本身的特点,分别从数据的体量、变化、结构、价值、来源等方面对其描述。随着大数据技术的发展,大数据研究群体、研究分支、研究任务逐渐深入、明细,大数据被作为一种新的科学研究范式提出。地理大数据作为互联网时代的特定分支,对地理信息资源的研究、开发和应用也将产生深远的影响。基于海量的对地观测数据、社交网上庞大的时空数据、网络用户上传的大量自发地理数据,在揭示资源环境变化规律、不同社会群体时空出行模式、地理信息分布特征与演化机理等方面将获得重要进展,推动地学领域大发展,促进地理信息技术向智能化方向迈进。

大数据技术核心是数据挖掘。在数据挖掘过程中,能够带动理念、模式、技术及应用实践的创新。大数据特点归纳成表 4.6。

表 4.6 大数据特点

特　点	表　现
数据量大	大数据的起始计量单位至少是 P(1000 个 T)、E(100 万个 T)或 Z(10 亿个 T)
类型繁多	包括网络日志、音频、视频、图片、地理位置信息等,多类型的数据对数据的处理能力提出了更高的要求
价值密度低	随着物联网的广泛应用,信息感知无处不在,信息海量,但价值密度较低,如何通过强大的机器算法更迅速地完成数据的价值"提纯",是大数据时代亟待解决的难题
速度快、时效高	处理速度快,时效性要求高。这是大数据区分于传统数据挖掘最显著的特征

在大数据背景下，数据的采集、分析、处理较之传统方式有了很大的改变，如表4.7所示。

表4.7 传统数据与大数据的采集、处理与分析比较

项目	传统数据	大数据
数据产生方式	被动采集数据	主动采集数据
数据采集密度	采样密度较低，采样数量有限	利用大数据平台，可对需要分析事件的数据进行密度采样，精确获取事件全局数据
数据来源及类型	来源单一，数据量相对大数据较小；数据结构单一	来源广泛，数据量巨大；数据类型丰富，包括结构化、半结构化和非结构化
数据处理	关系型数据库和并行数据仓库；数据预处理流程比较简单，如格式统一，单位一致，多源数据整合等	分布式数据库；数据预处理流程包括数据清洗—数据集成—数据变换—数据归约
分析方法	大多采用离线处理方式。对生成的数据集中分析处理，不对实时产生的数据进行分析	大多采用在线处理方式。动态实时的数据存储与采用批处理方式集中计算或流方式进行实时计算及预测分析

2. 地理大数据

地理数据是以地球空间位置为参照，描述自然、社会和人文等数据，主要包括文字数据、图表数据、图像数据、视频数据、音频数据等，数据结构复杂。海量的地理数据具有大数据的特点。大数据时代的GIS，对数据存储和管理提出更高的要求。从传统的数据信息服务走向知识服务与赋能应用。

GIS的数据量大，具有两层含义，第一层含义是指数据占用的字节数多，这主要是针对栅格数据及多媒体数据而言的。例如，"天地图"在2011年正式上线的时候，集成了海量的基础地理信息资源数据，总数据量约30TB，处理后的瓦片数近30亿。资源三号测绘卫星是中国第一颗民用高分辨率光学传输型测绘卫星，截至2013年6月底，在运行不到一年半的时间中，总共存档卫星影像37万多景，数据量达到249TB。而GIS空间数据产生的商业价值每年正以15.5%的速度增加，是GIS软件和服务的两倍。GIS数据量大的第二层含义是指数据单位个数多。如"天地图"各类地名和POI(Point of Interest，兴趣点)有1100多万条，2011年8月竣工的国家西部1∶50000地形图空白区测图工程和国家1∶50000基础地理信息数据库更新工程两个国家级重大测绘工程，成果有20多万航片和8000多景卫星遥感影像，地名近600万条，描绘了1.4亿个地理要素。另外，其他专业领域，如土壤数据、气象数据在全数据模式下数量也是非常庞大的。如以北京市中心区为例，利用POI数据完成餐饮设施的时空分析(图4.13和图4.14)，就是地理大数据的一个尝试应用。

3. 大数据GIS

大数据时代对人类原有的数据驾驭能力提出新的挑战。大数据分析的本质特性：①样本等于总体；②不再追求精确性；③只关注相关联系，不关注因果联系。大数据分析的主要技术有深度学习、知识计算及可视化等，深度学习和知识计算是大数据分析的基础，而可视化在数据分析和结果呈现的过程中均起到一定作用。

大数据GIS就是把大数据技术与GIS技术进行深度融合，把GIS的核心能力嵌入大数据基础框架内，并打造出完整的大数据GIS技术体系。

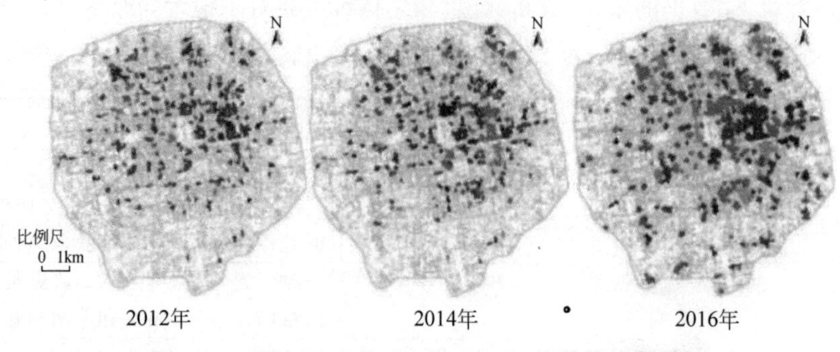

图 4.13 研究区 2012—2014—2016 年满足的集群图

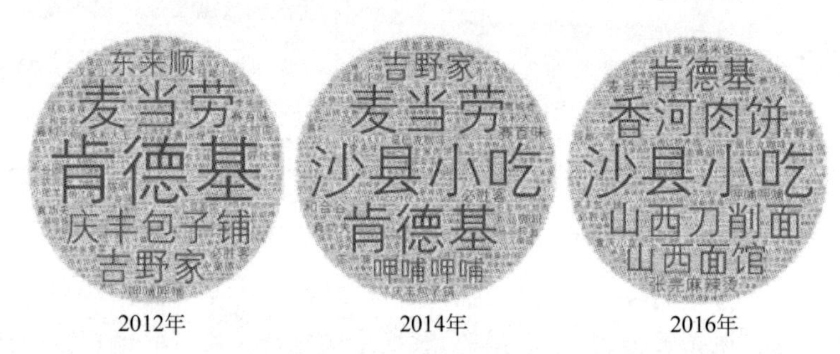

图 4.14 研究区 2012—2014—2016 年字云图变化分析

4.5 GIS 数据质量和精度控制

4.5.1 数据质量

GIS 数据质量包含如下五个方面。①位置精度，如数学基础、平面精度、高程精度等，用以描述几何数据的质量；②属性精度，如要素分类的正确性、属性编码的正确性、注记的正确性等，用以反映属性数据的质量；③逻辑一致性，如多边形的闭合精度、结点匹配精度、拓扑关系的正确性等；④完备性，如数据分类的完备性、实体类型的完备性、属性数据的完备性、注记的完整性等；⑤现势性，如数据的采集时间、数据的更新时间等。

GIS 数据质量的高低对 GIS 空间分析影响很大。也就是说，GIS 数据在采集、处理过程中会存在数据不确定性问题。

近年来，为了保证地理数据质量，促进地理数据的交换和共享，许多国家、地区和国际组织相继制定了一系列地理数据标准，一些主要的 GIS 软件开发商也制定了自己的数据标准。这些标准的建立和遵循，对于数据的交换、数据间的兼容、地理数据利用率和使用价值的提高是有利的。有关中国的地理数据标准可参阅 2003 年何建邦等编著的《地理信息共享的原理与方法》一书。

4.5.2 数据共享

数据共享就是让在不同地方使用不同计算机、不同软件的用户能够读取他人数据并进行各种操作运算和分析。

数据共享的程度反映了一个地区、一个国家的信息发展水平，数据共享程度越高，信息发展水平越高。要实现数据共享，首先应建立一套统一的、法定的数据交换标准，规范数据格式，使用户尽可能采用规定的数据标准。例如，美国、加拿大等国家都有自己的空间数据交换标准，目前我国正在抓紧研究制定国家的空间数据交换标准，包括矢量数据交换格式、栅格影像数据交换格式、DEM 的数据交换格式及元数据格式。该标准建立后，对我国 GIS 产业的发展将产生积极影响。其次，要建立相应的数据使用管理办法，制定出相应的数据版权保护、产权保护规则，各部门间签订数据使用协议，这样才能打破部门、地区间的数据保护，做到真正的数据共享。

实现数据共享，可以使更多的人更充分地使用已有数据资源，减少资料收集、数据采集等重复劳动和相应费用，而把精力重点放在开发新的应用程序及系统集成上。由于不同用户提供的数据可能来自不同的途径，其数据内容、数据格式和数据质量千差万别，因而给数据共享带来很大困难，有时甚至会遇到数据格式不能转换或数据转换格式后丢失信息的棘手问题，严重地阻碍了数据在各部门和各软件系统中的流动与共享。

目前影响数据共享的因素主要有三个方面。

(1) 在体制上：行业数据保密政策。

(2) 在技术上：不同系统对空间数据采用的数据结构和数据格式不同。

(3) 在网络化程度上：资源共享是网络主要功能之一，用户可共享分散在不同地点的各种软硬件。

数据共享主要途径有：①地理信息使用相同的定义；②实行数据转换标准；③通过互操作地理信息处理(Interoperable Geoprocessing)。其中互操作地理信息处理是指数字系统的这些能力：自由地交换所有关于地球的信息，即所有关于地表上的、空中的、地球表面以下的对象和现象的信息；通过网络协作运行能够操作这些信息的软件，概括为自由交换地理空间信息以及协作运行空间信息处理的软件。

最基层的是内部数据结构的公开发表。最理想的是用户和不同的信息群在互联网中能灵活地进行地理数据处理的互操作。

但目前实施有难度，困难在于互操作的建立、数据的公开发表等落实还不得力。

4.5.3 数据误差和不确定性

1. 数据误差

衡量 GIS 空间数据(几何数据和属性数据)的可靠性，通常用空间数据的误差来度量。误差是指数据与真值的偏离。GIS 空间数据的误差可分为源误差和处理误差等。

源误差是指数据采集和录入中产生的误差，包括以下几种。

(1) 遥感数据：摄影平台、传感器的结构及稳定性、分辨率等。

(2) 测量数据：人差(对中误差、读数误差等)、仪差(仪器不完善、缺乏校验、未作改正等)、环境(气候、信号干扰等)。

(3) 属性数据：数据的录入、数据库的操作等。

(4) GPS 数据：信号的精度、接收机精度、定位方法、处理算法等。

(5) 地图：控制点精度，编绘、清绘、制图综合等的精度。

(6) 地图数字化精度：纸张变形、数字化仪精度、操作员的技能等。

处理误差是指GIS对空间数据进行处理时产生的误差，包括：几何纠正、坐标变换、几何数据的编辑、属性数据的编辑、空间分析(如多边形叠置等)、图形化简(如数据压缩)、数据格式转换、计算机截断误差、空间内插、矢量栅格数据的相互转换等处理误差。

GIS中的误差传播是指对有误差的数据，经过处理生成的GIS产品也存在误差。误差传播在GIS中可归结为三种方式。

(1) 代数关系下的误差传播：指对有误差的数据进行代数运算后，所得结果的误差。

(2) 逻辑关系下的误差传播：指在GIS中对数据进行逻辑交、并等运算所引起的误差传播，如叠置分析时的误差传播。

(3) 推理关系下的误差传播：指不精确推理所造成的误差。

2. 不确定性

GIS的不确定性包括空间位置的不确定性、属性不确定性、时域不确定性、逻辑上的不一致性及数据的不完整性。

空间位置的不确定性：指GIS中某一被描述物体与其地面上真实物体位置上的差别。

属性不确定性：指某一物体在GIS中被描述的属性与其真实的属性之差别。

时域不确定性：指在描述地理现象时，时间描述上的差错。

逻辑上的不一致性：指数据结构内部的不一致性，尤其是指拓扑逻辑上的不一致性。

数据的不完整性：指对于给定的目标，GIS没有尽可能完全地表达该物体。

4.5.4 数据质量评价

研究GIS数据质量对于评定GIS的算法、减少GIS设计与开发的盲目性都具有重要意义。精度越高，代价越大。GIS数据质量对保证GIS产品的可靠性有重要意义，评价方法如下。

1. 直接评价法

直接评价法包括以下两种。

(1) 用计算机程序自动检测：某些类型的错误可以用计算机软件自动发现，数据中不符合要求的数据项的百分率或平均质量等级也可由计算机软件算出。此外，还可检测文件格式是否符合规范，编码是否正确，数据是否超出范围等。

(2) 随机抽样检测：在确定抽样方案时，应考虑数据的空间相关性。

2. 间接评价法(地理相关法和元数据法)

间接评价法包括地理相关法和元数据法，一般通过外部知识或信息(如用途、数据历史记录、数据源的质量、数据生产的方法、误差传递模型等)进行推理来确定空间数据的质量方法。

3. 非定量描述法

通过对数据质量的各组成部分的评价结果进行的综合分析，或定量指标的分级描述，或定性分析与定量打分来确定数据的总体质量的方法。

4.5.5 空间数据标准

早期 GIS 组织在 GIS 标准的规则和内容方面不是很一致，部门之间的 GIS 标准也不完全统一。但信息技术是基于标准的(包括实际使用的标准和法律意义上标准)，没有标准，很难信息共享，很难网络通信，很难进一步应用，所以 GIS 标准化问题是很重要的。GIS 标准制定要一体化，与国际和地区、用户及相关组织等有关。GIS 在不断实践过程中，有关机构、团体和组织自发达成广泛接受的标准，如 TCP/IP 协议、OpenGIS 规范等；为了政策或管理的目的，通过法律制定的标准，如 FGDC 制定的空间元数据内容标准。

GIS 标准是指信息技术标准和空间数据标准。例如，对 GIS 应用软件结合查询语言的使用，就是采用信息技术标准的一个例子。空间数据标准是指空间数据的名称、代码、分类编码、数据类型、精度、单位、格式等的标准形式。每个 GIS 都必须具有相应的空间数据标准。目前，我国已有一些与 GIS 有关的国家标准，内容涉及数据编码、数据格式、地理格网、数据采集技术规范、数据记录格式等。

数据交换标准方式主要有四种，如图 4.15 所示，特点比较见表 4.8。

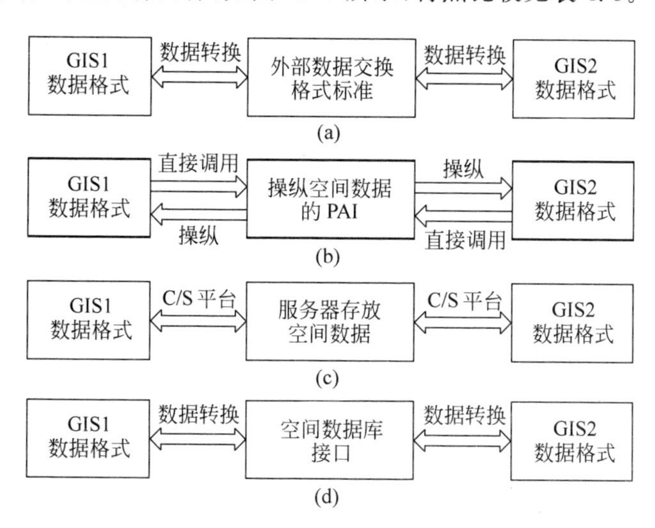

图 4.15 数据交换标准方式((a)～(d)四种)

表 4.8 数据交换标准方式和特点比较

方　式	特　点
外部数据交换格式标准	自动化程度不高，速度较慢等，但它可解决不同 GIS 之间的数据转换问题，是目前实现数据共享的主流方式。我国已发布了 GIS 的外部数据交换格式，包括矢量数据交换格式、栅格数据交换格式和 DEM 交换格式标准
操纵空间数据的 PAI	PAI 是将不同厂商提供的、运行在不同设备上的、面向个人的应用集成的一种方法和技术。比外部数据交换标准方便，但由于各种软件存储和处理空间数据的方式不同，空间数据的互操作函数又不可能很庞大，因此往往不能解决所有问题

续表

方　式	特　点
服务器存放空间数据	服务器存放空间数据采用客户机/服务器(C/S平台)体系结构，各种GIS通过一个公共的平台在服务器存取所有数据，以避免数据的不一致性。特点：思路较好，但现有的GIS软件各有自己的底层，要统一空间数据共享平台，目前难以实现
空间数据库接口	在对空间数据模型有共同理解的基础上，各系统开发专门的双向转换程序，将本系统的内部数据结构转换成统一数据库的接口。特点：这种方式的前提，首先要求对现实世界进行统一的面向对象的数据理解，这目前不易实现

要实现空间数据标准，就需要"数据共享"。

4.5.6 元数据

1. 元数据的定义

元数据(Metadata或Data About Data)是数据的组织，是数据域及其关系的信息，是关于数据的数据，是对数据做进一步解释和描述的数据，常用来说明数据的来源、所有者、质量以及对数据处理和转换过程的说明等。它通过对地理空间数据的内容、质量、条件和其他特征进行描述与说明，以便人们有效地定位、评价、比较、获取和使用与地理相关的数据。

2. 元数据的作用

(1) 用来组织和管理空间信息，并挖掘空间信息资源。
(2) 帮助数据使用者查询所需空间信息。
(3) 组织和维护一个机构对数据的投资。
(4) 用来建立空间信息的数据目录和数据交换中心。
(5) 提供数据转换方面的信息。

3. 元数据的分类

元数据可以分为高层、中层和底层三类。

(1) 高层元数据(数据集系列Metadata)：即描述整个数据集的元数据，包括数据集区域采样原则、数据库的有效期、数据的时间跨度、数据的分辨率以及方法等，是用户用于概括性查询数据集的主要内容。

(2) 中层元数据(数据集Metadata)：既可以作为数据集系列Metadata的组成部分，也可以作为底层数据集属性以及要素等内容的父Metadata数据集系列。全面反映数据集的内容。

(3) 底层元数据(要素、属性的类型和实例Metadata)：包括最近更新日期、位置纲量、存在问题标识(如数据的丢失原因)、数据处理过程等，是元数据体系中详细描述现实世界的重要部分。

4. 元数据内容

应对空间元数据所要描述的一般内容进行层次化和范式化，指定出可供参考与遵循的空间元数据标准的内容框架，如图 4.16 所示。

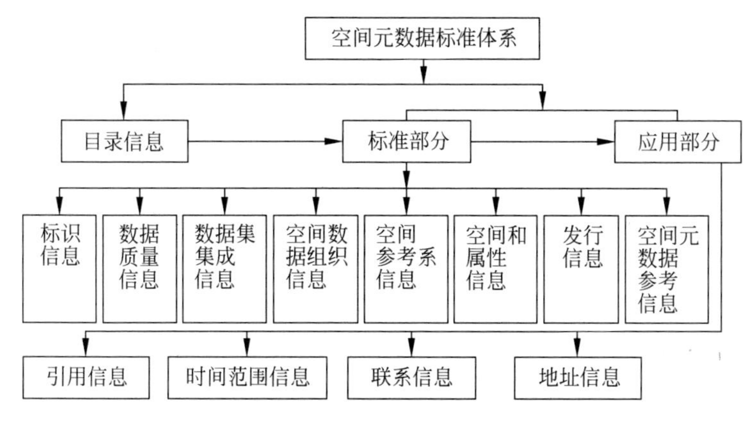

图 4.16 元数据标准的内容框架

第一层是目录层，主要用于对数据集信息进行宏观描述，适合在数字地球的国家级空间信息交换中心或区域以及全球范围内管理和查询空间信息时使用。

第二层是空间元数据标准的主体，由八个基本内容部分和四个应用部分组成。

5. 元数据获取

数据收集前后，元数据的获取方法有以下几种：

(1) 数据收集前，得到的是根据要建设的数据库的内容而设计的元数据，包括数据类型、数据覆盖范围、使用仪器说明、数据变量表示、数据收集方法、数据时间、数据潜在利用等。获取方法为键盘输入以及关联法。

(2) 数据收集中，得到的是随数据的形成同步产生的元数据，如在测量海洋要素数据时，测点的水平和垂直位置、深度、温度等是同时得到的，获取方法为测量法。

(3) 数据收集后，得到的是根据需要产生的元数据，包括数据处理过程描述、数据的利用情况、数据质量评估、数据集大小、数据存储路径等，获取方法为计算法和推理法。

4.5.7 互操作

1. 互操作的含义

互操作指的是异构环境下两个或两个以上的实体，尽管它们实现的语言、执行的环境和基于的模型不同，但它们可以互相通信和协作，以完成某一特定任务，这些实体包括程序、对象、系统运行环境等。互操作地理信息处理，指自由地交换所有关于地球的信息，即所有关于地表上的、空中的、地球下的对象的信息，通过网络协作运行能够操作这些信息的软件(概括为自由交换地理空间信息及协作运行空间信息处理的软件)。

2. GIS 互操作类型

GIS 互操作类型包括软件、数据、语义互操作。

(1) 软件互操作：强调软件功能块间的相互调用。

(2) 数据互操作：强调数据集之间相互透明地访问。

(3) 语义互操作：强调信息的共享，在一定语义约束下(对地理现象共同的理解下)的互操作。

3. GIS 互操作问题和措施

目前，从所建立的 GIS 来看，有些被认为是信息孤岛，也就是说，不同系统之间存在互操作问题，具体原因如下。

(1) 没有统一的标准，各自采用不同的数据格式、数据存储和数据处理方法。

(2) 系统的开发均建立在具体、相互独立和封闭的平台上；且不同应用部门对地理现象有不同的理解，导致对地理信息有不同的定义，使得不同应用系统之间在共同协作时无法进行信息交流和数据共享。

问题解决，急需实现异构环境 GIS 间的互操作，建议措施如下：

(1) GIS 基础数据必须共享化。

(2) GIS 应用应趋向多学科综合和集成化。

(3) GIS 服务应走向社会化和网络化。

4. GIS 互操作实现

目前，主要有两种方法可以实现互操作。

(1) Open GIS 规范：通过规定统一的系统设计和开发软件工具的框架，开放 GIS 协会(Open GIS Consortium，OGC)为实现 GIS 间的互操作制定了开放式 GIS(Open GIS，OGIS)地理数据交换规程或规范(稍后介绍)，来解决互操作问题。

(2) 构件(组件)技术：通过程序设计中的组件技术，将 GIS 某功能包装成独立的组件，使之可以在不同的系统环境下被调用，以解决互操作问题。

4.5.8 Open GIS

1. Open GIS 的提出

现实世界的复杂性导致地理数据格式多样性。而多样数据格式是多源空间数据集成的“瓶颈”，也是 Open GIS 提出的基础。目前主要存在的问题如下。

(1) 多语义性：地理系统研究对象的多种类型特点决定了地理信息的多语义性。一个 GIS 所研究的决不会是一个孤立的地理语义，但不同系统解决问题的侧重点也有所不同，因而会存在语义分异问题。

(2) 多时空性和多尺度：一个 GIS 系统中的数据源既有同一时间不同空间的数据系列，也有同一空间不同时间序列的数据。还会根据系统需要而采用不同尺度对地理空间进行表达，不同的观察尺度具有不同的比例尺和不同的精度。

(3) 获取手段多源性：获取地理空间数据的方法多种多样，包括来自现有系统、图表、遥感手段、GPS手段、统计调查、实地勘测等。

(4) 存储格式多源性：图形数据可以分为栅格格式和矢量格式两类，传统的GIS一般将属性数据放在关系数据库中，而将图形数据存放在专门的图形文件中。不同的GIS软件采取不同的文件存储格式。

2. Open GIS 特点

Open GIS是指在计算机和通信环境下，根据行业标准和接口所建立的GIS，在这个系统中，不同厂商的GIS软件以及异构分布数据库能相互通过接口交换数据，并将它们结合在一个集成式的操作环境中。Open GIS具有以下几个特点：

(1) 互操作性。不同GIS软件之间连接方便，信息交换没有障碍。

(2) 可扩展性。在硬件方面，可在不同软件不同档次的计算机上运行，其性能和硬件平台的性能成正比；在软件方面，增加了新的地学空间和地学数据处理功能。

(3) 技术公开性。开放的思想主要是对用户公开，即公开源代码及规范说明等。

(4) 可移植性。指独立于软件、硬件及网络环境，不需要设置便可在不同的计算机上运行。

(5) 兼容性。通过无缝集成技术保护用户在原有数据及软件上的投资，将现有的信息技术和已有的地学处理软件融为一体，同时对用户是透明的，应用程序不改或稍加修改便能在不同的平台上运行。

(6) 可实现性。随着操作系统、通信技术及面向对象方法技术在分布处理系统中的应用。Open GIS的开发将变得易于实现。

(7) 协同性。能够尽可能地兼容其他信息系统以及共享信息技术标准。

3. Open GIS 规范的作用

Open GIS规范把商业部门、集成部门、用户、研究人员、数据提供商等连接到一起，通过必要的软件工具和通信技术，为各种用户提供对地理信息的共享和互操作，如图4.17所示。

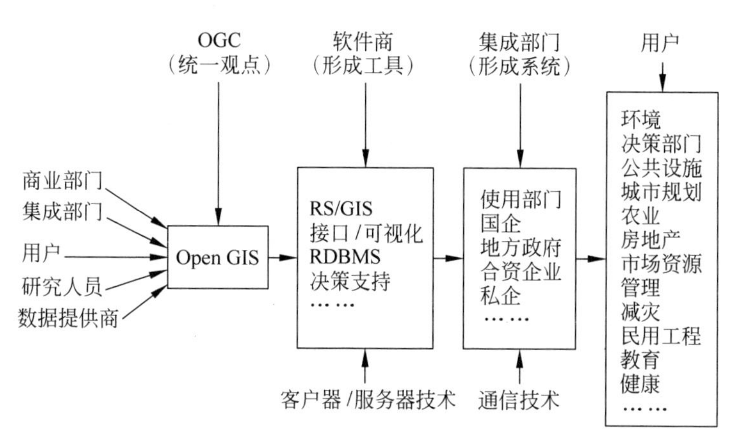

图4.17 地理信息的共享和互操作示意

关于如何实现 Open GIS 规范,Open GIS 规范并没有提出具体的标准实施模式,其框架主要由三部分组成。

(1) 开放的地理数据模型(Open Geodata Model,OGM):包含认可的类型和结构集合(将现实世界抽象为实体(特征)和现象(层)),并通过这一集合,可表示任何地理模型。

(2) OGIS 服务模型(Open Service Model,OSM):定义地学数据服务的对象模型,由一组相互可操作的软件构件集组成,为对特征的访问提供对象管理、获取、操作、交换等服务设施。

(3) 信息群模型(Information Communities Model)。信息群指共享数据的用户群,可以是数据提供者或使用者。不同用户对数据的理解不同,引起语义上的交流障碍。信息群模型,主要任务是解决具有统一的开放地理数据模型及语义描述机制的一个信息部门内部以及不同开放的地理数据模型及语义描述的信息部门之间的数据共享问题。采用的主要方法是语义转换,使具有不同特征类定义以及语义模式的信息用户群之间实现语义的互操作。

思考题

1. GIS 的数据源有哪些? 简述其特征并叙述通过何种途径来获取这些数据源。
2. 纸张上的地图如何进入计算机系统? 请举例说明。
3. 请举例说明 GIS 对数据的质量要求。
4. 各种来源的空间数据是如何准确匹配在一起的?
5. 对于扫描仪输出的结果一般需要做哪些处理?
6. 空间数据中的几何数据是什么? 请说明它与属性数据的关系。
7. 请说明分类分级对于属性数据的意义。
8. 属性数据的编码是必需的吗?
9. 比较栅格数据重采样的几种方法。
10. 数据格式转换的途径有哪些?
11. 何谓数据共享? 空间数据共享的途径有哪些?
12. 简述 GIS 空间数据编辑的主要内容和方法。
13. 如何评价 GIS 的数据质量? 以野外测量为例,分析其数据误差的来源。
14. 何谓元数据?
15. 何谓互操作?
16. 何谓 Open GIS?

进一步讨论的问题

1. 假设一条矢量等高线上的点太过密集了,如何减少占用系统的存储空间? 你能给出多少方法? 各有什么适用范围?

2. 如果两个作业小组各自从数字化仪上得到两张相邻图幅的地图数据,在 GIS 中不能准确对接,该怎么办?

实验项目 3 GIS 数据处理

一、实验内容

(1) 数据格式变换,将数据从 CAD 格式转换为 ArcGIS 的 Shape 格式。

(2) 投影变换,在 ArcGIS 中进行数据的投影定义和变换。

(3) 空间数据内插。

二、实验目的

(1) 通过实验,了解 GIS 数据处理的主要方法,加深理解理论课上所学的基本原理。

(2) 通过实验操作,掌握数据格式转换、投影变换和空间数据内插的方法及应用。

三、实验数据

GIS_data/ Data3

第 4 章彩图

第 4 章思考题答案

第5章

GIS空间分析

本章导读

从空间物体的位置、相关性等方面去研究空间事物,并对空间事物做出定量的描述方法,称为GIS空间分析方法。它是基于地理对象的位置和形态特征的空间数据分析技术,其目的在于提取和传输空间信息,是GIS的主要特征,是评价一个GIS功能优劣的主要指标,是各类综合性地学分析模型的基础,也为人们建立复杂的空间应用模型提供了基本方法。因此,在研究GIS空间分析方法时,应考虑空间数据结构和空间数据模型,依GIS具体应用领域来选择分析方法。本章主要阐述基于矢量数据的GIS空间分析和基于栅格数据的GIS空间分析。

5.1 空间分析及主要方法

关于空间分析,国内外不同的研究学者曾给出了不同的定义。郭仁忠(2001)将空间分析定义为基于地理对象的位置和形态特征的空间数据分析技术,其目的是提取和传输空间信息。张成才等(2004)认为空间分析就是利用计算机对数字地图进行分析,从而获取和传输空间信息。Haining(1993,2003)认为空间分析是基于地理对象的空间布局的地理数据分析技术,是为了制定规划和决策,应用逻辑模型或数学模型来分析空间数据的技术。Goodchild(1987,1992)认为空间分析是一系列分析空间数据的技术;空间分析的目的是检验模型和获取知识;空间分析既可以采用推理方法,也可以采用归纳方法;空间分析可以采用简单的或直觉的方法;Goodchild将GIS空间分析分为两大功能,查询式(回答是什么?在哪里?有多少?怎么样?为什么?)和生成式(通过分析能获得新的信息或知识,特别是隐含的空间信息)。

综合不同学者的看法,可以认为:空间分析是以地理空间数据库为基础,运用逻辑运算、一般统计和地统计、图形与形态分析、数据挖掘等技术,提取隐含在空间数据内部的与空间信息有关的知识和规律,包括位置、形态、分布、格局以及过程等内容,以解决涉及地理空间的各种理论和实际问题。

GIS可以支持一系列与地理信息分析有关的任务。GIS空间分析是GIS的核心和重要功能之一。GIS空间分析是对空间数据进行分析的技术,包括对地理现象的位置、形态、空间布局进行分析，如寻找适宜位置、计算成本距离等；还包括对空间关系和空间过程进行研究，如识别空间关系、获得它们的内在规律，特别是隐含的空间信息；在验证现有理论的同时，也尝试找到新的理论。

总之，GIS空间分析是针对空间数据进行的分析操作，这些空间数据除了包含与地理现象的位置、形态、空间布局有关外，还包括数据间的空间关系、空间过程和空间规律。GIS空间分析的目的就是完成对空间数据的分析操作，得到分析结果，用来解决实际问题。

GIS空间分析的方法可以分为两大类，即GIS空间分析的一般方法和空间统计分析方法。每大类下面又有众多具体的空间分析方法，归纳见表5.1。

表5.1 GIS空间分析的主要方法

方法	具体方法类型	功能	备注说明
GIS空间分析一般方法	空间查询与检索	用来查询、检索和定位空间对象，包括图形数据的查询和属性数据的查询及空间关系的查询几种方式	空间查询和检索是GIS的基本功能之一，也是进行其他空间分析的基础操作
	空间量算	主要是用一些简单的量算来初步描述复杂的地理实体和地理现象，这些量测值包括点、线、面等空间实体对象的重心、长度、面积、体积、距离和形状等指标	
	空间插值	用于将离散的测量数据值，按照某种数学关系转换为连续变化的数字曲面，以便与空间实体的实际分布模式进行拟合和比较，并可以推出未知点和未知区域的数据值	既是数据插值手段，又是空间趋势面分析方法之一
	叠加（或叠置）分析	使用分层方式来管理数据文件，叠加分析将同一研究区的多个数据层集合为一个整体，对多个数据图层进行交、并、差等逻辑运算，得到不同层空间数据的空间关系。叠加分析有矢量数据的叠加分析和栅格数据的叠加分析两种	叠加分析是GIS空间分析中最重要的方法之一
	缓冲区分析	对一个、一组或一类空间对象按照某个缓冲距离建立起缓冲区多边形的过程，然后将原始图层与缓冲区图层相叠加，进而分析两个图层上空间对象的关系。从数学的角度来说，缓冲区就是空间对象的邻域，邻域的大小由邻域半径(即缓冲距离)来确定	缓冲区分析与叠加分析不同。前者包括了缓冲区图层的建立和叠加分析，而后者只是对现有的多个数据层进行叠加分析，并不自己生成新的图层
	网络分析	是研究和规划一个网络的建立、运行、资源分配、最优路径选择等操作的分析。其基本思想就是优化概念，即按照某种操作和相应的限制条件，得到满足当前条件的最佳结果	是GIS的一个重要数据模型。交通线路选择、城市电网、排水网、煤气网等布设都属于GIS网络分析
	数字高程(DEM)分析	DEM主要用于描述地面起伏状况，包含了各种地形信息。数字高程分析包括DEM的表示、插值、制图，以及在地学分析中的应用等	DEM模型(高程属性)可扩展成DTM模型(地表其他要素属性)

续表

方法	具体方法类型	功　　能	备注说明
GIS空间统计分析方法	属性数据的一般统计	主要计算一些统计指标,如属性数据的集中特征数(如频率、平均数、数学期望和中位数等);属性数据的离散特征值(如极差、离差、方差和变差系数等)。还包括属性数据的图形表示分析、属性数据的综合评价分析及属性数据的分等定级分析	部分属于数据探查分析
	空间统计分析	空间统计分析是指对 GIS 空间数据库中的空间数据进行统计分析,包括对空间数据的分类、统计和综合评价等。方法包括空间自相关分析、地统计分析、回归分析和趋势面分析等	地统计分析目前是 GIS 中一个重要的、快速的发展领域
	景观格局分析	利用 GIS 图形处理和分析功能,可以进行景观格局对生态过程的敏感性分析和模拟,研究不同景观格局对生态过程的影响	利用景观格局分析的方法实现 GIS 空间分析,以便解释和描述地理现象变化的原因和过程

5.2 基于矢量数据的 GIS 空间分析

矢量数据指的是利用点、线、面、体等及其组合来表示地理实体空间分布的一种数据组织方式。构建矢量数据模型首先用点及其 x、y 坐标来表示空间要素,如点、线和面;其次将几何对象及其空间关系组织成数字化数据文件,使得计算机可以访问、编译和处理。因此,矢量数据分析是基于表示地理对象的点、线、多边形几何实体,且分析结果的可信性取决于这些对象的位置和形状的精确性。矢量数据可以是拓扑关系的,也可以是非拓扑关系的。矢量数据分析主要涉及对地理实体属性数据的运算,或地理实体间的拓扑关系或相对位置关系分析。矢量数据分析归纳起来有地理查询、缓冲分析、叠置分析、网络分析、地形分析和邻域分析等。

5.2.1 矢量地理查询

地理查询是指从 GIS 数据库中获取用户咨询的数据,并以一定的形式提供给用户。有时地理查询也涉及简单的几何计算(如距离和面积)或地理实体的重新分类。例如,一个用户咨询由北京到福州的直线距离,GIS 通常是根据存储在数据库中这两地的坐标数据,计算出它们的距离,然后将答案提供给用户。又如,一个用户询问某一地区适合于农业耕作的地方分布在哪里,如果 GIS 数据库中存在一幅详细表示该地区土壤类型的矢量图层,则可以根据一定的划分标准,将矢量图层重新分类,产生一幅表示适宜农业耕作的土地分布图层,提供给用户作为查询的答案。因此,地理查询运算可分为三种:数据库查询、几何量测和重新分类。

1. 数据库查询

数据库查询是根据用户提出的问题，从 GIS 数据库中提取有关的数据。数据库查询选择不产生新数据，也不改变数据库中的数据，此时 GIS 作为编辑工具，仅仅是针对空间数据进行分析。其中最主要的是对字段和记录进行一系列的分析。

GIS 一般提供两种视图(View)用于数据库查询，如图 5.1 所示。①地图视图，即以地图表示一幅图层上地理实体的分布，用户从地图上通过选择一个或一组地理实体，从数据库中检索有关这些地理实体的数据。②表格视图，即以主题属性表显示一幅图层上地理实体的属性数据，用户通过查询主题属性表，检索有关的地理实体。在主题属性表中，一个记录表示一个地理实体。通常，地图视图和表格视图是相互连接和互动的(图 5.1)。

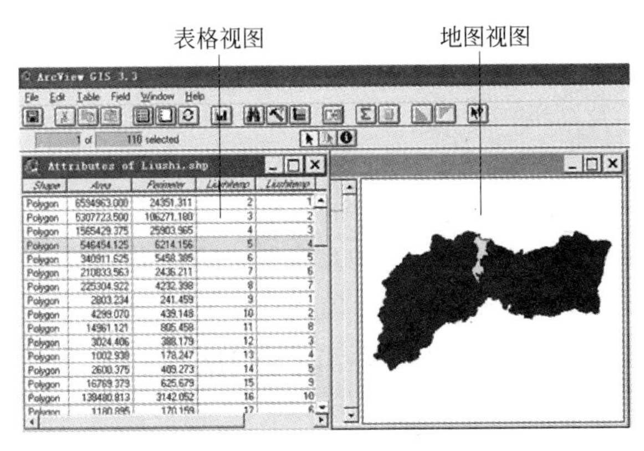

图 5.1 GIS 数据库查询中的表格视图和地图视图

当地图视图和表格视图同时显示在屏幕上时，在一个视图上选择的地理实体，在另一个视图上也会同时突出地显示出来。通过使用这两种视图，可以执行以下三种基本查询：

1) 根据属性约束条件查询有关地理实体及其分布

这类查询可以运用 GIS 软件系统提供的数据查询语言进行。GIS 数据查询语言很简单，一般是由比较运算符和逻辑运算符构成的查询语句。常见的比较运算符包括：=、<>、<、>、<=、>=，分别用于判断数据值相等、不等、小于、大于、小于或等于、大于或等于的各种查询条件，那些满足条件的地理实体将从数据库中检索出来，显示在地图视图上或表格视图上。

GIS 数据查询语言中的逻辑运算符主要有四种：AND、OR、XOR 和 NOT，它们用于连接多个查询条件。AND 表示被连接的查询条件都成立，例如，查询水土流失程度“3”，且流失面积大于 10000m^2 的土地，可使用语句“chengdu=3 AND Area>10000”；OR 表示被连接的查询条件中至少一个成立，如执行语句“chengdu=3 Or Area=10000”将查找并显示出所有的结果。XOR 表示满足两个查询条件中其中的一个，但不满足另一个，如执行语句“Chengdu=3 XOR Area=10000”将查找出水土流失程度为“3”，但流失面积不等于 10000m^2 的土地，或者流失面积为 10000m^2，但不是水土流失程度为“3”的土地。NOT 将它使用的查询条件意义反转，如“NOT chengdu=3”语句用于查找出所有不是程度为“3”的土地。

2）根据空间约束条件查询地理实体的属性

这类查询中最简单的就是在地图视图上用光标选择待查询的地理实体，一旦一个地理实体被选择后，GIS 便从数据库中查找出它们的属性数据并显示给用户。一种查询方法是用光标在显示的图上选取几个区域，有关它们的名称、人口密度等属性数据就以表的形式显示出来；另一种查询方法是使用光标在地图视图上定义一个矩形区域，选择位于该区域内的所有地理实体，列出它们的属性数据。第三种方法是在地图视图上选出一定形状(如圆、多边形)、一定大小的图形，将位于图形内的地理实体选择出来，从数据库中查找并列出它们的属性数据(可通过实验项目 1 和 2 操作完成)。

3）根据空间位置的相对关系查询有关的地理实体

这类查询的目的在于根据地理实体之间的相对位置关系查找某类地理实体，这些关系包括以下几种。

(1) 包含(Containment)：查找包含在某一地理实体内的另一类地理实体，如查找位于福州市仓山区内的中学及其所在地；或查找位于某一县境范围内的柑橘种植地等。

(2) 相交(Intersect)：查找与某一类地理实体相交的另一类地理实体，如找出有道路通过的森林地；或查找一条待建的沿途将通过的土地覆盖类型等。

(3) 接近(Proximity)：查找距某一类地理实体一定距离范围内的另一类地理实体，如查找位于距一条高速公路 500m 范围内的居民住宅；或查询距某一新村 1000m 以内的超市及其所在地。

以上三种查询可以联合起来使用，同时，还可以运用 SQL 语句进行较为复杂的地理查询(详见第 3 章)。

2. 几何量测

几何量测包括长度、面积、周长和形状的计算，是地理查询中常见的问题。矢量 GIS 是根据平面几何的原理，运用坐标数据计算长度、面积和周长。

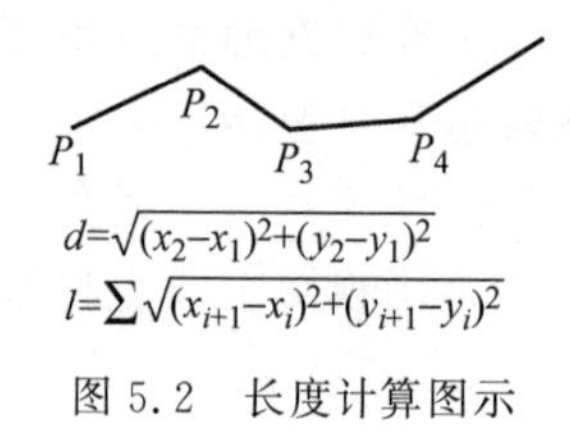

图 5.2　长度计算图示

在矢量 GIS 中，利用勾股定理计算两点间的距离时，要以某一地图投影为基础的平面直角坐标为前提，两点坐标必须是以 m 或 km 为单位，不能使用以经度和纬度所表示的地理坐标单位。在矢量 GIS 中，线状实体以线段弧或弧表示，因此，一条线状实体的长度为组成它的直线段长度之和，如图 5.2 所示；一个面状实

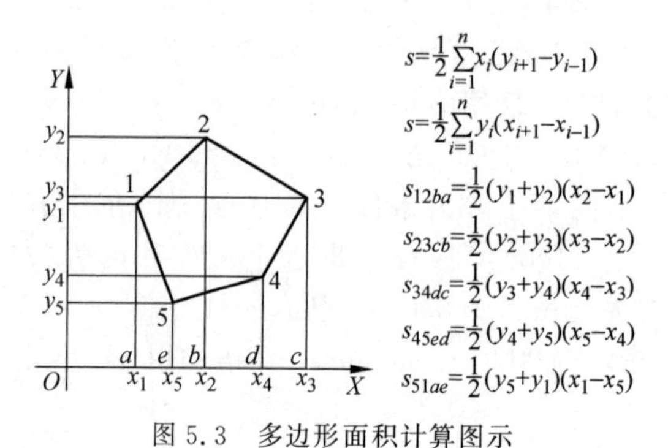

图 5.3　多边形面积计算图示

体表示为一个多边形，其周长为组成多边形的所有直线段长度之和。每条直线段的长度由勾股定理计算。多边形的面积可通过将多边形分解成若干梯形计算，如图5.3所示，一个多边形由1、2、3、4、5五个顶点组成，将这五个顶点按顺时针方向排列，每个顶点在X轴上的投影分别为a、b、c、d、e，从而形成五个梯形，可以看出该多边形的面积等于$12ba$和$23cb$两个梯形面积减去$34dc$、$45ed$和$15ea$三个梯形面积之和。一个梯形面积等于其上底长度加下底长度，乘以高，再除以2。设1、2、3、4、5的坐标分别为(x_a, y_a)、(x_b, y_b)、(x_c, y_c)、(x_d, y_d)、(x_e, y_e)，那么多边形12345的面积就可以计算出来，如图5.3所示。

面状实体的几何形状一般是通过比较其面积和周长来定义的。在数据分析中，形状通常由形状紧致性SC指数描述，见式(5.1)。

$$SC = \frac{4\sqrt{A}}{P} \tag{5.1}$$

其中，A为面积，P为周长，正方形的形状紧致性指数等于1，形状紧致性指数越小，形状越不规则。

在矢量数据分析中，形状计算公式常用式(5.2)表示

$$S = \frac{P}{3.54\sqrt{A}} \tag{5.2}$$

其中，P为周长，A为面积。当$S=1$时，形状为圆，S越大，形状越不规则。

利用遥感图像提取的水体信息，转成ArcView的Shape格式，利用其字段的计算功能可获取每个水体图斑的面积、周长和形状指数k，并进行分类，如图5.4所示。

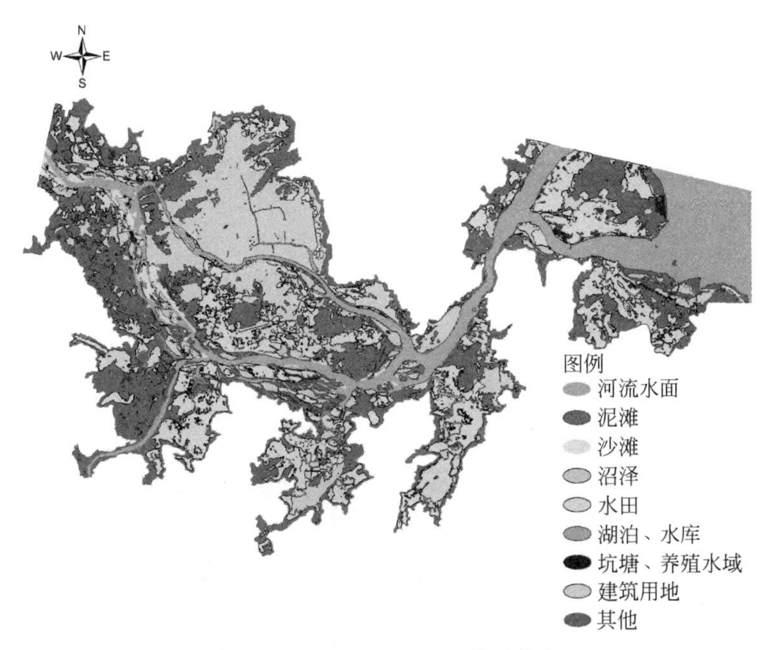

图5.4 闽江河口区湿地景观分布

有以下两点需要注意：

(1) 矢量数据模型以线段弧近似平滑曲线，因此，在一般情况下，GIS计算的一个线状实体的长度或一个面状实体的周长都比它的实际长度要短。当然，以直线段表示的街道和

区域边界例外。

(2) 根据二维坐标数据计算的长度和面积都是地理实体在平面上的投影长度和面积,并非它们在地球曲面上的真正长度和面积,要计算它们在地表的实际长度和面积,需使用高程数据。

3. 重新分类

重新分类是将一幅矢量图层的数据分类系统转换成另一种分类系统,并产生一幅新的矢量图层。多边形矢量图层重新分类之后,应将具有相同类型的相邻多边形合并,即将同一类型相邻多边形的共同边界删除,重新组合多边形并重建多边形的拓扑结构。在 ArcView 中这种操作也称为"融合",即基于属性的要素合并,将主题中某一字段取值相同且相邻的要素合并成一个要素。结果显示:几何上,某字段值相同并且有公共边的两个多边形被合并,属性上,该字段值得到保留,其他字段可根据需要进行汇总(如求和、求平均等)。图 5.5 给出了一个土地利用类型重分类示意。

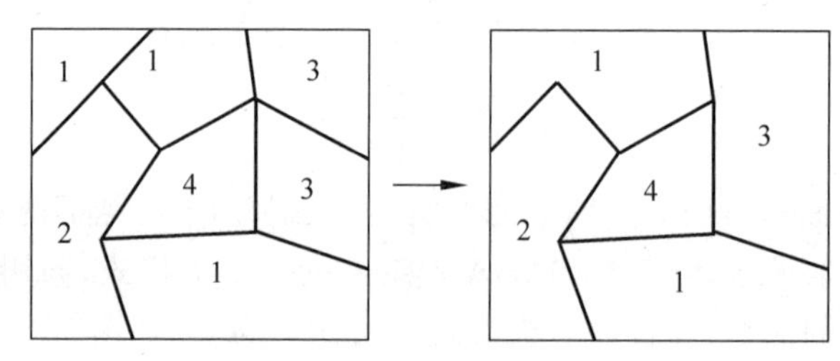

图 5.5　土地利用类型重分类示意

5.2.2　矢量缓冲分析

通过给定位置查询其邻域中的有关要素的情况,这在 GIS 中归结为"缓冲区分析",也属于邻域分析的一部分内容。

1. 缓冲区(带)

缓冲区分析是在某一类地理实体(如点、线、面状实体)按照给定的缓冲条件,在周围建立一定距离的空间,以识别这类实体的影响范围,或分析它们邻近区域内其他地理实体的分布。这样的带状区域称为缓冲区或带,如图 5.6 所示,一个点状实体的缓冲带是以该点为中

图 5.6　缓冲区示意

心,缓冲带距离或宽度为半径的圆;一个线状实体的缓冲带是围绕其两侧的多边形条带,该多边形边界上的每个点到它的垂直距离等于缓冲带的宽度;一个面状实体的缓冲带是围绕该实体外侧的环带,环带的宽度为缓冲带宽度。缓冲带宽度一般由用户根据分析的需要定义。产生缓冲区的过程在概念上很简单,但在计算上却比较复杂。

数据结构不同,缓冲带算法也不同。图 5.7 和图 5.8 说明了矢量和栅格多边形缓冲的形成有差别。

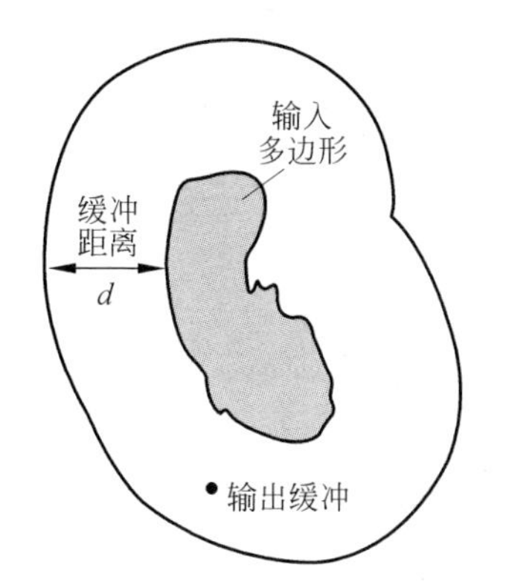

图 5.7 矢量数据多边形缓冲区示意

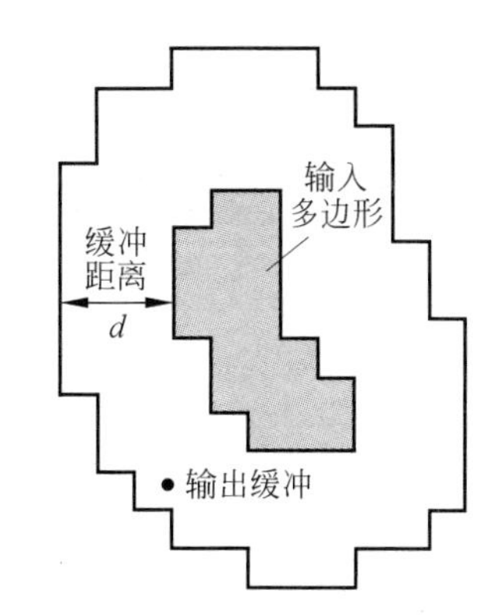

图 5.8 栅格数据多边形缓冲区示意

2. 缓冲分析应用

在大部分 GIS 应用中,使用宽度相等的缓冲带就足够了,但在某些应用中,则要求对不同类型的地理实体或某一地理实体的不同部分采用不同宽度的缓冲带。例如,在主要河流两岸建立 100m 的缓冲带,在次要河流或支流两岸建立 50m 的缓冲带,禁止在缓冲带内砍伐植被;在高速公路和铁路两旁建立 2km 的缓冲带,在主要道路旁建立 1km 的缓冲带,在缓冲带内的任何地点,就其通达性都可以看作设立一个购物中心的合适地点。道路规划应注意交通噪声对周围居民的影响,可考虑沿公路两侧建立 500m 宽的缓冲带,沿高速公路两侧建立 100m 宽的缓冲带。此外,在某些应用中,还要求围绕一个或一类地理实体产生多个不同宽度的缓冲带,形成多环缓冲带,如围绕一个超市购物中心产生 50m、100m、150m 和 200m 四个缓冲带,分析超市对居民点的影响程度(其效果与栅格数据分析中的接近程度分析类似)。缓冲带还可以只产生线状实体的一侧。再如,为优化城市观光巴士旅游路线,可将便民自行车站点的设立和旅游结合在一起,图 5.9 是近期福州市区观光巴士 300m、便民自行车 150m 服务半径缓冲区图,在此基础上,优化者可以进一步做网络分析,为旅游者提供到景区的最佳线路。

缓冲区建立和应用研究领域很广,除上述外,缓冲区设置可成为一个中立地区,作为解决冲突的一种工具;缓冲带与其他数据结合还可以进行多种地理查询和分析模拟。

在建立缓冲区之后,缓冲区是一些新的多边形,而不包含原有的点、线、面要素。一般来说在建立缓冲区的时候应注意:①缓冲区叠置处理;②缓冲区宽带不同处理(处理方法详见《地理信息系统导论实验指导(第 3 版)》)。

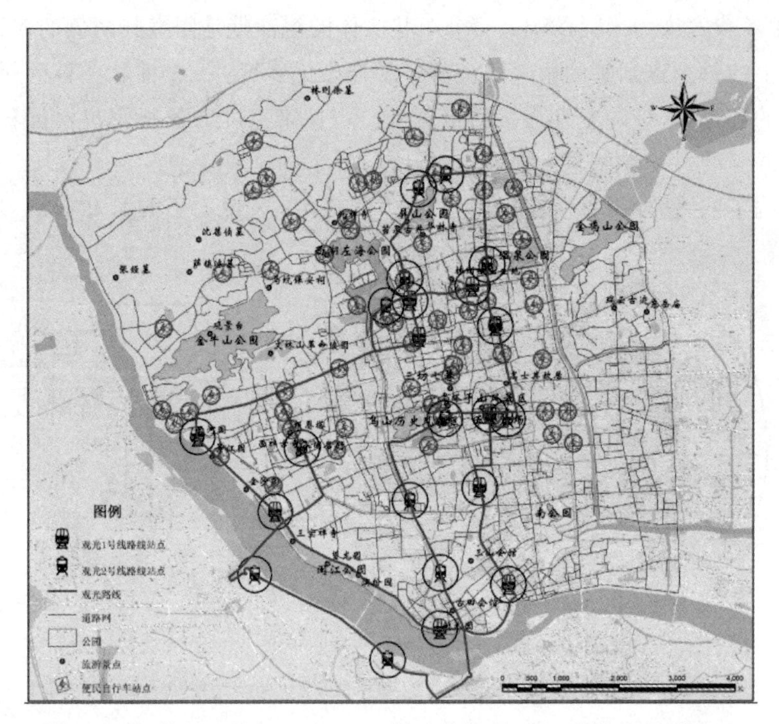

图 5.9 福州市区观光巴士 300m、便民自行车 150m 服务半径缓冲区

5.2.3 矢量叠置分析

叠置分析是 GIS 中常用的提取空间隐含信息的方法之一，也是广泛应用于地理数据综合分析的一种地图分析方法。它是将有关主题层组成的各个数据层面进行叠加产生的一个新数据层面，其结果综合了原来两个或多个层面要素所具有的属性，同时叠置分析不仅生成了新的空间关系，而且还将输入的多个数据层的属性联系起来产生新的属性关系。其中，被叠加的要素层面必须是基于统一的地表定位参照系统下(即相同的坐标系统、相同的基准面系统、同一区域的数据)才能进行分析或模拟多种地表现象在空间上的相互联系，或进行某些现象的区域统计分析。

在矢量 GIS 中，叠置分析是将两幅矢量图层通过几何图形相交合并成一幅新的矢量图层，并将两幅输入矢量图层上的地理实体的属性数据组合起来存储或表示在新的矢量图层上。

根据操作要素的不同，矢量数据叠置分析可分为：点与多边形叠置(落入查询)、线与多边形叠置(穿过查询)、多边形与多边形叠置等。

1) 点与多边形叠置(落入查询)

点与多边形叠置就是点包含分析，用于确定点与区域的位置关系，即判断一个点位于某一区域之内还是之外。如判断某一水源位于哪一行政区内，查询某一区域范围内城镇的分布情况等。它还可应用于某些图形数据的处理。

点包含分析的方法很多，最常见的方法是从判断点引出某一方向的射线，通过判断该射线与被判断区域多边形边界相交的次数来确定点与区域的包含关系，称为“射线法”。在射线不通过多边形顶点的情况下，当该射线与区域边界相交奇数次时，则该点位于此区域之中；当该射线与区域边界相交偶数次时，则该点位于此区域之外。图5.10表示了这一原理。

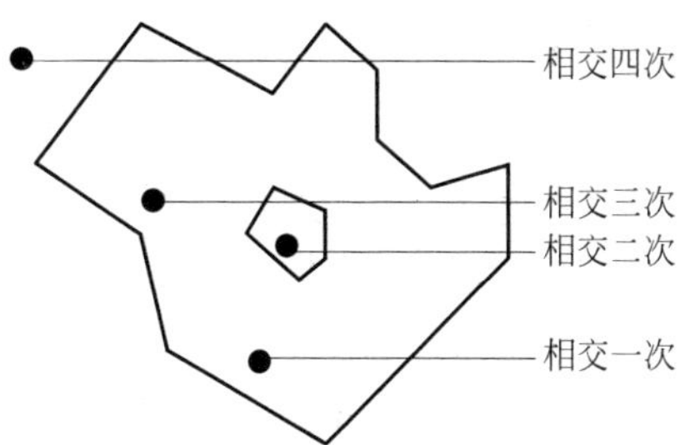

图5.10 点包含分析原理

点包含分析输出的结果通常是一个点状实体矢量图层，每个点既包含了其输入的属性数据，又包含了它所在多边形的区域特征数据。例如，在图5.11中，通过点包含分析，识别考察点位置在闽西根溪河流域哪些部位，水土流失具有哪些特征，在输出图层属性表中，每一个表示点都有一个新的属性，即水土流失类型。

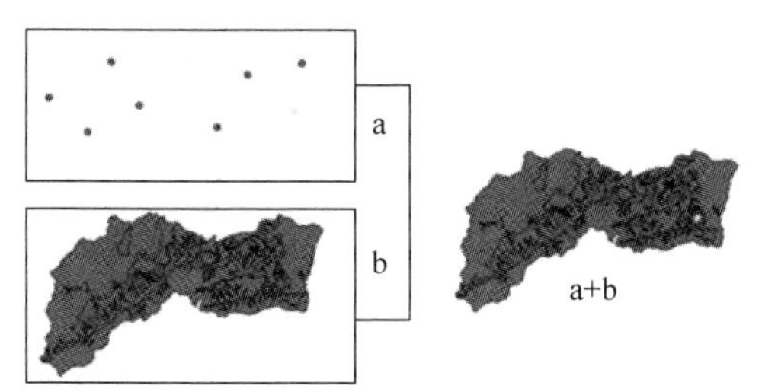

属性表

ID	liushi type
1	3
2	4
3	2
4	5
5	2
6	2
7	4
8	3
9	2

图层 a:考察点；图层 b:水土流失分布

图5.11 点包含分析示例

2）线与多边形叠置（穿过查询）

线与多边形叠置就是线包含分析，用于确定线（表示在一幅图层上）与区域（表示在另一幅图层上）的位置关系，其目的是判断一条线状实体是否位于某一区域内。例如，判断一条拟建的高速公路是否穿过森林地。线包含分析的算法涉及三步：

(1) 判断线状实体图层上每个弧段与面状实体图层上哪些区域多边形相交。

(2) 求出弧段与多边形的相交点，并以相交点为结点建立新的弧段。

(3) 重建弧段拓扑结构，并建立弧段与多边形的包含关系，即将多边形的属性赋给所包含的弧段。最后，以一幅新的矢量图层表示新建立的弧段。

线包含分析输出的结果包含了按区域分割开来的线状实体。若将一幅拟建道路图层与一幅土壤图层叠置起来做包含分析，其结果是产生一个新的拟建道路图，但输入图层上的三个拟建道路弧段被分割成六个较小的道路段，每个道路段都包含土壤类型数据。

线包含分析在计算上比点包含分析复杂得多，其计算的复杂性主要体现在图形交点的判断和计算。有关判断图形相交的可能性以及求相交点的算法可参见有关文献。

3）多边形与多边形叠置

多边形与多边形叠置分析就是将多幅面状实体矢量图层叠置起来产生一幅新的矢量图层，输出矢量图层上的多边形是输入图层上图形相交、分割的结果，每个输出多边形的属性是所有输入图层上与其相重置的多边形的组合。矢量数据多边形叠置分析在功能上与栅格数据的逐点叠置分析相似，本质上是多种要素的空间合成，即它是将同一地区、同一比例尺、同一坐标系统下的多种单要素地图叠置起来，综合分析和评价所有被叠置要素的相互作用和相互联系，或是将反映不同时期同一现象的地图叠置起来，进行多时相的综合分析，反映现象的动态变化。但是,矢量数据多边形叠置分析在计算上比起栅格数据的逐点叠置分析要复杂得多,并且要求每幅输入图层都要有拓扑数据结构。

定义被叠置地图为原图,经叠置所产生的地图为叠置图,对叠置图上每一多边形所包含的所有信息进行综合分析,最后获得反映多边形要素综合特性的地图,称之为合成图。因此,地图叠置分析经过三个过程,第一,原图,包括三个输入层(Input Layer)叠加;第二,生成叠置图(Combined Layer);第三,生成合成图(Synthesized Layer)。图 5.12 表示了多边形叠置的基本原理。

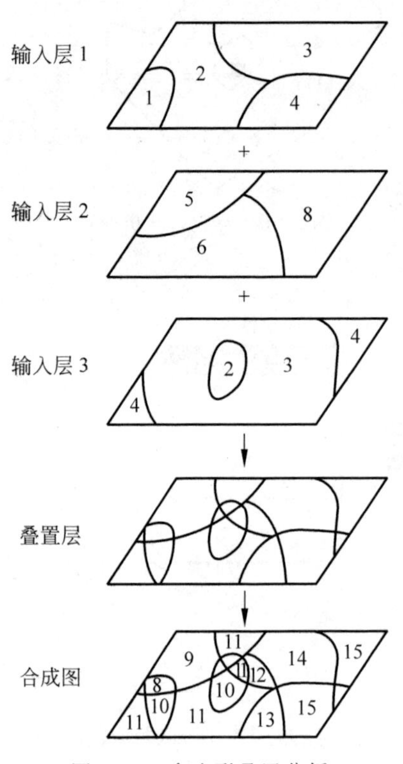

图 5.12 多边形叠置分析

多边形叠置采用两两叠置的方法,即具体进行多边形叠置时,每次只能在两幅图之间进行。两幅原图叠置后,将所得的叠置图与第三幅原图叠置,在所得的叠置图上,再叠置第四幅原图,如此下去,直到最后一幅原图被叠置。只有在所有原图叠置完毕后,才进行信息的综合分析。信息的综合分析是在叠置图的基础上,根据事先所确定的分析和评价方案,或根据一定的数学模型进行。因此,多边形叠置分析的关键问题是要解决两幅被叠置图的叠置。两幅图多边形叠置处理的基本方法归纳如下几个步骤:

(1) 以组成多边形的线段弧为单位,寻找两幅被叠置图之间的图形相交点;

(2) 在交点处,将相交线段弧分割成相应数量的新线段弧;

(3) 形成新线段弧的左、右区属性码,再将新线段弧连接组合,形成新的多边形,最后生成叠置图。

根据操作形式的不同,即叠置图上应保留的原图要素的要求不同,叠置分析可以分为图层擦除、交集操作、图层合并等。典型的矢量 GIS 可提供如下三种运算用于产生叠置图,如图 5.13 所示。

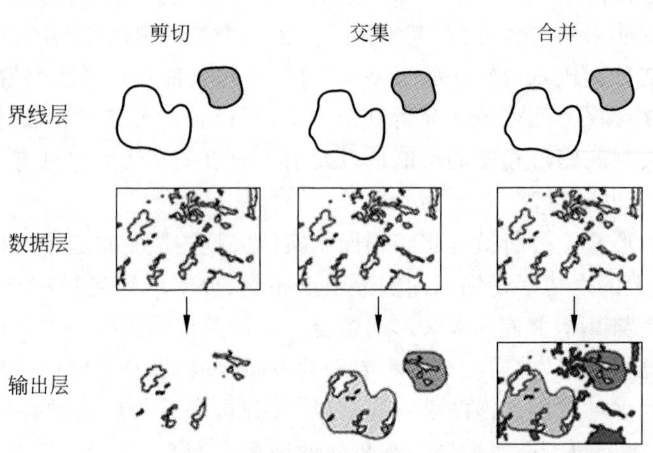

图 5.13 典型矢量三种运算产生叠置

(1) 剪切(Clip):产生的叠置图只保留两幅原图上位于第一幅原图范围内的要素,第二幅原图上位于第一幅原图范围以外的要素统统删除,相当于对两幅原图进行逻辑 AND 运算以后,将其结果再与第一幅原图进行逻辑 OR 运算。

(2) 交集(Intersect):产生的叠置图只保留两幅原图共同区域内的要素,相当于对两幅原图进行逻辑 AND 运算。

(3) 合并(Union):产生的叠置图保留两幅原图上所有的要素,相当于对两幅原图进行逻辑 OR 运算。

当一幅叠置图产生以后,应当消除误差多边形(数据编辑处理说明请参见《地理信息系统导论实验指导(第 3 版)》)。

在所有原图叠置完毕并消除了叠置图上的误差多边形以后,就可以根据所选择的分析方案,以多边形为分析单元,进行多要素综合分析,如统计计算、相关分析、多元回归分析、聚类分析、线性组合、条件组合和因素组合等,从而获得每一个多边形的统计属性值,并以此作为多边形分类的标准。在生成的合成图上,可能产生一些具有相同综合属性值的相邻多边形,同时,还会产生许多小的多边形。将具有相同属性值的相邻多边形进行合并,并通过确定一个面积阈值 A_0(最小多边形的设置),将一些面积小于 A_0 的很小多边形合并到相邻多边形中。

理论上,运用多边形叠置分析方法可进行大量要素的叠置分析,然而,随着地图的不断叠置,图形不断相交和分割,图形的复杂程度也就不断增大,相应地,叠置处理的时间也就不断变长。

5.2.4 矢量网络分析

在现实世界中,若干线状要素(如某种资源、物质或信息在地理空间上的流动)相互连接构成网络。GIS 网络分析就是通过模拟、分析网络的状态以及资源在网络上的流动和分配等,研究网络结构、流动效率及网络资源优化等问题。对交通网、城市基础设施网络(电力线、电话线、给排水管线等)进行地理分析和模块化,这是 GIS 网络分析的主要目的。第 3 章介绍了在 GIS 中表示和存储网络的数据模型与数据结构,这里,重点讨论矢量数据的网络分析。在网络分析中,路径分析是 GIS 网络分析中最基本的功能,其核心是对最短路径、最佳路径以及服务范围进行分析。路径分析和网络应用两者都涉及运动和线要素。在实际工作中,网络数据随着应用的目的、范围、对象而变化,相互间的拓扑关系更是动态、复杂而且数量庞大。对于基于矢量数据的网络分析系统而言,还需事先做好显式数据,组织各顶点数据,然后取得所有两结点之间的路径长度,再通过迪杰斯特拉(Dijkstra)或其他算法取得全部顶点两两之间的路径长度,若是一个数据变化,全部组织需要重新进行。

1. 最短路径分析

最短路径分析是计算和寻找网络中任何两点之间距离最短的路径。然而,路径分析不一定以距离衡量,也可以时间、费用等衡量,衡量标准依赖于分析的目的。例如,一辆救护车出发到一个出事地点,所关心的是最快的路径,最快路径往往需要考虑道路的交通拥挤情况等限制因素。

最短路径分析需要计算网络中从起点到终点所有可能的路径,从中选择距离最短的一条。用于最短路径分析的算法很多，其中最著名的是 Dijkstra 算法，该算法可描述如下。

设一个网络由 k 个结点组成，以 $N=\{n_i \mid i=1,2,\cdots,k\}$ 表示结点集，其中一个结点为起始结点，设其为 n。Dijkstra 将 N 划分为两个子集，一个子集包含那些到起始点的最短距离已确定的结点，称这些结点为已确定结点，以 S 表示这一子集；另一个子集包含未确定结点，即它们到起点结点的最短距离尚未确定，以 Q 表示这一子集。又设 d 为一个距离矩阵(Array)，存放每个结点到 n_s 的最短距离，$d(i)$表示结点 n_i 到 n_s 的最短距离；p 为一前置结点矩阵，存放由 n_s 到其他结点的最短路径上每个结点的前一个结点，$p(i)$表示结点 n_i 在最短路径上的前一个结点。已知每两个相连结点之间的距离(或它们之间路径的长度)，Dijkstra 算法按如下几个步骤运行。

(1) 将 d 和 p 初始化，使 d 的每个元素值为无穷大，p 的每个元素值为空值，并设 S 和 Q 为空集。

(2) 将 n_s 加入 Q，令 $d(s)=0$。

(3) 从 Q 中找出到 n_s 最短距离为最小的结点，设该结点为 n_u。

(4) 将 n_u 加入 S，并将它从 Q 中删除。

(5) 找出与 n_u 相连的所有结点，从这些结点中取出一个，令其为 n_v，

① 如 n_v 已存在于 S 中，则执行下面第②步，否则，进行如下判断：

如果 $d(v)< d(u)+n_u$ 和 n_v 之间的距离，执行第(2)步；

否则令 $d(v)=d(u)+n_u$ 和 n_v 之间的距离；$P(v)=n_u$；将 n_v 加入 Q。

② 如果与 n_u 相连的所有结点都已做过上述判断，继续执行第(6)步；否则，取下一个为判断结点，令其为 n_v，执行上面的第(1)步。

(6) 判断 Q 是否为空集，若不是，或到第(3)步；否则，停止运算。

以图 5.14 为例说明这一算法。本例使用的网络由四个结点组成，这四个结点为 n_1、n_2、n_3 和 n_4，如图 5.14(a)所示。设 n_1 为起始结点，$d(1)=0$。与 n_1 相连的结点包括 n_2、n_3 和 n_4，先计算 n_1 到 n_2 的最短距离：

$$d(1)+n_1 \text{ 到 } n_2 \text{ 的距离}=0+1=1$$

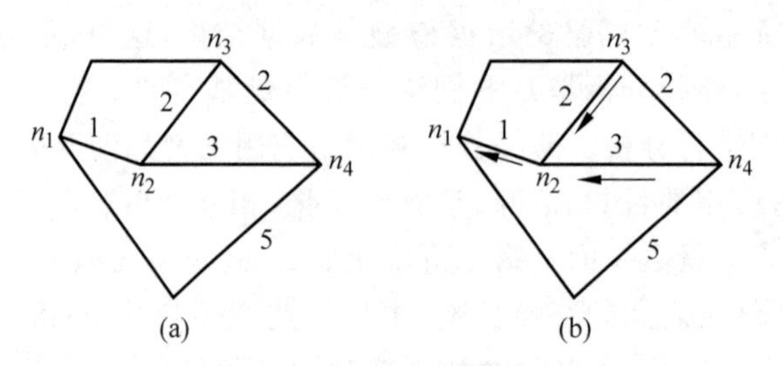

图 5.14 最短路径分析

由于 $d(2)$的初值无穷大，因此，令

$$d(2)=1$$

$$p(2)=n_1$$

将 n_2 加入 Q。类似地，得出 $d(3)=4$，$p(3)=n_1$，$d(4)=5$，$p(4)=n_1$。n_3 和 n_4 也先后被加入 Q。到此，Q 中有三个结点 n_2、n_3 和 n_4，因此，进入下一个环节。

在 Q 包含的三个结点中，n_2 到 n_1 的最短距离 $d(2)=1$，是 Q 中当前到 n_1 最短距离的

最小值，因此，将 n_2 加入 S，并从 Q 中将其删除。寻找与 n_2 相连的结点，这些包括 n_1、n_3 和 n_4。n_1 已存在于 S 中，故不予考虑。首先计算 n_3 到 n_1 的最短距离：

$$d(2)+n_2 \text{ 到 } n_3 \text{ 的距离}=1+2=3$$

但是，在上个循环中获得的 $d(3)=4>3$，可见在 n_1 和 n_3 之间还有一条更近的路径，为此，给 $d(3)$ 和 $p(3)$ 重新赋值，即令

$$d(3)=3$$

$$p(3)=n_2$$

类似地，重新计算 $d(4)$ 和 $p(4)$，令

$$d(4)=4$$

$$p(4)=n_2$$

这时，Q 中有两个结点 n_3 和 n_4，因此，进入第三个循环。

在当前 Q 包含的两个结点中，n_3 到 n_1 的距离 $d(3)=3$，小于 $d(4)$，因此，将 n_3 加入 S，然后，从 Q 中将它删除。找出与 n_3 相连的结点，即 n_1、n_2 和 n_4，由于 n_1 和 n_2 都已存在于 S 中，故只需计算 n_4 到 n_1 的距离：

$$d(3)+n_3 \text{ 到 } n_4 \text{ 的距离}=3+2=5$$

因为 $d(4)=4<5$，因此，$d(4)$ 和 $p(4)$ 的值都不变。现在 Q 中只剩下 n_4，与 n_4 相连的所有结点 n_1、n_2、n_3 都已在 S 中，将它从 Q 中删除，算法到此结束。

上述过程产生的矩形 $d=(0,1,3,4)$ 包含了每个结点到起始结点 n_1 的最短距离，而矩阵 $p=(n_1,n_2,n_3)$ 则包含了每个结点到 n_1 的最短路径上它的前一个结点，由 p 可以根据前置点跟踪出每个结点到 n_1 的最短路径，图 5.14(b)以箭头表示了本例中推算出来的到 n_1 的最短路径。

在 Dijkstra 算法中，若将两个结点的距离改成通过这两个结点之间路径所需的时间或费用，则获得的结果将是最快路径或最少费用路径。Dijkstra 算法适用于起点和终点都是网络结点的情况，如果起点和终点位于网络路径上，但它们不是结点，就需要将它们所在的路径在起点和终点处分割开来，使起点和终点成为网络结点，然后重建拓扑结构，这样才能应用 Dijkstra 算法。在 ArcView 3.3 的网络分析(Network Analyst)模块中能执行这一算法，可用于描述从一地到另一地(如某一居民住址到一所学校沿街的)最短路径或一种资源的最佳分配等。

现代 GIS 的网络分析功能还可输出从起点到终点沿最短路径前进的方向、经过的街道名称和距离等方面的信息。

除了寻找起点到终点的最短路径以外，GIS 一般还提供另外两种类型的最短路径分析功能。一种是寻找最近设施(Nearest Facility)，即从分布于网络中的提供某种服务的一系列设施或服务中心中，寻找最靠近一个给定地点的服务设施或中心。例如，寻找距离某一居住区的最近的医疗诊所等。另一种是路径规划(Routing Planning)，指给定全程所需访问或停靠的地点，制定访问这些地点的顺序和最短路径。

例如，以福州市区为例，需要为游客提供从乌山历史风貌区到闽江公园的最佳旅游路线，利用 Dijkstra 算法构建最佳路径模型，可假设：

(1) 公交车已经覆盖福州市区的任何一条道路，其和自行车在任何一条道路上都可以通行；

(2) 不考虑道路拥堵的情况，不考虑路口存在红绿灯；

(3) 不考虑道路存在高架桥,道路可以双向通行。

再分别以时间为权重,或以道路长度为权重,或以时间和道路长度两者为权重算出三条最佳路径(图 5.15)。最后考虑计算以不同的旅游路线从乌山历史风貌区到闽江公园所需要的成本,给游客方便出行提供参考。

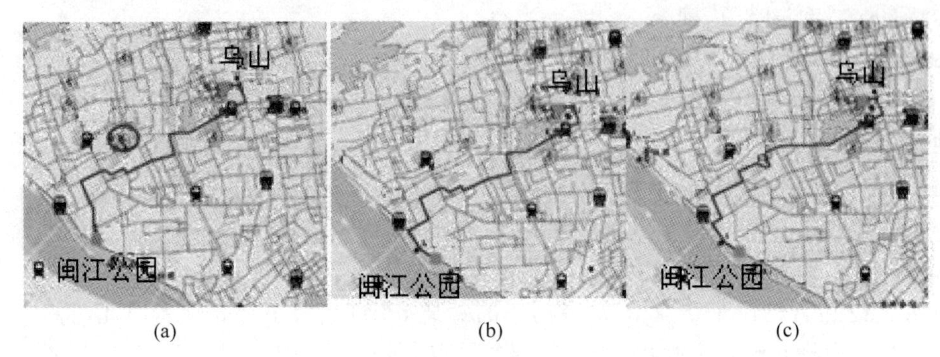

图 5.15 某区域基于模型的三条最佳路径显示
(a) 路径 1;(b) 路径 2;(c) 路径 3

2. 服务范围分析

服务范围分析功能是用于寻找或确定围绕任何一个位于网络中的服务设施的服务范围(Service Area)。这里的服务设施可以是商店、学校、派出所、救护站、消防站等,服务范围是指从一个服务设施在一定的时间或距离内所能到达的区域。服务范围分析的结果可以用来衡量某类服务实施在网络中的分布的有效性和合理性,如确定某个城市现有的消防站在两分钟之内所到达的区域。若用 ArcView 或 ArcGIS 中的网络分析模块可计算和输出围绕三个购物中心的 1km 服务范围,若将这些服务范围与居民住宅区及其居住人口数据叠置起来,可以统计出这三个购物中心在 1km 范围内可服务的人口总数。

服务范围分析的算法相对比较简单,其中一种算法称为宽度优先搜索法(Breadth First Search)。给定一个服务设施所在的网络结点以及一定的距离或时间界限(即搜索范围),这种算法以该服务设施为起始结点,首先找出与它相连接的所有结点,对于这些相邻结点中每一个位于搜索范围内的结点,寻找与它们相连接的结点,判断那些结点是否位于搜索范围内。如此下去,直到不再存在任何一个结点,其相连结点位于搜索范围内。根据此算法搜索到的所有位于搜索范围内的结点,由它们之间的路径构成的网格所覆盖的区域即为服务范围。图 5.16 是设置响应时间和服务范围的网络分析图示(具体基于软件实现操作见《地理信息系统导论实验指导(第 3 版)》)。

上述算法如考虑服务设施的供应量(如一所小学所能招收的一年级学生的数量)和每节路径的需求量(如每个街道现有的小学适学儿童数量),则可以用于划分服务设施的资源分配范围。在这种情况下,搜索范围根据供应量定义,算法将在需求量快要超过供应量时停止结点的搜索。现有的 GIS 软件所提供的服务范围分析功能虽在网络数据模型、功能大小、运算效率、应用范围上都有较大的不同,但一般都可利用网络数据结构中所定义的网络特征数据进行计算。例如,对于道路网,网络的特征数据可以包括路段的长度、限速、规定的行驶方向、转弯方向、转弯阻强等,这些特征数据对于最短路径的计算、服务范围的划分都有很大

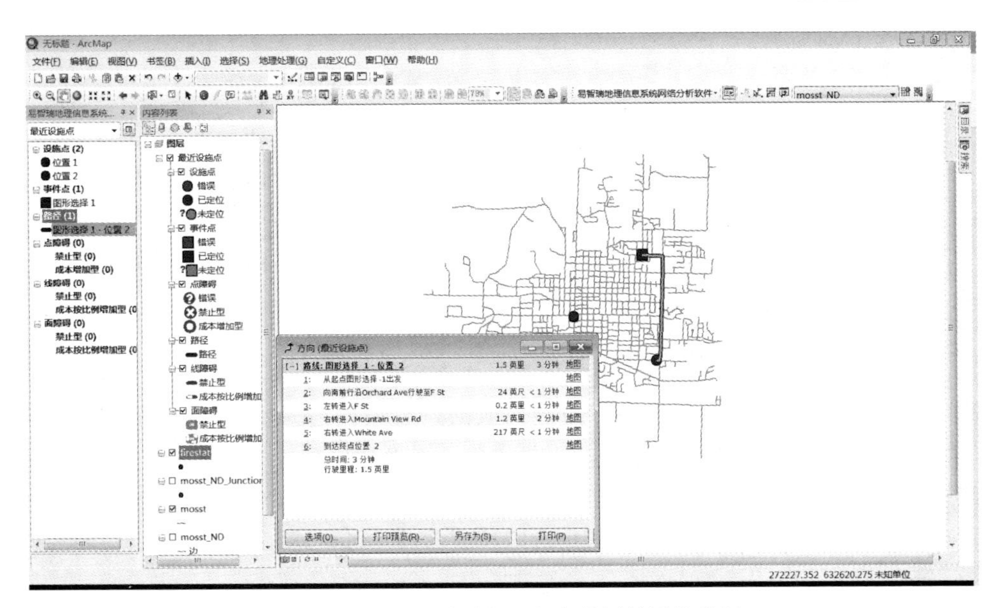

图 5.16 设置响应时间和服务范围的网络分析

的影响。通过运用网络的特征数据进行网络分析,可以更加真实地描述和模拟网络中物质、能量或信息的流动,为规划和决策提供可靠的数据资源。

值得注意的是,在矢量数据的网络分析中,一方面,由于矢量数据本身结构和矢量网络分析所基于的图论知识的限制(如图论概念众多、结构复杂、方法多、组织形式多、变化多、地学数据量大、精度要求相对苛刻、数据组织和输入的困难)会影响深入应用;另一方面,在基于矢量数据进行大型网络分析时,由于矢量数据基于的是点、线、面,分析计算复杂,其算法效率问题更显著。虽然各种局部的改良方法很多,但这些方法的共同弱点是连接的拓扑关系的数据以及相应的几何数据(距离)是运算的必要数据,因而在庞大网络经常性地动态变化时(如故障和维修引起的中断,线路和权重改变等),维护和更新这些拓扑数据、几何数据是十分困难的,并且这些变化将引起结构的整体变化。目前,人们对于如何有效进行 GIS 矢量网络分析还在不断探索。

5.2.5 矢量地形分析

地形分析是对地形环境认知的一种重要手段,GIS 地形分析(也称“GIS 表面分析”)与数据结构关系密切。不同的数据结构对应不同的模型。不同的模型(如等高线、TIN、DEM 等)对地面真实地形的模拟状况是不同的。在矢量 GIS 中,面对复杂地形分析多以 TIN 为基础(见第 3 章),提取基本地形要素,包括坡度、坡向、地面点高程、地势剖面、通视情况等。

1. 基于矢量 GIS 的坡度和坡向的计算

坡度是地表单元陡缓的程度,由地表单元上两点之间的垂直距离(v_d)和水平距离(h_d)计算,可以度数或百分比表示,如图 5.17 所示。坡向为地表单元的朝向,定义为地表单元法线(与地表单元表面相垂直的线)在平面上的投影与正北方向的夹角,自正北(0°)起按顺时针方向计算,如图 5.18 所示。在 GIS 分析中,通常将坡向划分为四个方向:东(E)、西(W)、南(S)、北(N),或八个方向:东、东南(SE)、东北(NE)、西、西南(SW)、西北(NW)、南、北。

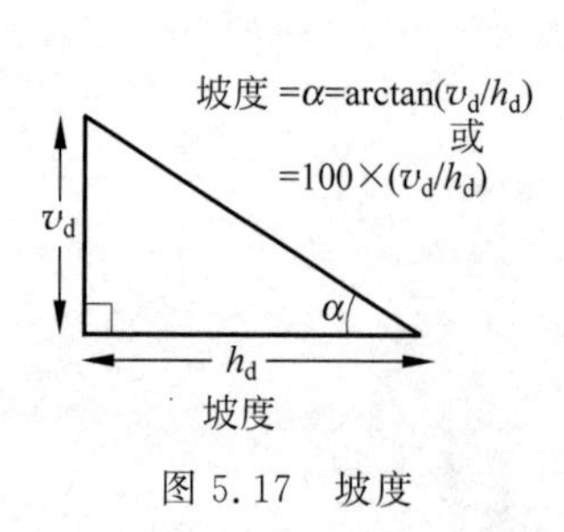

图 5.17 坡度

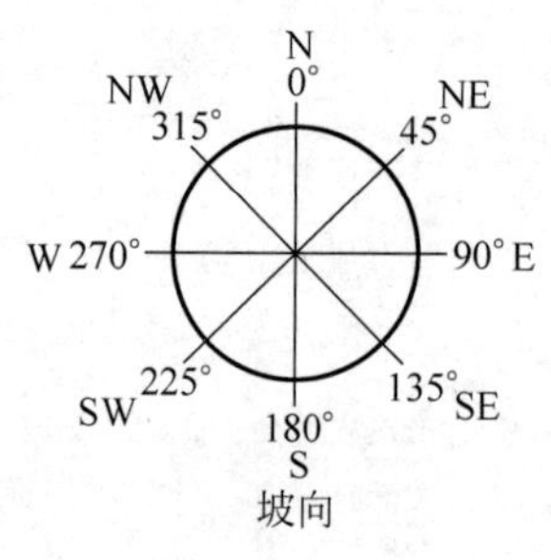

图 5.18 坡向

TIN 是由不规则的、互不重叠的三角形构成的连续表面，每个三角形代表一个地形单元，三角形的顶点为高程数据点，每个点具有一个三维坐标(x,y,z)、(x,y)为点在某一坐标系统中的平面坐标，z 为其高程。设一个三角形的三个顶点分别为 $A(x_1,y_1,z_1)$、$B(x_2,y_2,z_2)$和 $C(x_3,y_3,z_3)$，则该三角形的坡度 $S(\%)$可由式(5.3)计算。

$$S=\sqrt{d_x^2+d_y^2}/d_z \tag{5.3}$$

其中令：

$$d_x=(y_2-y_1)(z_3-z_1)-(y_3-y_1)(z_2-z_1)$$
$$d_y=(z_2-z_1)(x_3-x_1)-(z_3-z_1)(x_2-x_1)$$
$$d_z=(x_2-x_1)(y_3-y_1)-(x_3-x_1)(y_2-y_1)$$

则地表坡度 $D(°)$可由式(5.4)计算

$$D=\arctan\left(\frac{d_y}{d_x}\right) \tag{5.4}$$

根据推算坡向的规则可计算出该三角形的坡向。

2. 等高线和地形剖面的绘制

等高线(Contour)是地面上高程相等的点连接起来所形成的闭合曲线，是地形图上表示地形特征的主要手段。一条等高线反映的是某一高度的地形平面轮廓，而一组等高线则以其疏密变化反映地形坡度的变化。等高线密度越密集的地方，其地面坡度越陡；越稀疏的地方，地面坡度越缓。相邻两等高线的高差称为等高距。传统的地形分析是通过等高线的阅读和手工测量，在当今的 GIS 时代，运用等高线手工测量、计算地形要素已不多见，但在许多情况下，等高线仍然是一种有效手段。根据 TIN(或 DEM)，GIS 可以自动跟踪和描绘等高线。

在 TIN 中，假设沿着每个三角形的边高程是连续变化的，那么运用 TIN 绘制等高线的方法可简单地描述如下：

给定某一高程 h，检查每个三角形的边，根据三角形边两个端点的高程判断高程 h 的等高线是否穿过它们。如果等高线穿过三角形的边，那么就使用线性插值的方法确定这条等高线在该三角形边上的位置。设一个三角形边的两端顶点坐标为(x_1,y_1,z_1)和(x_2,y_2,z_2)，穿过该边的高程 h 的等高线在其上的位置为(x,y,h)，则

$$x=x_1+(x_2-x_1)\frac{h-z_1}{z_2-z_1},\quad y=y_1+(y_2-y_1)\frac{h-z_1}{z_2-z_1} \tag{5.5}$$

在确定了该等高线在所有其穿过的三角形边上的位置以后，将这些位置连接起来即构成了这根等高线，如图 5.19 所示。起初的等高线是以直线段相连的，运用 GIS 线段光滑技术可将它转变成光滑的曲线。

就像传统的利用等高线绘制地势剖面图一样，GIS 可以根据 TIN 和 DEM 绘制地势剖面图。地势剖面图以曲线表示出某一方向线上地势的起伏和坡度的陡缓。GIS 根据 TIN 绘制的地势剖面图的方法如下。

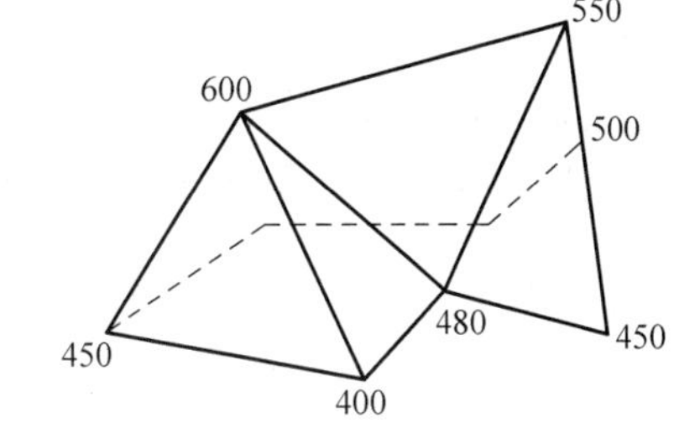

图 5.19　根据 TIN 内插 500m 等高线

（1）在表示地势的 TIN 上做一条方向线。

（2）计算方向线与每个三角形边的交点，记录每个交点在方向线上的平面位置，然后利用线性内插的方法，根据相交三角形边两端顶点的坐标和高程计算出交点的高程。

（3）选择合适的垂直比例尺以决定剖面的高度。

（4）做与方向线等长的水平线，以此为 x 轴，以高程为 y 轴建立平面直角坐标系。

以第(2)步计算出的交点在方向线上的位置为 x，高程乘以垂直比例尺的积为 y，绘出每个交点，再将它们连接成一条曲线，完成由 TIN 绘制而成的地势剖面图。

由 TIN 可生成 DEM。图 5.20 为闽西根溪河流域地势剖面示意。

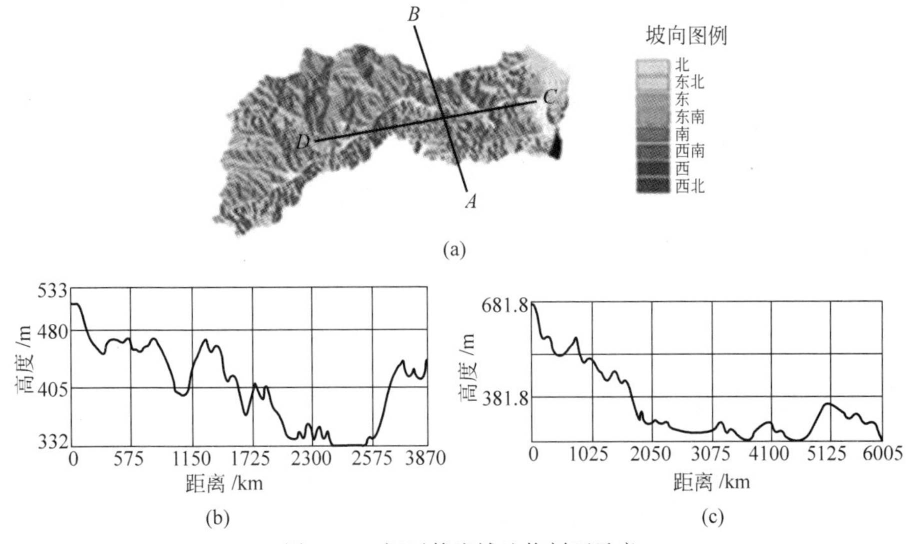

图 5.20　闽西某流域地势剖面示意

（a）剖面线；（b）AB 剖面；（c）CD 剖面

有关坡度、坡向及地形剖面提取具体操作参见《地理信息系统导论实验指导(第 3 版)》，并完成实验项目 4 操作。

3. 通视情况分析

根据 TIN 模型进行视线运算和视域分析，可视区表述一般通过计算地形中单个的三角形面元可视的部分来实现，如用“光线追溯法”(Ray Tracing)，这种方法首先以方向线或视线将观察点与目标点相连,从目标点向观察点回溯,或从观察点向目标点搜索,只要发现沿方向线有一地面点高出同一点位的方向线,就说明这一点的地形挡住了目标点,即观察点与目标点是不相通视的。

如图 5.21 所示,设观察点与目标之间有一地面点 p,p 的高程为 H_p,然而在同一点方向线的高度为 H_r,$H_p>H_r$,p 高出了方向线,因此,从观察点看不到目标点。若已知目标点到观察点的水平距离为 D,p 到观察点的距离为 D_p,则 H_r 可通过计算如下:

$$H_r = H_0 - (H_0 - H_t)\frac{D_p}{D} \tag{5.6}$$

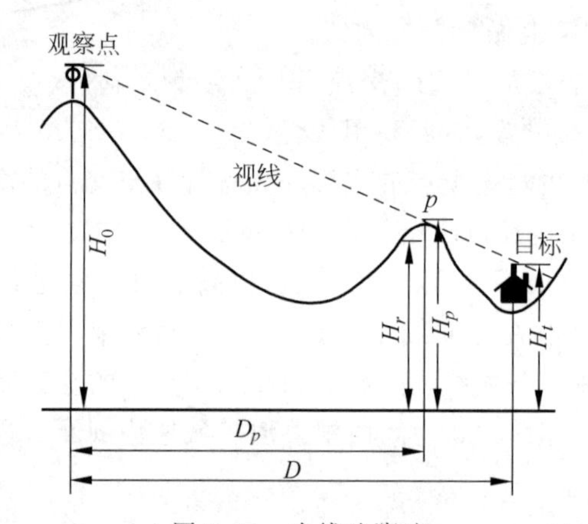

图 5.21 光线追溯法

在以 TIN 判断两点间通视情况时,在两点之间做一视线,计算视线与每个三角形边的交点,并内插出交点的高程,如果一个交点的高程大于 H_r,那么这两点是不相通视的。在使用 TIN 进行视域分析中,为了计算上的简便,往往是将研究区域划分成具有一定网格大小的格网,以每个格网作为目标,根据上述方法从给定的观察点出发,判断观察点到每个网格的通视情况,并将网格分成两类:可见区和不可见区,最后以栅格数据形式输出视域分析结果。

5.2.6 矢量邻域分析

从给定位置的某现象的"值"去推算给定邻域相关变量的值,这在 GIS 中通常归结为"空间插值(或逼近)",属于邻域分析或趋势分析,在实际中应用较广。例如,根据气象站观测点雨量、气温、湿度等气象数据,估算区域内其他各个地点的雨量、气温或湿度等值;根据从某一田块不同地点获取的土壤样本测取的土壤 pH,估算田块其他地点的土壤 pH 等。

1. 趋势面分析

趋势面分析(Trend Surface Analysis)是以数学模型来拟合观测点数据、建立光滑数学曲面的方法。这种数学曲面称为趋势面,根据趋势面可以估算出未知点的值。最常用的建立趋势面的数学方法是使用多项式函数(Polynomial Function)。根据多项式的次数可以将趋势面划分为一次趋势面、二次趋势面、三次趋势面等。

一次趋势面以一个在空间上倾斜的平面来拟合观测点数据,其数学模型可表达为:

$$z = b_0 + b_1 x + b_2 y \tag{5.7}$$

式(5.7)中(x, y)为某一点的平面直角坐标，z 为某一类地理实体在该点的属性值，b_0、b_1、b_2 为多项式系数。当某一类地理实体的数值由一个方向向另一个方向递增或递减时，一次趋势面可以很好地逼近观测点数据。然而，在现实世界中，很少有地理变量值是随着地点呈线性变化的，常常需要使用高于一次的多项式拟合。二次趋势面以二次多项式拟合，适合于当某一类地理实体的数值在空间上呈抛物面时使用，其数学公式为

$$z = b_0 + b_1 x + b_2 y + b_3 x^2 + b_4 xy + b_5 y^2 \tag{5.8}$$

通过增加趋势面次数，可以用更加复杂的曲面来拟合观测点数据，一个 p 次趋势面可以写成通式

$$z = \sum_{r+s \leqslant p} (b_{rs} x^r y^s) \tag{5.9}$$

多项式模型有$(p+1)(p+2)/2$ 个系数，$\{b_{rs} \mid r=0,1,\cdots,p;\ s=0,1,\cdots,p;\ r+s \leqslant p\}$。求解 b_{rs} 是多元回归中的一个标准问题，常采用最小二乘法原理。假设有 n 个观测点数据$\{z_i \mid i=1,2,\cdots,n\}$，在点$(x_i, y_i)$处的数值为理论值，记为 $\hat{z}_i$，令

$$Q = \sum_{i=1} (z_i - \hat{z}_i)^2 \tag{5.10}$$

为了使趋势面能很好地拟合观测点数据，必须使 Q 趋于最小，然后建立多元线性方程，对每个 b_{rs} 求偏导，令这些偏导数等于 0，得到正规方程组，通过解正规方程组即可求得每个 b_{rs}，再将它们代入趋势面方程公式 z 即可。用它求解区域内任意一点的数值，从而达到空间插值的目的。

在 GIS 中，趋势面通常以栅格数据输出，每个网格值都由趋势面方程计算。根据输出的栅格数据可以追踪出等值线，因此，趋势面可以用栅格图层或等值线表示。

在图 5.22 中，以降水量值的空间插值为例，给出趋势面分析。趋势面的拟合程度可用统计分析中的 F 分布进行检验。

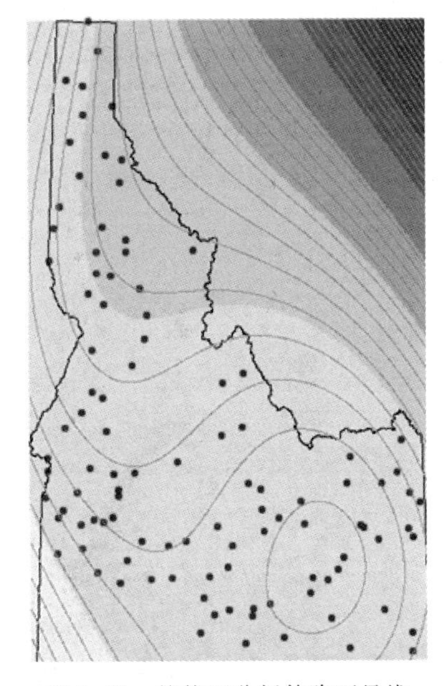

图 5.22 趋势面分析等降雨量线

2. 按距离加权法(距离倒数权重法)

按距离加权法(Inverse Distance Weighting，IDW)假设某一未知点的数值是其一定大小的邻域内所有观测点数据的按距离加权平均。设待计算点的值为 z_0，s 为与其最邻近的或在其邻域中的、将用于插值的观测点数目，这些观测点的值分别为 $z_1, z_2, \cdots, z_s$，它们到待计算点的距离分别为 $d_1, d_2, \cdots, d_s$，以式(5.11)表示。

$$z_0 = \frac{\sum_{i=1}^{s} z_i / d_i^r}{\sum_{i=1}^{s} 1/d_i^r} \tag{5.11}$$

式中,r 为幂方。当 $r=1$ 时,式(5.11)为线性插值(Linear Interpolation),随着 r 的增大,距离对 z_0 的影响也相应地增大。按距离加权插值法通常也以栅格数据输出,并可由此产生等值线用于结果的表示。图 5.23 是利用有限站点的数据,使用按距离加权法内插生成的福建平均气温趋势图。

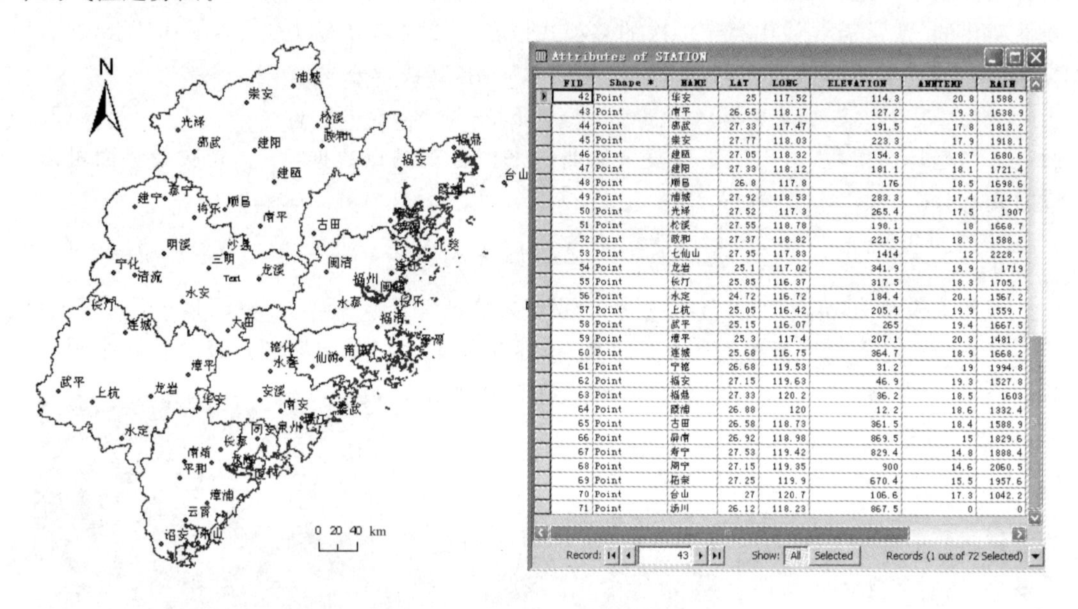

Attributes of STATION

FID	Shape *	NAME	LAT	LONG	ELEVATION	ANNTEMP	RAIN
42	Point	华安	25	117.52	114.3	20.8	1588.9
43	Point	南平	26.65	118.17	127.2	19.3	1638.9
44	Point	邵武	27.33	117.47	191.5	17.8	1813.2
45	Point	崇安	27.77	118.03	223.3	17.9	1918.1
46	Point	建瓯	27.05	118.32	154.3	18.7	1680.6
47	Point	建阳	27.33	118.12	181.1	18.1	1721.4
48	Point	顺昌	26.8	117.8	176	18.5	1698.6
49	Point	浦城	27.92	118.53	283.3	17.4	1712.1
50	Point	光泽	27.52	117.3	265.4	17.5	1907
51	Point	松溪	27.55	118.78	198.1	18	1668.7
52	Point	政和	27.37	118.82	221.5	18.3	1588.5
53	Point	七仙山	27.95	117.83	1414	12	2228.7
54	Point	龙岩	25.1	117.02	341.9	19.9	1719
55	Point	长汀	25.85	116.37	317.5	18.3	1705.1
56	Point	永定	24.72	116.72	184.4	20.1	1567.2
57	Point	上杭	25.05	116.42	205.4	19.9	1559.7
58	Point	武平	25.15	116.07	265	19.4	1667.5
59	Point	漳平	25.3	117.4	207.1	20.3	1481.3
60	Point	连城	25.68	116.75	364.7	18.9	1668.2
61	Point	宁德	26.68	119.53	31.2	19	1994.8
62	Point	福安	27.15	119.63	46.9	19.3	1527.8
63	Point	福鼎	27.33	120.2	36.2	18.5	1603
64	Point	霞浦	26.88	120	12.2	18.6	1332.4
65	Point	古田	26.58	118.73	361.5	18.4	1588.9
66	Point	屏南	26.92	118.98	869.5	15	1829.6
67	Point	寿宁	27.53	119.42	829.4	14.8	1888.4
68	Point	周宁	27.15	119.35	900	14.6	2060.5
69	Point	柘荣	27.25	119.9	670.4	15.5	1957.6
70	Point	台山	27	120.7	106.6	17.3	1042.2
71	Point	汤川	26.12	118.23	867.5	0	0

Record: 43 Show: All Selected Records (1 out of 72 Selected)

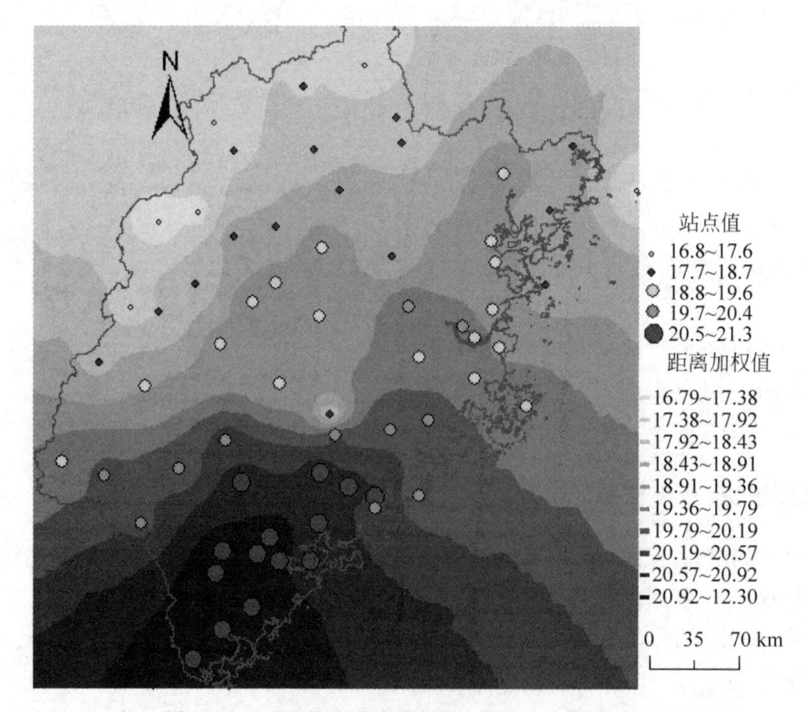

图 5.23 基于按距离加权法生成的福建省平均气温趋势

由于“按距离加权插值法”计算较简单,在估值方面应用较多,但要注意以下几个问题。

(1) 插值结果受 r 值的影响很大。若根据不同 r 值估算的同一未知点的值会有很大的差别。

(2) 由于当任何一个 $d_i=0(1\leqslant i\leqslant s)$ 时，式(5.11)无意义，因此，在内插一点时，如果该点与某一已知观测点同点，必须以同点的观测点数作为该点的输出值，否则可能导致输出数据在这一点上的不连续。

(3) 按距离加权插值的结果一般都会产生许多围绕某些观测点的封闭等值线，像坐落在丘陵地带的一个个圆形小山包或圆形洼地。由于公式使用的距离都为正值，插值结果必然在观测点数据极值范围内，既不可能大于观测点数据的最大值，也不可能小于观测点数据的最小值。因此，如果已知的观测点数据中不包含某个局部地区的峰值时，在出现峰值的地方获得的内插值将会低于附近周围其他点的值，从而在输出的结果中，应该表示为山峰的地方却被表示为一块低洼盆地，如图5.23所示。因此，用户应认真评价使用该方法产生的插值结果，以避免做出不合理的判断。目前尚无数学方法用于检验这种插值方法的效果。

3. 样条函数法

样条函数(Spline)是模仿手工样条经过一系列数据点绘制光滑曲线的数学方法，也可用于根据一系列观测点内插出一个光滑曲面表示连续分布的面状实体。在GIS软件中，常用曲面内插的样条函数为薄板样条(Thin-Plate Spline)。薄板样条以一个最小曲率的光滑曲面拟合观测点数据，即曲面各处的梯度变化达到最小。薄板样条函数的数学表达见式(5.12)。

$$z_0=\sum_{i=1}^{n}A_i d_i^2 \log d_i + a + bx + cy \tag{5.12}$$

式中，z_0 为待计算点的值，(x,y) 为待计算点的平面坐标，n 为用于计算 z_0 的一个局部区域内观测点数目，d_i 为待计算点到第 i 个观测点之间的距离，A_i、a、b 和 c 为待定系数，它们可以通过求解下面 $n+3$ 个线性方程组获得

$$\sum_{i=1}^{n}A_i d_{1,i}^2 \log d_{1,i} + a + bx + cy = z_1$$

$$\sum_{i=1}^{n}A_i d_{2,i}^2 \log d_{2,i} + a + bx + cy = z_2$$

$$\cdots$$

$$\sum_{i=1}^{n}A_i d_{n,i}^2 \log d_{n,i} + a + bx + cy = z_n$$

$$\sum_{i=1}^{n}A_i = 0$$

$$\sum_{i=1}^{n}A_i x_i = 0$$

$$\sum_{i=1}^{n}A_i y_i = 0$$

式中，$d_{j,i}$ 表示第 j 个观测点到第 i 个观测点的距离，$z_1,z_2,\cdots,z_n$ 为 n 个观测点的已知值，公式中 log 表示 ln、lg、$\log_2$ 三种情况均适用。

薄板样条函数的主要问题是在数据点或观测点稀少的地区会产生很大的梯度变化。为了纠正这一问题，人们已提出几种改进的样条函数，包括规则化样条函数（Regularized Spline）和张力薄板样条函数（Thinplate Spline with Tension）。图 5.24 显示的是由规则化样条函数内插出来的气温。由样条函数产生的等值线显得非常平滑。样条函数比较适合于呈连续、平滑曲面状分布的面状实体，如地势、雨量等。在某些情况下，则可能会产生不切合实际的平滑效果。

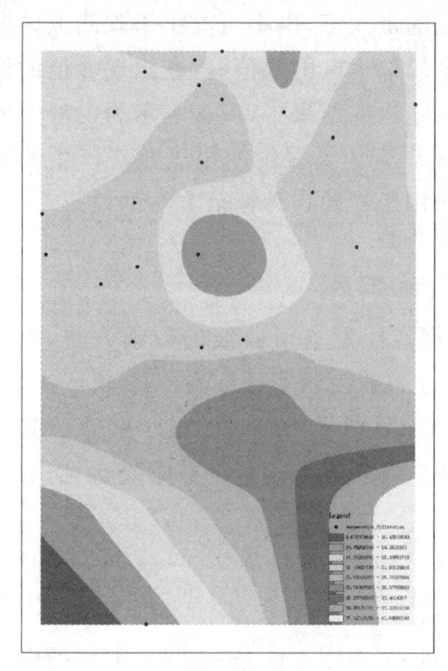

图 5.24　使用规则化样条函数内插的气温值

4. 克里金法

克里金法（Kriging）是根据该方法的创始人，南非采矿工程师 Danie Krige 命名的，是一种用于空间插值的地统计方法（Geostatistical Method）。克里金法使用区域化变量（Regionalized Variable）的概念，这种变量的值随着地点而变化，具有一定的连续性，但不能以一个单一的平滑数学方程来模拟，许多地形表面、土壤质量的区域变化等都具有这种特性。这类现象的空间变化既不是随机的，也不是确定的，而是由三个部分组成：①变化的总体趋势（Drift），即现象成连续面状分布的总体结构。②空间自相关（Spatial Autocorrelation）变化，即偏离总体变化趋势的一些小的变化，这些变化虽然是随机的，但在空间上是相互关联的。例如，在地形表面出现的一些小峰谷，它们的高程与周围地点的高程是呈连续变化的，即相关的。③随机误差或随机噪声（Random Noise），它们既与总体变化趋势无关，又没有空间上的相互关系。例如，地面上突然出现的巨大砾石。克里金法对区域化变量的这三个成分分别采用不同的方法进行模拟和估算。总体趋势以模拟变量区域性变化的数学方程表达和计算，如趋势面方程；空间自相关变化和随机噪声通过使用称为半方差图（Semivariogram）的统计方法估算。

半方差（Semivariance）是衡量观测点或样本点数据之间空间依赖性的一个统计量，它的大小取决于观测点之间的距离。观测点数据在距离为 h 的半方差 $r(h)$ 定义为所有相距 h 距离的观测点数据的方差除以 2，可用数学公式表达：

$$r(h)=\frac{1}{2n}\sum_{i=1}^{n}[z(x_i)-z(x_i+h)]^2 \tag{5.13}$$

式中，h 为观测点之间的距离，n 为相距 h 距离的观测点的个数，$z(x_i)$ 为观测点 x_i 的数据值，$z(x_i+h)$ 为与观测点 x_i 相距 h 距离的另一观测点的数据值。半方差应随着距离的增大而增大。利用此曲线可以估算任何距离的半方差。利用这条拟合曲线可以模拟区域变量的自相关变化。

半方差图中的拟合曲线通常采用以下五种数学曲线模型之一：球形曲线模型（Spherical）、圆环曲线模型（Circular）、指数模型（Exponential）、高斯模型（Gaussian）和线性模型（Linear）。

当 h 很小时，半方差很小，这说明两个距离很近的点，它们的值很相近，因此它们在空间上高度相关。随着 h 的增大，半方差迅速增大，即数据点之间值的差异快速增大，相应的，它们之间的空间相关性迅速减小。当 h 增大到一个临界值时，半方差开始趋于平稳，也即当 h 超过这个临界值时，随着 h 的继续增大，半方差变化很小，拟合曲线几乎近乎水平，这表明两点之间的距离超过 h 临界值以后它们互不相关，它们之间的值没有任何联系。h 的这一临界值称为相关范围（Range），以 a 表示，在空间插值中，它可以用于确定待计算点邻域的大小，以选择邻域内所有的与其相关的观测点来估算该点的值。

此外，当 $h=0$ 时，半方差应当为 0，从半方差图可以注意到，拟合曲线与 y 轴有一个交点，即当 $h=0$ 时，根据拟合曲线估算的半方差是一个正值，并非 0。这个半方差值为残差，是由区域化变量中的随机噪声引起的不相关方差，称为矿块方差（Nugget Variance），以 c_0 表示。h 等于相关范围时的半方差与矿块方差之差，以 c 表示。

克里金法使用半方差图来估算插值过程中所需要的已知点权重值，以使插值结果的方差达到最小，并运用半方差图估算出插值结果的方差值。根据对区域化变量分布特性的假设不同，克里金法可划分为好几类，GIS 中常用的有两类：普通克里金法和泛克里金法。

1）普通克里金法（Ordinary Kriging）

该方法假设区域化变量值的空间变化没有一定的趋势，观测点数据的半方差可用五种曲线模型之一拟合，待计算点的值 z_0 可按线性加权计算

$$z_0 = \sum_{i=1}^{k} z_i w_i \tag{5.14}$$

式中，z_i 为观测点 i 的值，w_i 为赋予观测点 i 的权重值，k 为待计算点邻域（由相关范围定义）内观测点的个数。w_i 可通过求解下列 $k+1$ 个方程组获得

$$\begin{aligned}
&w_1 r(h_{11}) + w_2 r(h_{12}) + \cdots + w_k r(h_{1k}) + \lambda = r(h_{10}) \\
&w_1 r(h_{21}) + w_2 r(h_{22}) + \cdots + w_k r(h_{2k}) + \lambda = r(h_{20}) \\
&\vdots \\
&w_1 r(h_{k1}) + w_2 r(h_{k2}) + \cdots + w_k r(h_{kk}) + \lambda = r(h_{k0})
\end{aligned}$$

式中，h_{ij} 为点 i 到点 j 之间的距离，待计算点以 0 表示，$r(h_{ij})$ 为点 i 与点 j 之间的半方差，由所选择的半方差拟合曲线模型计算，λ 为拉格朗日乘数（Lagrange Multiplier），引进这个参数的目的在于使插值误差达到最小。克里金法区别于其他空间插值技术的一个重要特点在于它计算每一个内插值的方差，用以检验内插值的可靠性，该方差可用式（5.15）计算。

$$\sigma^2 = \sum_{i=1}^{k} w_i r(h_{i0}) + \lambda \tag{5.15}$$

因此，内插值的标准差为 $s=\sqrt{\sigma^2}$。如果假设差值误差呈正态分布，那么内插值的误差可能在正负两倍标准差范围内的概率为 95%，即在 95% 的概率下，待计算点的实际值是 $z_0 \pm (s \times 2)$。

借助 ArcGIS 9.0 基于普通克里金法生成的福建省平均气温趋势如图 5.25 所示。

2）泛克里金法（Universal Kriging）

该方法假设区域化变量值的空间变化具有一定的趋势，并以一个数学模型如趋势面拟合这一趋势。同时，它也假设观测点之间存在着一定程度的自相关。泛克里金法与普通克

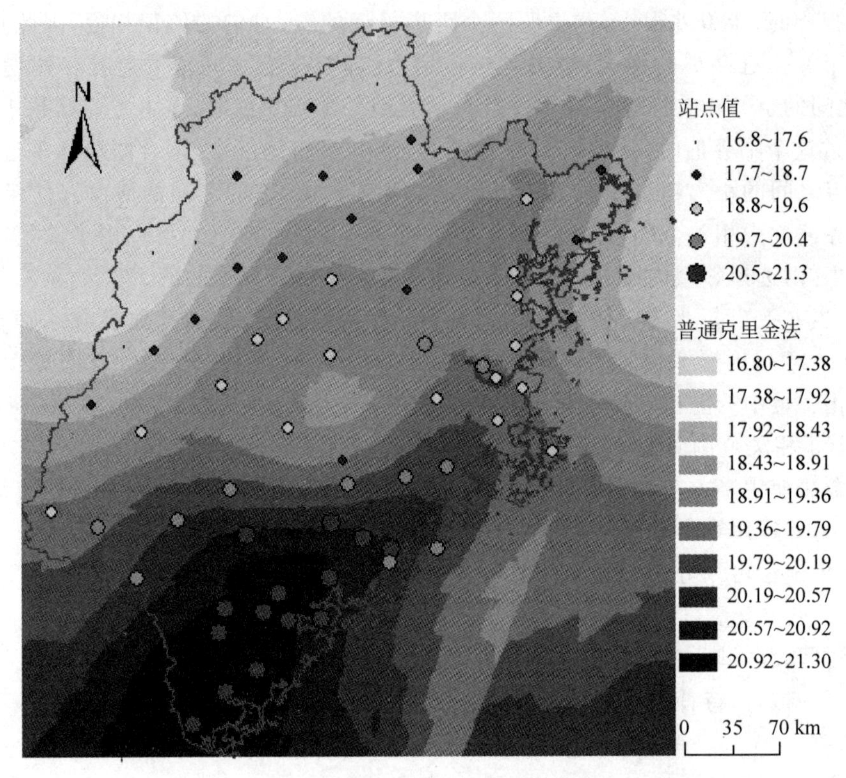

图 5.25 基于普通克里金法生成的福建省平均气温趋势

里金法类似,它仍以式(5.14)内插每个待计算点的值,以式(5.15)计算每个内插值的方差,但在估算权重值 w_i 时考虑了变量变化的总体趋势。例如,若使用一次趋势面拟合变量的变化趋势公式为

$$f(x,y)=ax+by \tag{5.16}$$

则通过求解以下的 $k+3$ 个方程组可得出 w_i 值

$$\begin{gathered}
w_1 r(h_{11})+w_2 r(h_{12})+\cdots+w_k r(h_{1k})+\lambda+ax_1+by_1=r(h_{10}) \\
w_1 r(h_{21})+w_2 r(h_{22})+\cdots+w_k r(h_{2k})+\lambda+ax_2+by_2=r(h_{20}) \\
\vdots \\
w_1 r(h_{k1})+w_2 r(h_{k2})+\cdots+w_k r(h_{kk})+\lambda+ax_k+by_k=r(h_{k0}) \\
w_1+w_2+\cdots+w_k=1 \\
w_1 x_1+w_2 x_2+\cdots+w_k x_k=x_0 \\
w_1 y_1+w_2 y_2+\cdots+w_k y_k=y_0
\end{gathered}$$

式中,k 为邻域内观测点个数,(x_i,y_i)为其中观测点 i 的平面坐标,(x_0,y_0)为待计算点的平面坐标,a 和 b 为一次趋势面的多项式系数。

借助 ArcGIS 9.0 完成的福建平均气温值的两种泛克里金法:一次拟合(Liner with Linear Drift)和二次拟合(Liner with Quadratic Drift)内插,如图 5.26 所示。

除了上述两种常见的克里金插值法以外,还有块克里金法(Block Kriging)、补充克里金法(Co-Kriging)等。块克里金法用于估算一个区域化变量在一个小范围区域内(如一个田块)的平均值,而非某一点的值。补充克里金是在内插某一个变量值的过程中考虑另一个相

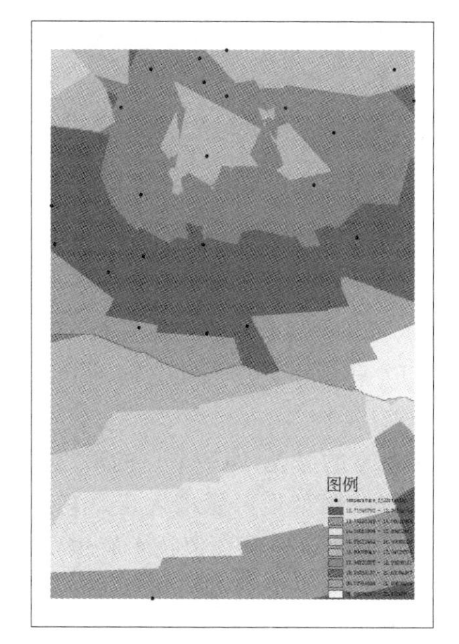

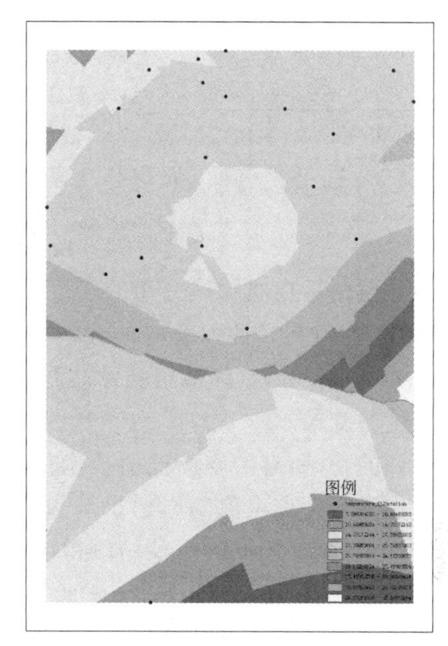

图 5.26 泛克里金法一次拟合和二次拟合的温度值内插图

关变量的值。往往在一个观测点可以获取多种变量值,如果两个变量在空间上是相关的话,有关其中一个变量空间变化方面的信息可以用来帮助内插另一个变量在空间各点的值,或改善对另一个变量的内查结果。例如,使用补充克里金法内插雨量数据时,可以将高程数据考虑进去。

5. 密度估算

密度估算(Density Estimation)是根据点状实体的分布估算它们在一个区域内各地的分布密度。上述的四种空间插值方法用于估算连续性面状实体在每一点的值,而这里的密度估算则针对点状实体。例如,根据人口的点状分布,估算人口密度;根据动物的点状分布,估算动物的密度。密度估算产生一个面,可以栅格数据或等值线的形式输出。

最简单的密度估算方法是将一个格网覆盖在一个点状实体(如人口)分布图上,计算位于每个网格的点数,根据每个点所代表的点状实体的个数(如一个点代表 10 个人)计算每个网格所包含的点状实体的总数,将这个总数除以网格的面积即得一个网格的密度。

密度估算的另一种方法是采用核函数(Kernel Function)计算。核函数 $k(x,y)$ 在一个三维空间的形状类似于一个隆起的圆形沙丘,其底部圆形半径称为带宽。在密度估算过程中,可以假想将核的中心(底部圆心)移到待计算点上,以带宽为搜索半径,寻找核所包含的所有观测点,根据各观测点到待计算点的距离由核函数估算它们对待计算点影响的权重,然后用式(5.17)估算待计算点的密度

$$\rho(x,y)=\frac{1}{nh^2}\sum_{i=1}^{n}m_i k(x_i,y_i) \tag{5.17}$$

式中,(x,y) 为待计算点的坐标,n 为核函数带宽范围内观测点个数,h 为带宽,(x_i,y_i) 为带宽范围内第 i 个观测点的坐标,m_i 为在第 i 个观测点观测到的个体数目。核函数 k 有多种形式,常用的一种为

$$k(x,y)=\frac{3}{\pi}\left(1-\frac{d_i^2}{h^2}\right)^2 \tag{5.18}$$

式中,$d_i=\sqrt{(x-x_i)^2+(y-y_i)^2}$为第 i 个观测点到待计算点的距离。将式(5.18)代入式(5.17),得

$$\rho(x,y)=\frac{3}{nh^2\pi}\sum_{i=1}^{n}m_i\left(1-\frac{d_i^2}{h^2}\right)^2 \tag{5.19}$$

使用上述函数可估算空间物体分布的密度。

在 GIS 中,通过空间插值获取的连续分布数据可以是 TIN、栅格数据模型(Grid)或等高(值)线(Isoline)表示,空间插值技术也可用于 TIN 和栅格数据模型之间的相互转换以及栅格数据精度的变换。

值得强调的是,所有的空间插值技术都有一个基本的假设,即一个点的值受其附近已知点值的影响大于远距离点值的影响。例如,某一地点的雨量很可能接近于离它最近的气象站观测的雨量,与离它较远的气象站测得的数据相差较大。空间插值技术有很多种,在 GIS 中常用的五种是:趋势面分析、按距离加权、样条函数、克里金法和密度估算。但不管使用哪一种方法,通过插值获取的数据都是估算的近似数据,它们与实际值会有一定的差距,任何根据内插数据进行分析的结果都具有某种程度上的不确定性,因此,在使用内插数据时必须认识到数据的局限性。

5.3 基于栅格数据的 GIS 空间分析

栅格数据指的是将空间分割成有规则的网格,在各个网格上给出相应的属性值来表示地理实体的一种数据组织方式。在栅格数据模型中,使用的是一种规则格网来覆盖研究空间,该格网的每个像元值对应于该单元格位置上空间现象的特征。换句话说,地理空间被划分为规则单元或像元,像元的大小则反映数据的分辨率。空间位置由像元的行列号表示,结构简单,计算效率高。可用于栅格数据分析的方法和技术很多,分析能在独立单元格、一组单元格或整个栅格全部单元格的不同层次上进行,而且多是在单元格的数值类型上分析。适于栅格数据表达的空间分析有空间一致性分析、邻近分析、插值分析、叠加分析和影像分析等。目前主要有逐点运算、邻域运算、区域运算和广域运算四大类。栅格数据分析中的数据点、邻域、区域的概念如图 5.27 所示,点表示一个风格;邻域表示一组围绕某一点且邻接的网格;区域表示一组相互邻接且具有相同类型或特性的网格。

点

邻域

区域

1	1	1	4	2	2	2	2
1	1	1	4	2	2	2	2
1	1	1	4	2	2	2	2
1	1	4	4	4	2	2	5
1	1	4	4	4	4	5	5
6	6	4	4	4	5	5	5
6	6	6	6	3	3	5	5
6	6	6	6	3	3	3	3

图 5.27 栅格数据点、邻域、区域的图示

5.3.1 栅格叠加分析

有关叠置分析原理曾在 5.2.3 节中介绍。栅格数据的叠加分析主要是逐点运算和区域运算。

1. 逐点运算

逐点运算的原理是以网格为单位，并逐个网格地进行栅格数据分析，逐点运算输出的网格值为同点输入网格值的函数。逐点运算可分为三种：数据的重新分类(Reclassification)、数值计算(Computation)和逐点叠置分析(Location-Specificoverlay Analysis)。

1）重新分类

重新分类运算是以一个栅格图层为输入，并根据一定的分类规则或逻辑运算规则，将每个网格值重新分类，输出的图层是一个新的栅格图层，即表示每个网格重新分类后的新值。重新分类运算主要应用包括以下几种。

(1) 数据分离：即将某一类型的地理实体从一幅栅格图层中分离出来。通常是将一幅栅格图层转变为网格值为 0 或 1 的新栅格图层，1 表示某类地理实体的存在，0 则表示没有这类实体的存在。例如，只对某一地区森林分布所在地感兴趣，为此，可将一幅以栅格数据模型表示的土地利用图二值化，以 1 表示具有森林分布的网格，0 表示非森林分布的网格，如图 5.28(a)所示。数据分离可以说是栅格 GIS 中数据查询的一种方式。这个例子实际上是回答了“哪里有森林分布”的问题。

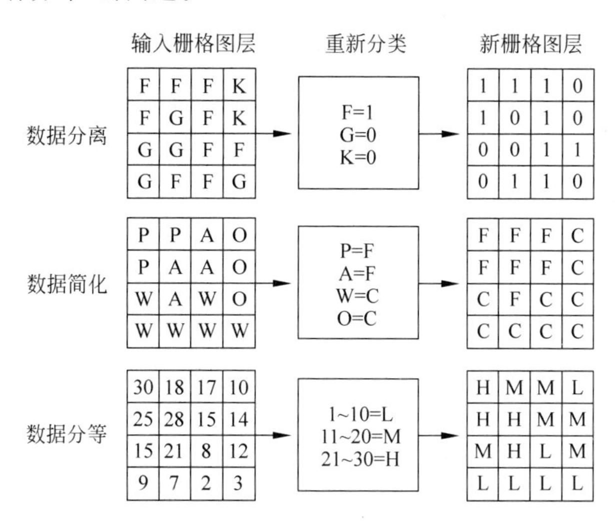

F: 森林；G:草地；K:湖泊；P:松树；A:桉树；W:小麦；C:农作物；O:土豆
土壤肥力指数 L:低；M:中；H:高

图 5.28 重新分类运算图示

(2) 数据简化：即将数据由较详细的分类分级简化为比较概括的分类分级，减少分类分级的数目。例如，将松树林、桉树林合并为森林，小麦、土豆合并为农作物，如图 5.28(b)所示。

(3) 数据分等：即将输入栅格图层中的每个网格值按等级划分，以一幅新的栅格图层输出每个网格的等级值。例如，对一幅表示土壤肥力指标的栅格图层进行重新分类，将土壤肥力指数划分为高、中、低三个等级，输出反映这三个等级土壤肥力的栅格数据，如图 5.28(c)所示。

2）数值计算

数值计算以一个栅格图层为输入，对输入的每个网格值进行一定的数学运算，以一幅新的栅格图层输出运算的结果。GIS 中用于栅格数据逐点数值计算中常用的数学运算见表 5.2。

表 5.2 栅格数据逐点数值计算中常用的数学运算

算术运算	加(＋)、减(－)、乘(×)、除(/)、绝对值(abs)、整数(int)、浮点数(float)
指数、对数运算	乘方(exp)、对数(log)
三角函数	正弦(sin)、余弦(cos)、正切(tan)、反正弦(arcsin)、反余弦(arccos)、反正切(arctan)
幂	平方(sqr)、平方根(sqrt)、幂(pow)

例如，一个输入栅格图层记录以 cm 为单位的月均降雨量，将其每个网格值乘以 10，可以输出一个以 mm 为单位表示月均降雨量的栅格图层，如图 5.29(a)所示。以百分数表示的坡度转换成以度数表示的坡度图的数值计算，如图 5.29(b)所示。

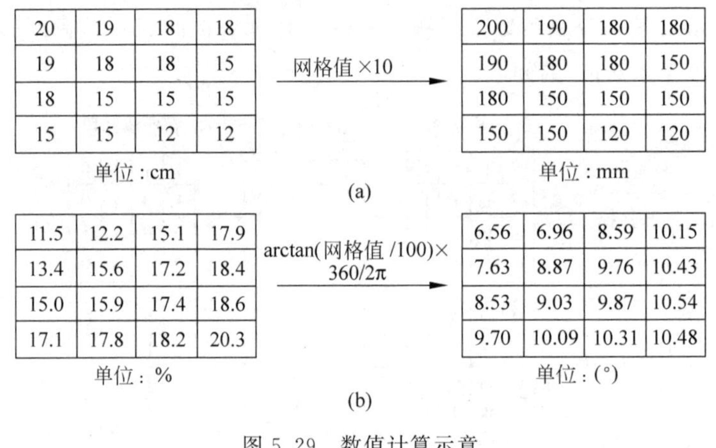

图 5.29 数值计算示意

(a) 月均降水量；(b) 坡度值转换

3）逐点叠置分析

传统的地图叠置分析方法是先将参与分析的地图分别复制到透明片上，然后将这些透明片一层层叠置在透光桌上，通过目视分析各现象之间的联系或空间对应关系，再根据各现象属性之间的不同组合进行分类，勾绘出反映各现象组合特性分类的区域范围，最后，才制作一幅新的地图。可以基于 GIS 模拟上述手工地图叠置分析，并将这一过程自动化。GIS 叠置分析是地理数据综合分析的一种地图分析方法，即将若干同一地区、不同专题的地图在统一的地表定位参照系统下叠置在一起，分析或模拟多种地表现象在空间上的相互联系，或进行某些现象的区域统计分析，主要的操作有"并""交""或"等。

在栅格 GIS 中，逐点叠置分析是对两个或两个以上的输入栅格图层中同一位置(行、列)上的两个或两个以上的网格值进行逻辑、规则、算术或统计分析运算，以一个新的栅格图层直接输出运算的结果，或根据运算的结果对网格进行分类，以新的栅格图层输出分类的结果。GIS 中常用叠置分析的逻辑、规则、算术和统计分析运算见表 5.3。

表 5.3 GIS 中常用于叠置分析的逻辑、规则、算术和统计分析运算

逻辑运算	与(AND)、或(OR)、异或(XOR)
规则运算	如果……那么……(If...Then...)、如果……那么……否则……(If...Then...Else)
算术运算	加(＋)、减(－)、乘(×)、除(/)
统计分析运算	最大值(maximum)、最小值(minimum)、平均值(mean)、极差(range)、标准差(standard)、和(sum)、中数(median)、众数(mode)、多数(majority)、少数(minority)、多样化(diversity 或 variety)

在进行逻辑叠置分析之前，通常是将输入栅格图层重新分类，转换为二值(0 或 1)栅格图层。对于逻辑与(AND)运算，如果两个输入栅格图层的对应网格值都为 1，输出的相应位置上的网格值则为 1；否则，输出的相应位置上的网格值为 0，如图 5.30(a)所示。对于逻辑或(OR)运算，如果两个输入栅格图层的对应网格值至少有一个为 1，输出的相应位置上的网格值则为 1，否则为 0，如图 5.30(b)所示。对于逻辑异或(XOR)运算，如果两个输入栅格图层的对应网格值中，其中一个为 1，另一个为 0，则输出的相应位置上的网格值为 1，否则为 0，如图 5.30(c)所示，图 5.31 是属性叠加分析。

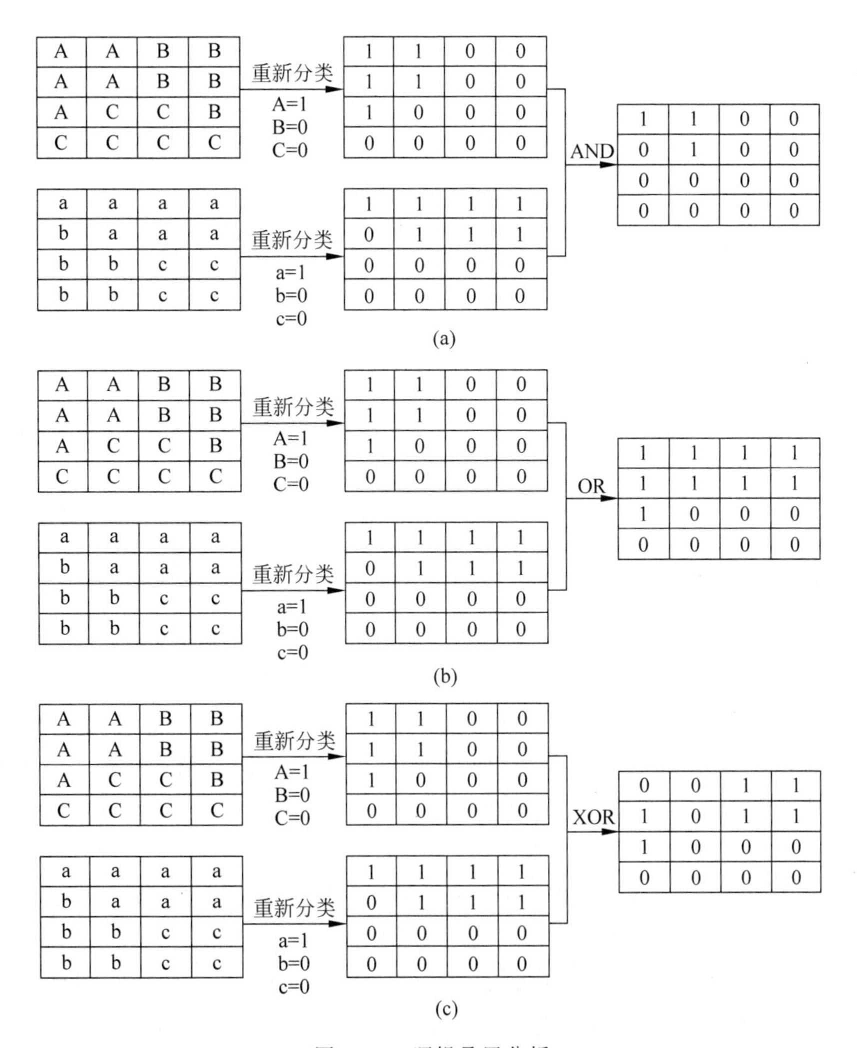

图 5.30 逻辑叠置分析

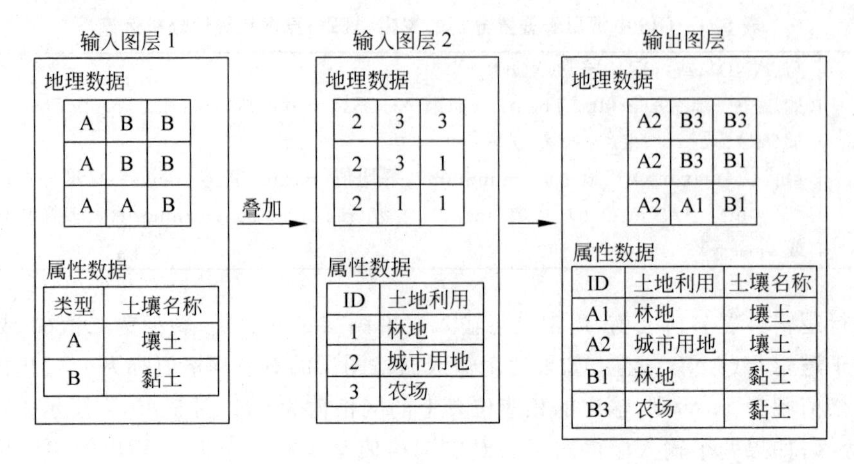

图 5.31 属性叠置分析

规则运算是运用“If(如果)…Then(那么)…”的条件规则,对输入图层中的网格值进行判断,如网格值满足“If”条件,就执行“Then”后面的运算或操作,输出运算、操作的结果。图 5.32 是一个规则叠置分析的例子。

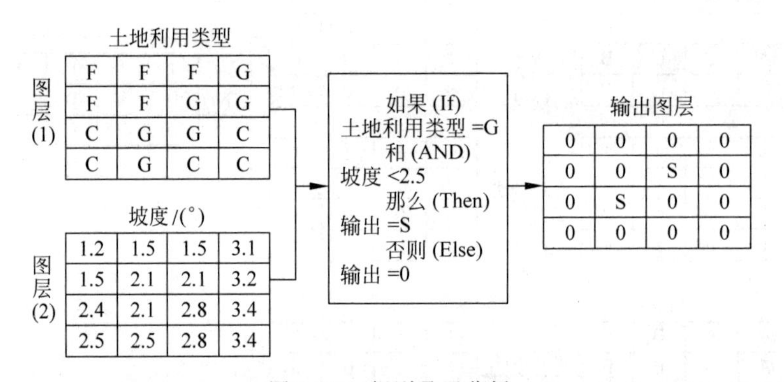

图 5.32 规则叠置分析

栅格数据的逐点叠置分析将栅格图层看作变量,运用地图代数(Map Algebra),可以对栅格图层进行加、减、乘、除、乘方等运算,建立数学模型,模拟地理现象和过程(有关 GIS 应用模型详见第 6 章)。

除了上述叠置分析运算以外,还有一种称为组合(Combine)的算法,它不进行任何数学和逻辑运算,而是以一个唯一值表示输入网格值的不同组合。例如,假设有两个栅格图层输入,其中一个表示 1989 年的土地利用分布,另一个表示 2000 年的土地利用分布,对这两个图层执行组合运算,结果将输出一个新的栅格图层,每个输出网格值为一个表示土地利用变化的唯一代码(图 5.33)。图 5.34 是闽西长汀 2001 年至 2013 年土地利用类型变化(2001a-2005a-2009a-2013a)系列图。

在逐点叠置分析中有两个需要特别注意的问题。第一,若参与叠置分析的栅格图层的网格精度不一致,应当将它们统一到其中最差的网格精度。比如,两个用于叠置分析的栅格图层,一个网格精度为 10m(即网格边长为 10m),另一个为 40m,在将它们叠置在一起之前,应对网格精度为 10m 的图层进行转换,如通过使用空间聚集运算将网格合并(稍后介

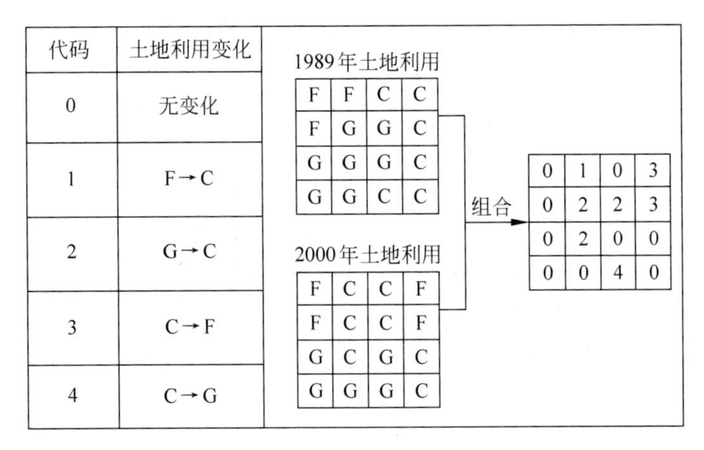

图 5.33 叠加分析中的组合运算

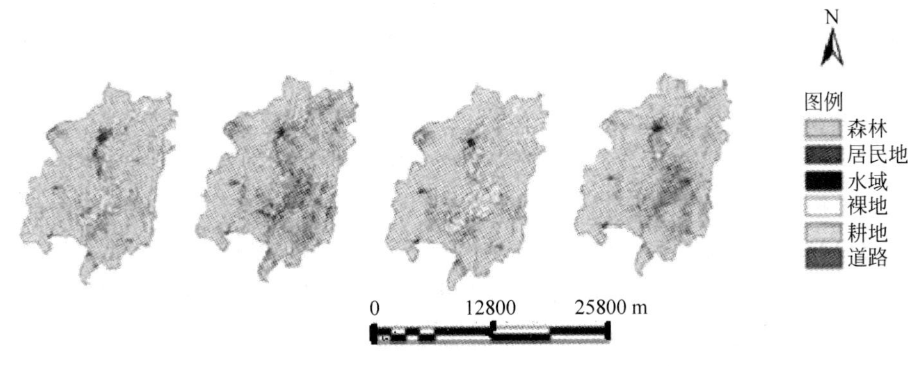

图 5.34 闽西长汀土地利用类型变化系列图

绍),使其网格精度降至40m。第二,在对栅格图层进行某一叠置分析运算时,需要理解每个参与叠置分析的栅格图层中网格值的数据类型,避免产生无意义的结果。例如,一个栅格图层以整数为代码表示土地利用类型(如1表示森林,2表示草地),另一个栅格图层以浮点数表示年均降雨量,对这两个栅格图层进行算术叠置分析是没意义的。

2. 区域运算

一个区域可以是一组相邻接的网格,也可以是由若干相互不相连但具有相同属性值的网格组成。区域运算则是根据输入网格值的类别将全区划分为一系列区域,计算每个区域的几何特征,或根据包含在每个区域内的网格值计算输出网格值。在栅格图层中,一个区域由具有相同特性或属性值的网格组成。例如,全国水稻种植区不连续地分布在全国各地,但它们可定义为同一个区域。区域运算是以区域为单位分析和操作栅格数据,主要有三组:区域单元识别、分区叠加分析和几何量测。

1) 区域单元识别

该运算将同值的相邻接的网格组合成区域单元(相当于矢量模型中的一个多边形),并赋予每个区域单元一个唯一的识别码。如在图5.35中,一个包含三种森林类型的栅格图层经区域单元识别运算后,划分出五个区域单元,并赋予每一个区域单元不同的标识码。尽管松树林和榕树林分布于多处,但它们互不相连,因此,分别以不同的区域单元输出。这一运算主要用于涉及要求对每一个区域单元进行逐一分析的 GIS 应用。

11	11	12	13	13	13
11	11	12	13	13	13
12	11	12	13	13	13
12	12	12	11	13	13
12	12	12	11	11	12
11	11	11	11	11	12

1	1	2	5	5	5
1	1	2	5	5	5
2	1	2	5	5	5
2	2	2	3	5	5
2	2	2	3	3	4
3	3	3	3	3	4

11:松树林; 12:榕树林;
13:桉树林

图 5.35　区域单元识别运算图示

2）分区叠加分析

分区叠加运算是以一个输入栅格图层中定义的区域为单位,对另一个输入栅格图层表示的地理数据进行某种数学或统计计算,表达各区域内某种地理实体分布的数量特征。分区叠加分析与逐点叠加分析在概念上以及在分析应用的目的上是不一样的。逐点叠加分析是对多个输入栅格图层中相同位置上的网格值进行逻辑、规则、算术和统计运算,以建立多种地理实体在空间上的相互联系,或根据多种要素分析、模拟某一现象的过程。分区叠加分析则主要是根据表示在一个输入栅格图层上的区域边界,对位于每一区域范围内的另一输入栅格图层中的网格值逐个区域地进行运算,用于分区或分类统计。例如,将一个表示某省县级行政区划的栅格图层与一个表示该省土地利用分布的栅格图层叠加起来,可以分析每个县区范围内主要的土地利用类型,以及各类土地利用所占的面积和比例。又如,在市场分析中,常将一个表示区级行政界线的栅格图层与表示人口数据的栅格图层叠加起来,统计每个区人口的大小、家庭的平均收入、年龄结构和教育程度等。表 5.2 中列出的统计分析运算都可运用于分区叠加分析。图 5.36 给出了一个分区叠加分析的例子,将森林分布栅格图层

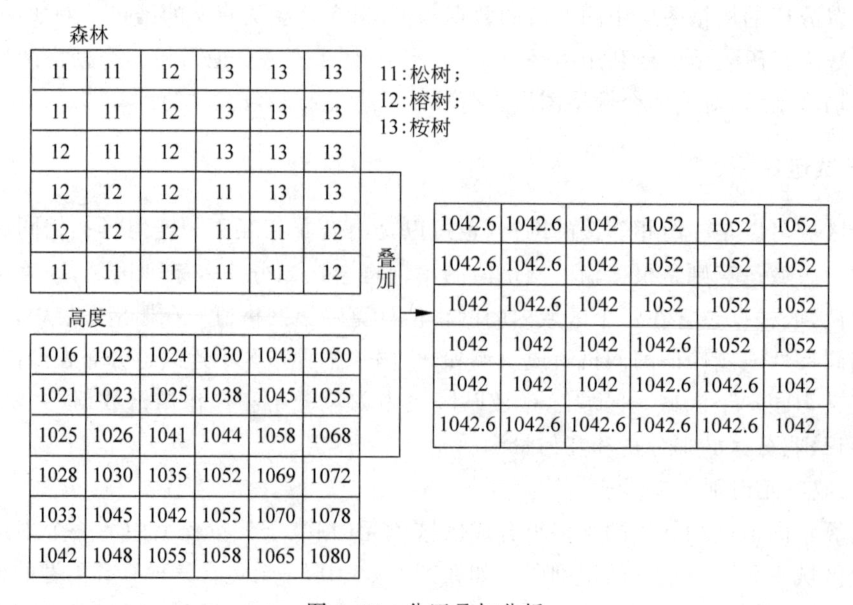

森林

11	11	12	13	13	13
11	11	12	13	13	13
12	11	12	13	13	13
12	12	12	11	13	13
12	12	12	11	11	12
11	11	11	11	11	12

高度

1016	1023	1024	1030	1043	1050
1021	1023	1025	1038	1045	1055
1025	1026	1041	1044	1058	1068
1028	1030	1035	1052	1069	1072
1033	1045	1042	1055	1070	1078
1042	1048	1055	1058	1065	1080

1042.6	1042.6	1042	1052	1052	1052
1042.6	1042.6	1042	1052	1052	1052
1042	1042.6	1042	1052	1052	1052
1042	1042	1042	1042.6	1052	1052
1042	1042	1042	1042.6	1042.6	1042
1042.6	1042.6	1042.6	1042.6	1042.6	1042

图 5.36　分区叠加分析

和高程栅格图层叠加起来，计算每类森林地的平均高程，输出栅格图层中的每个网格值为其所属森林地类型的平均高程值。在一些 GIS 中，分区统计叠加分析并不产生新的栅格图层，只是以图表的形式输出分区统计的结果。如在图 5.37 所示的例子中，将土地利用图层和洪水淹没区图层叠加起来，以土地利用类型为区域单位，统计出各类土地利用受淹的面积，以柱状图输出统计分析的结果。

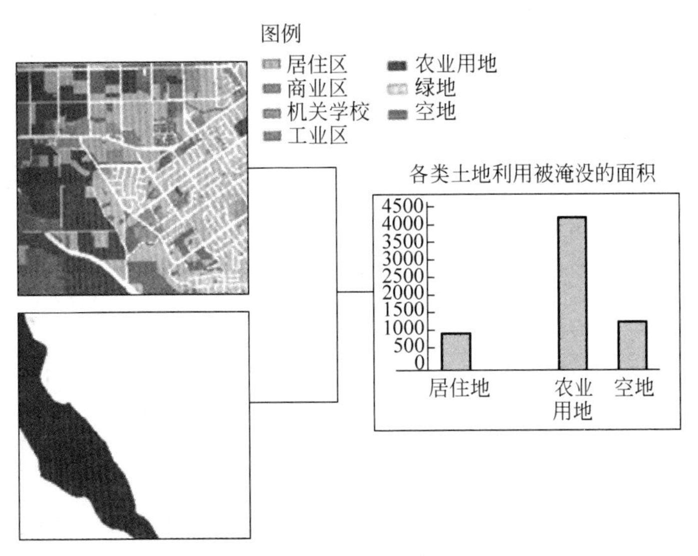

图 5.37 以土地利用类型为区域单元，统计各类型受淹面积

3）几何量测

区域运算中的几何量测主要是区域面积、周长、宽度和形状特征的计算。在一幅栅格图层上，一个区域的面积是位于该区域范围边界内所有网格面积的总和，可由位于区域内网格的总数乘以一个网格的面积计算获得。一个区域的周长等于形成该区域边界的外围网格边的总数乘以一个网格的边长，如图 5.38 所示。如果一个区域由若干个离散分布的区域组成，则它的周长为所有这些区域周长的总和。一个区域的宽度定义为该区域内所能包含的最大圆的半径。一个区域的形状特征通常以其周长和面积的比率作为定量描述。例如，在景观生态学（Landscape Ecology）中，对景观类型的定量表达，常应用区域几何特征来分析。

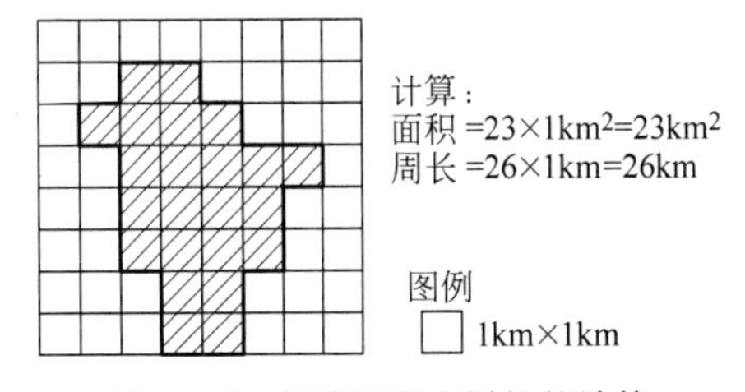

图 5.38 区域面积和周长的计算

相对而言，栅格数据的逐点叠置分析在计算上简单、快速，因此，在涉及许多要素的分析和模拟时，通常使用逐点叠置分析。

值得一提，GIS 中的地图叠置分析技术实现了空间信息综合分析手段的自动化，避免了手工地图叠置分析过程中可能产生的错误和误差，它将分析、制图、统计和计算等几个环节自动地连接起来，这是常规方法所无法实现的。它和地理数据库相结合，还可以将分析结果返回到数据库中，为数据库补充新的数据。可以说叠置分析是 GIS 最常用的分析手段之一。

但同是叠置分析,不同的数据操作方法不同,应注意概念的区分。例如,

(1) 图形叠置(视觉叠置)是将一个被选主题的图形所表示的专题信息放在另一个被选主题的图形所表示的专题信息之上。

(2) 栅格自动叠置:基于网格单元的多边形叠置,是一个简单的过程,因为区域是由网格单元组成的不规则的块,它共享相同的一套数值和相关的标注。毫无疑问,因为网格单元很大,网格单元为基础的多边形叠置缺乏空间准确性,但是类似于简单的点与多边形和线与多边形叠置加的相同部分,由于它的简单性,因此可以获得较高的灵活程度和处理速度。

(3) 拓扑矢量叠置:是指如何决定实体间功能上的关系。如定义由特殊线相连的左右多边形,定义线段间的关系去检查交通流量,或依据个别实体或相关属性搜索已选择实体。它也为叠加多个多边形图层建立了一种方法,从而确保连接每个实体的属性能够被考虑,并且因此使多个属性相结合的合成多边形能够被支持。这种拓扑结果称作最小公共地理单元(LCDU)。

(4) 矢量多边形叠置:点与多边形或线与多边形叠置使用的主要问题是,线并不总是出现在整个区域内。解决该问题的最强有力的办法是让软件测定每组线的交叉点,这就是所谓的结点。进行矢量多边形的叠置,其任务是基本相同的,除了必须计算重叠交叉点外,还要定义与之相联系的多边形线的属性。

(5) 布尔叠置:是一种以布尔逻辑(AND、OR、XOR、NOT)为基础的叠置操作。栅格数据一般可以按属性数据的布尔逻辑运算来检索,这是一个逻辑选择的过程。

5.3.2 栅格缓冲分析

缓冲区原理曾在5.2.2节介绍,缓冲区分析包括缓冲区的建立及区域分析,它首先是对要素根据缓冲条件,建立缓冲区,然后将这个缓冲区图层与其他图层进行诸如叠置分析、网络分析、服务设施查找等其他分析操作,得到所需要的结果,以便为某些分析或决策提供依据。实现栅格数据缓冲区分析例子见图5.39,即栅格多边形A,设定缓冲d的距离后,生成多边形缓冲区B。

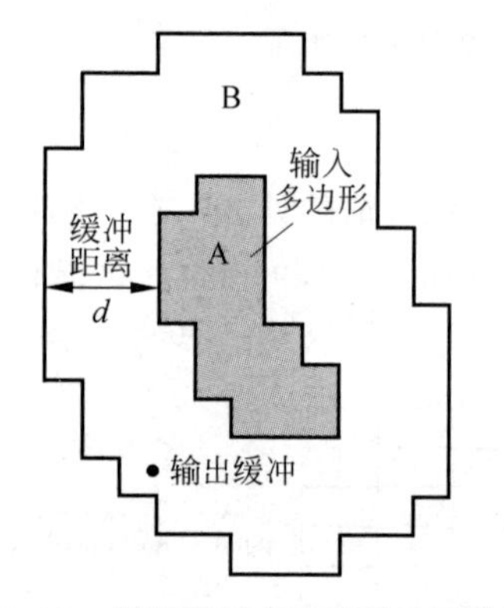

图5.39 栅格数据多边形缓冲区分析

5.3.3 栅格邻域分析

栅格邻域分析主要基于邻域运算。它以一个栅格图层为输入,根据每个网格周围某一邻域内所有网格值计算输出网格值,并产生一个新的图层,即邻域运算输出的每一个网格值为该网格邻域内所有输入网格值的函数。因此,在运用邻域运算计算每个网格的新值时,首先要定义一个邻域。一个待计算的网格称为焦点网格(Focal Cell),其邻域所包含的网格称为邻域网格(Neighbouring Cell)。一个网格的邻域(Neighbourhood)是根据一定的形状和大小定义的,它可以是一定大小的以该网格为中心的正方形,也可以是以该网格为圆心的圆(Circle)、圆锥(Wedge)或圆环(Ring)。最常用的邻域则由围绕焦点网格最邻近的四个网格或八个网格组成,如图5.40所示。

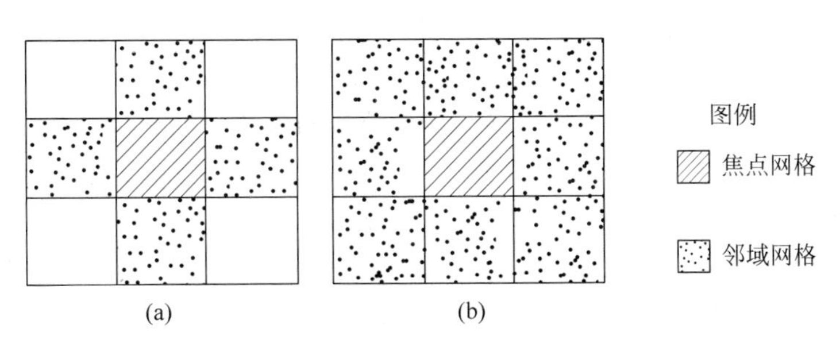

图 5.40 四网格邻域(a)和八网格邻域(b)

一个焦点网格及其邻域组成的区域称为一个窗口(Window)。邻域是指“具有统一属性的实体区域或者焦点集中在整个地区的较小部分实体空间”,邻域包括直接邻域和广域邻域,邻域分析就是在特定的实体空间中发现其属性的一致性。

1. 直接邻域分析

直接邻域分析包括三组:空间聚集、过滤、坡度和坡向计算。

1) 空间聚集分析

栅格数据的空间聚集分析实际上是一个地图综合的过程,运算时用较大的网格对栅格数据重新采样(Resampling),以减少网格数量、降低栅格数据的空间精度。空间聚集分析不是对栅格数据进行压缩,而是以较大的网格表示同一地区。该分析采用一定大小的矩形窗口或邻域计算,窗口一般与输出网格等大,窗口越大,综合程度就越高,有关地理实体的细节也就丢失得越多。输出网格值的计算主要有三种方法:①中心网格值法(Central-Cell Method),以位于窗口为中心的输入网格值为输出网格值;②平均值法(Averaging Method),计算窗口内所有输入网格值的平均值,以此作为输出网格值;③中数法(Median Method),以窗口内所有输入网格值的中数(Median)为输出网格值,如图 5.41 显示了空间聚集分析的三种方法(将 6×6 的栅格图层转换成 2×2 的栅格图层)。

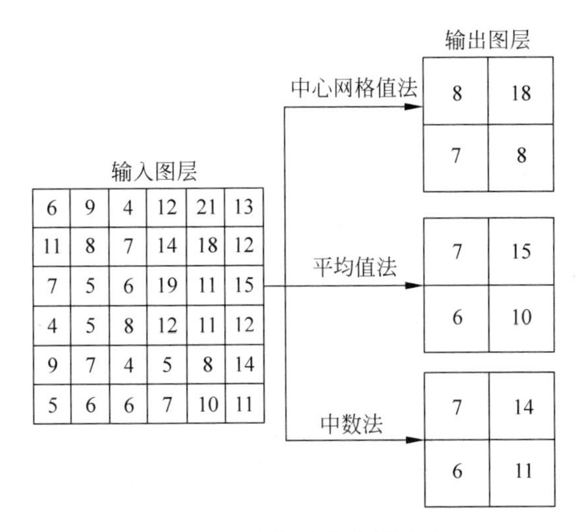

图 5.41 空间聚集分析图示

栅格数据的空间聚集是环境研究中地理数据分析的一个重要过程。通常,环境研究中的地理数据是以适合于局部地区分析的较大比例尺采集的,通常需将它们综合、简化,转换成较小比例尺的数据,以适合于区域性和全球性分析的需要。

2）过滤分析

过滤分析(Filtering)运用一个移动窗口(Moving Window),以每个输入网格为焦点网格,逐网格地对以移动窗口定义的邻域中所有网格值进行特定的运算,计算每个网格的新值,如图 5.42 所示,典型的移动窗口为 3×3 或 5×5 矩形。过滤分析是将统计分析方法运用于移动窗口中的焦点和邻域网格值,计算出焦点网格的输出值。因此,过滤分析又称为邻域统计分析(Neighbourhood Statistics Analysis)。图 5.43 给出了示例,这些例子使用 3×3 矩形移动窗口,图中只显示了绘有晕线的网格输出值。

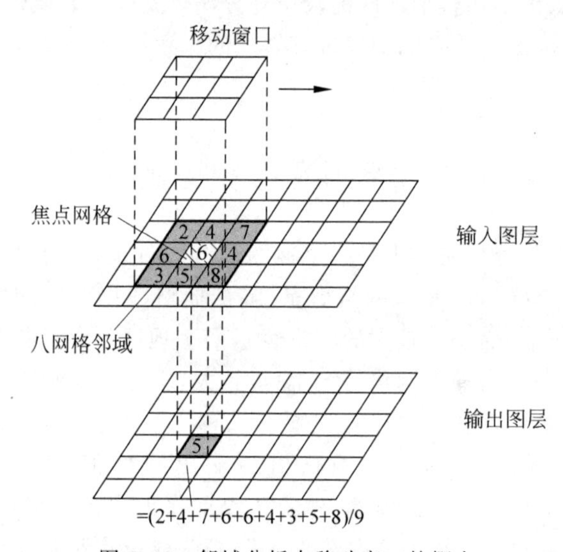

图 5.42　邻域分析中移动窗口的概念

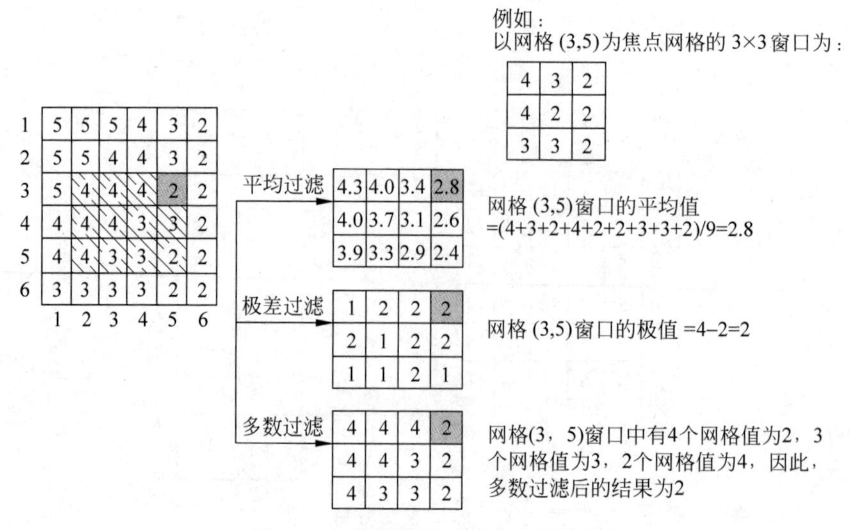

图 5.43　栅格数据的过滤分析案例

(1) 在平均(Mean)过滤分析中,当移动窗口从一个焦点网格移到另一个焦点网格时,计算窗口内网格值的平均值,并将它赋给窗口包含的焦点网格。平均过滤分析是对输入数据的简化,即缩减了输入网格值之间的差异,从而达到图形的“平滑”效果,常用于影像处理中噪声的消除。

(2) 极差(Range)过滤分析是指计算移动窗口中网格值的极差,并将其赋予相应的焦点网格,大的极差值意味着窗口中存在一个类型或级别边界,因此,极差过滤分析在影像数据处理中常用于边缘增强(Edge Enhancement)。

(3) 多数(Majority)过滤指的是在焦点网格内,计算占有网格值的数,以最多者为选取目标。

总之,过滤分析对于突出栅格影像中的线状实体特别有用,常用于分析水系,增强道路网影响,突出水域、植被、土壤和土地利用类型边界等。

3) 坡度和坡向分析

根据基于栅格数据结构的DEM或栅格高程数据来提取坡度和坡向,既是基本地形要素提取分析,又是属于邻域分析。DEM不仅包含高程属性,还包含其他的地表形态属性,如坡度、坡向等。DEM通常用于地表规则网格单元构成的高程矩阵表示,广义的DEM还包括等高线、三角网等所有表达地面高程的数字表示。

利用规则格网模型(最主要的形式,如GRID)、等高线模型、不规则三角网模型(TIN)、层次模型(如金字塔(Pyramids))等可以构建DEM,这些模型各有优缺点,可根据实际应用加以选择,比较见表5.4。

表5.4 几种生成DEM的模型比较

模　型	优　点	缺　点
规则格网模型	1. 规则格网的高程矩阵,可以很容易地用计算机进行处理,特别是栅格数据结构的GIS。 2. 还可以很容易地计算等高线、坡度坡向、山坡阴影和自动提取流域地形。 3. 为DEM最广泛使用的格式	1. 不能准确表示地形的结构和细部格网。 2. 数据量过大,给数据管理带来不方便。 3. 通常要进行压缩存储
等高线模型	直观,便于理解	1. 只表示离散的数据,不能表示连续的数值或面状色彩填充地物特征。 2. 不便于坡度计算、地貌晕渲等
不规则三角网模型	1. 减少规则格网方法带来的数据冗余。 2. 在计算(如坡度)效率方面有优于纯粹基于等高线的方法。 3. 利于复杂地形的表达	1. 在地形平坦的地方,存在大量的数据冗余。 2. 在不改变格网大小的情况下,难以表达复杂地形的突变现象。 3. 某些计算,如通视问题,过分强调网格的轴方向
层次模型	1. 数据简单。 2. 顺序查询	1. 层次的数据导致数据冗余。 2. 自动搜索的效率低,如搜索一个点可能先在最粗的层次上搜索,再在更细的层次上搜索,直到找到该点

在 GIS 中,DEM 是建立数字地形模型的基础数据,其他的地形要素可由 DEM 直接或间接导出,这种数据称为“派生数据”,如坡度、坡向等。

在使用栅格高程数据时,每个网格的坡度和坡向是运用 3×3 的移动窗口来计算的。根据窗口内所使用的邻域网格数目以及分配给邻域网格高程值权重的不同,坡度和坡向的计算方法也有所不同,主要有如下三种。

(1) 四网格邻域计算法:该计算法采用四网格邻域,如图 5.44 所示,假设四个邻域网格的高程分别为 E_1、E_2、E_3、E_4,网格边长为 a,焦点网格为 C,则 C 的坡度 S 可通过式(5.20)计算。

$$S=\frac{1}{2a}\sqrt{(E_1-E_3)^2+(E_4-E_2)^2} \tag{5.20}$$

令

$$d_x=E_1-E_3,\quad d_y=E_4-E_2$$

由式(5.20),可计算出 C 地表单元的法线在平面上的投影与水平方向(x 方向)的夹角 D 为

$$D=\arctan\left(\frac{d_y}{d_x}\right) \tag{5.21}$$

根据如下规则,可计算 C 坡向 A。

当 S 等于 0 时,令 $A=-1$,即 C 为平缓坡,坡向无定义;

当 S 不等 0 时,

① 如果 $d_x=0$,且 $d_y<0$,那么 $A=180°$(南);

② 如果 $d_x=0$,且 $d_y>0$,那么 $A=360°$(北);

③ 如果 $d_x>0$,那么 $A=90°-D$;

④如果 $d_x<0$,那么 $A=270°-D$。

例如,图 5.45 给出了一个格网高程数据的 3×3 窗口,每个网格高程值以 m 为单位,网格边长为 50m。

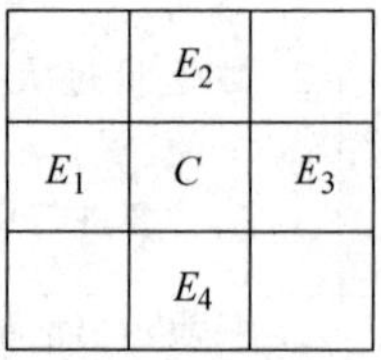

	E_2	
E_1	C	E_3
	E_4	

图 5.44 四网格邻域算法

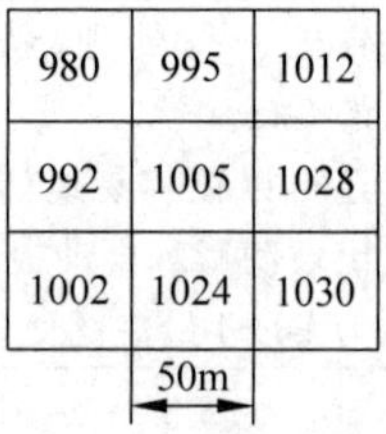

980	995	1012
992	1005	1028
1002	1024	1030

50m

图 5.45 格网高程数据的窗口

根据四网格邻域计算法可计算出该窗口中心网格(即焦点网格)的坡度、坡向如下

$$d_x=992-1028=-36$$

$$d_y=1024-995=29$$

$$\begin{aligned}S&=\frac{1}{2a}\sqrt{(E_1-E_3)^2+(E_4-E_2)^2}\\&=\frac{1}{2\times 50}\sqrt{(-36)^2+(29)^2}\\&=\frac{1}{100}\times 46.23\\&=46.23\%\end{aligned}$$

$$D=\arctan\left(\frac{29}{-36}\right)=-38.85°$$

$$A=270°-(-38.85°)=308.85°$$

(2) 八网格邻域计算法：假设八个邻域网格的高程分别为 E_1、E_2、E_3、E_4、E_5、E_6、E_7、E_8，如图 5.46 所示，网格边长为 a，则焦点网格 C 的坡度 S 为

$$S=\frac{1}{6a}\sqrt{[(E_1+E_4+E_6)-(E_3+E_5+E_8)]^2+[(E_6+E_7+E_8)-(E_1+E_2+E_3)]^2} \tag{5.22}$$

令

$$d_x=(E_1+E_4+E_6)-(E_3+E_5+E_8)$$

$$d_y=(E_6+E_7+E_8)-(E_1+E_2+E_3)$$

根据图 5.45 所给的数据，利用八网格领域式(5.22)计算，也可计算出夹角 D 和坡向 A。

计算过程如下

$$d_x=(980+992+1002)-(1012+1028+1030)=-96$$

$$d_y=(1002+1024+1030)-(980+995+1012)=69$$

$$S=\frac{1}{6\times 50}\sqrt{(-96)^2+69^2}=39.4\%$$

$$D=\arctan\left(\frac{69}{-96}\right)=-35.71°$$

$$A=270°-(-35.71°)=305.71°$$

E_1	E_2	E_3
E_4	C	E_5
E_6	E_7	E_8

图 5.46 八网格邻域及其高程

(3) 八网格邻域加权计算法

$$S=\frac{1}{8a}\sqrt{[(E_1+2E_4+E_6)-(E_3+2E_5+E_8)]^2+[(E_6+2E_7+E_8)-(E_1+2E_2+E_3)]^2} \tag{5.23}$$

令

$$d_x=(E_1+2E_4+E_6)-(E_3+2E_5+E_8)$$

$$d_y=(E_6+2E_7+E_8)-(E_1+2E_2+E_3)$$

还是利用图 5.45 给出的数据，用八网格领域加权法式(5.23)计算，得出焦点网格的坡度为 41.1%，坡向为 306.59°。

比较基于栅格数据的三种方法，可以看出坡度和坡向计算结果有一定的差值。用户在具体应用时可根据其精度要求，选择不同的方法。

基于 ArcView 和 ArcGIS 的地形坡度和坡向提取分析都是使用八网格邻域加权计算法根据栅格数据计算坡度和坡向的。图 5.47 显示了闽西根溪河流域的坡度和坡向分级图。

坡度和坡向是描述地形特征的两个重要因素。尤其是坡度的应用非常广泛，例如，①根据坡度起伏变化，确定崩塌、泥石流区域或严重的土壤侵蚀区，作为灾害防治与水土保持工作的基础；②对于缓坡或平坦区域，通过提取，可为大型商业中心或房屋建筑选址。

2. 广域邻域分析

广域邻域分析超出 4 或 8 邻域范围，有时甚至是全幅所有的输入网格值来计算输出网

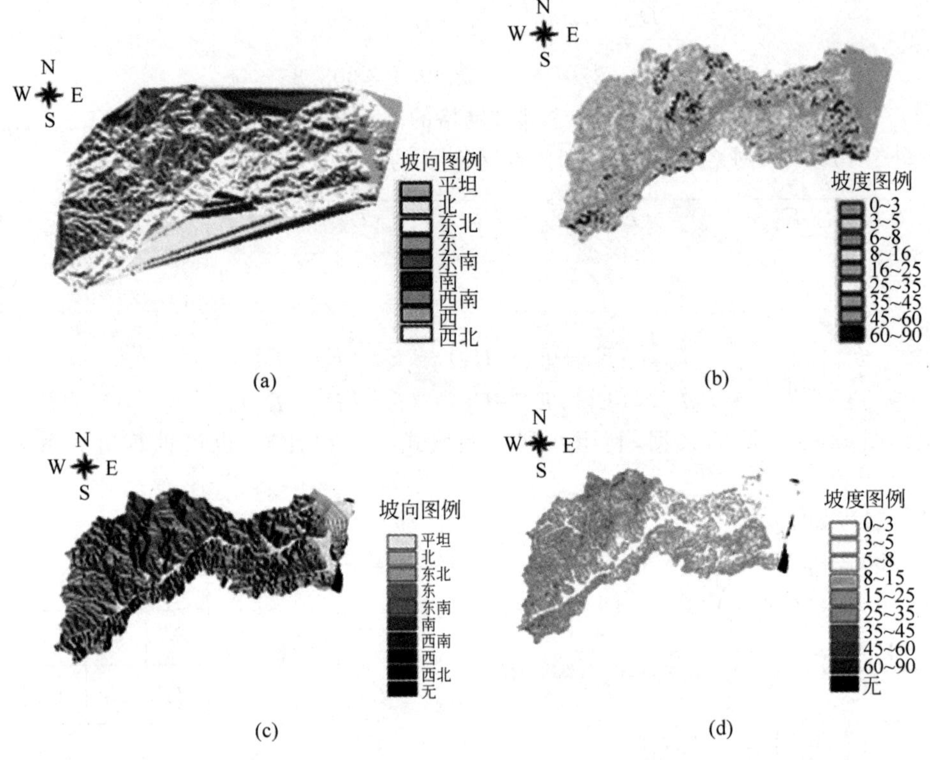

图 5.47 由栅格高程数据计算的坡度和坡向

(a) 基于 ArcView 的坡向提取；(b) 基于 ArcView 的坡度提取；
(c) 基于 ArcGIS 的坡向提取；(d) 基于 ArcGIS 的坡度提取

格值，主要涉及与距离有关的分析，如接近程度(Proximity)、连接状况(Connectivity)、通视情况分析(Intervisibility)等。

距离是许多分析应用中最基本的要素之一。例如，在人文地理学中，常将空间相互作用模型(Spatial Interaction Model)应用于选址、人口迁移分析和零售商品市场分析等，距离是空间相互作用模型的一个关键参数。在自然资源和环境研究中，自然火灾蔓延、病虫害传播、环境污染物扩散等的模拟，以及野生动物栖息地分析都需要建立与距离有关的空间模型(详见第 6 章)。栅格数据分析中的距离运算为这些应用提供了基本的工具。

在栅格数据分析中，距离的计算有两种，一种是简单距离(Simple Distance)即平面直线距离；另一种为有效距离(Effective Distance)，即在某段距离上某些或某种影响通行的障碍需要考虑进去，如地形障碍、道路条件等。

1) 简单距离

两个网格之间的简单距离以它们之间的直线距离计算。如果两个网格位于同一行，它们的距离等于它们列数之差的绝对值乘以一个网格的边长；如果两个网格位于同一列，它们的距离等于它们行数之差的绝对值乘以一个网格的边长；如果两个网格既不在同一行，又不在同一列，它们之间的距离则由勾股定理(Pythagorean Theorem)计算。

栅格 GIS 中简单距离运算主要有两种。第一种运算是计算一组表示某一类型地理实体的网格，称为起始网格，与其他所有网格之间的距离，其输出的栅格图层上的每个网格值为距起始网格的距离值,将这些网格值以一定的分级方法划分成若干等级,输出的地图可表示为环绕起始网格的等距离带。这样的图通常称为接近程度图(Proximity Map),它反映了区域中每一点到某一类地理实体的接近程度。图 5.48 为福州居民点距离医疗机构的接近程度图。

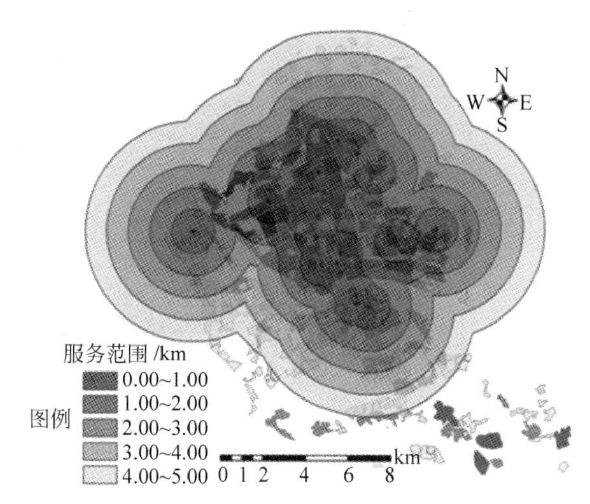

图 5.48 福州市区居民点到医疗机构接近程度图

若将接近程度图重新分类,将距起始网格的距离小于或等于某一距离值 d 的网格值置 1,而大于 d 的网格值置 0,输出的地图将表示出环绕起始网格、宽度为 d 的缓冲带(Buffer)。形成缓冲带是 GIS 的一个重要功能,具有很多方面的应用。例如,在河流两岸建立一定宽度的缓冲带,禁止缓冲带内植被的砍伐,以防止土壤的侵蚀,保护河堤;在高速公路两旁建立一定宽度的缓冲带,以显示交通噪声高于一定程度的区域;在危险设施周围建立一定宽度的缓冲带,作为安全警戒线。

第二种运算是根据距离将每一个网格分配给一组指定的地理实体中最接近的一个。

2) 有效距离

有效距离运算是根据影响和限制不同地点之间运动的障碍来计算距离的。例如,从山脚一点步行到山顶的距离并不是这两点之间的水平直线距离,它受到坡度变化或地形起伏的影响,也可能因为湖泊或悬崖的存在,需绕道而行,从而增加了行走的距离。又如,一个送货员开车送货,他所关心的不是整个送货路线的长度,而是所用的时间。开车送货的时间不仅取决于路线的长短,也取决于道路的状况、交通条件和开车的时速限制等。有效距离可以长度为单位计算,也可以时间、费用等为单位计算。再如,在一个森林管理区,估算消防人员从某一消防站到达区内任何一点所需的时间,以应付森林火灾发生的可能事件,这不仅要计算消防车在公路上行驶的时间,还要估算消防车越野行驶的时间,因此,消防人员到达某一地点所需的时间必须考虑到土地覆盖的类型和地形条件。消防车穿过平缓草地的速度很快,通过坡度较陡的森林地段将会很慢,深水河流和悬崖则不能通过。把在一段距离上影响、减缓运动速度或增加运行费用的因素称为相对障碍(Relative Barrier),如不同类型的土地覆盖、地形坡度、道路条件等;将完全阻挡运动的因素称为绝对障碍(Absolute Barrier),如悬崖、湖泊、河流等。从一点到另一点的有效距离是这两点之间存在的障碍影响的函数。图 5.49 所示为有效距离运算的示例。

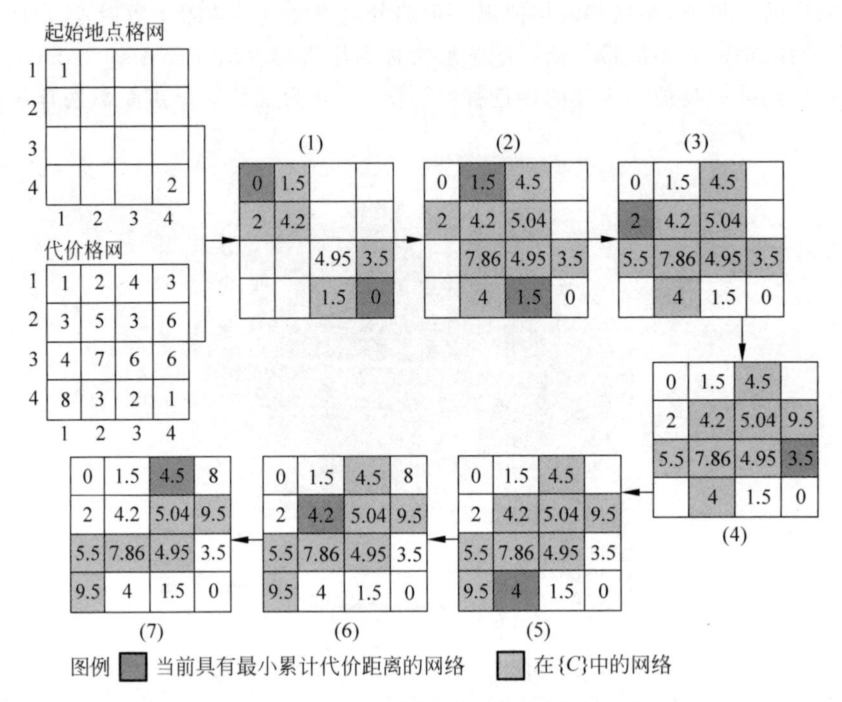

图 5.49　有效距离计算示例

在栅格 GIS 中，有效距离的计算需要两个栅格图层，一个表示距离计算的起始地点（表示为一组或几组网格），另一个表示相同区域内通过每个网格的障碍的影响（如通过每个网格所需的时间）。后者常称为代价格网（Cost Grid），障碍的影响又称为代价（Cost），表示通过一个网格时，由某种或某些障碍所带来的费用、附加的时间、能量的消耗或通行的难易程度等。由一个网格到同行或同列的另一组邻网格的有效距离为这两个网格代价的平均值；由一个网格到对角的另一组邻网格的有效距离为它们代价的平均值乘以 1.41421。如使用如图 5.49 所示中的代价格网，可以计算格网(1,1)到格网(1,2)的有效距离：

$$(1+2)/2=1.5$$

格网(1,1)到格网(2,2)的有效距离为

$$[(1+5)/2]\times 1.41421=4.2426$$

如果一段路径由一组若干个相邻网格连接而成，那么它的有效距离为每个相邻网格之间的有效距离累加起来的总和，称为累计代价距离。任意两点之间可由不同的路径相连，它们之间的有效距离为所有可能路径中的最短有效距离，称为最小累计代价距离（Least Accumulative Cost Distance）。栅格 GIS 中的有效距离运算是计算从起始地点到区域内其他每个网格的最小累计代价距离，将它们以一个新的栅格图层输出，其算法可描述如下：

(1) 将起始地点所在网格的有效距离置 0，逐一计算起始网格到其每个相邻网格的有效距离，这些有效距离即为起始网格到这些相邻网格的累计代价距离。然后，将这些相邻网格组成一个集合{C}。

(2) 从{C}中取出累计代价距离最小的网格，设这一最小累计代价距离为 d_{min}，逐一计算这些网格到其所有相邻网格的有效距离，将这些有效距离加上 d_{min}，即得每个相邻网格

沿某一路径自起始地点的累计代价距离。如果其中某相邻网格已存入{C}中,这就说明该网格可从另一个不同的路径到达起始网格,比较当前计算的该网格的累计代价距离与其先前计算获得的累计代价距离,将较小的累计代价距离赋给此网格。待所有上述相邻网格的累计代价距离计算完毕,将它们加入{C}。

(3) 重复(2),直到获取所有网格到起始地点的最小累计代价距离。

图 5.49 以一例显示了上述有效距离的计算算法。在此例中,有两个起始地点,分别以网格值 1 和网格值 2 表示在一幅输入栅格图层中,另一幅输入栅格图层为代价格网,区域中每个网格到两个起始地点的最小累计代价距离分如下七步计算:

(1) 将两个起始地点所在网格的累计代价距离设为 0,然后计算它们相邻网格累计代价距离。

(2) 在与两个起始地点相邻的网格中,累计代价距离的最小值为 1.5,分别为网格(1,2)和网格(4,3)。计算这两个网格的相邻网格累计代价距离。例如,网格(1,2)的相邻网格包括(1,1)、(1,3)、(2,1)、(2,2)和(2,3)。网格(1,1)为起始网格,不参与计算,网格(1,3)的累计代价距离为

$$(2+4)/2+1.5=4.5$$

网格(2,1)在第一步计算获得的累计代价距离为 2,因此,其比较后的累计代价距离仍为 2。

(3) 计算网格(2,1)的相邻网格的累计代价距离。

(4) 计算网格(3,4)的相邻网格的累计代价距离。

(5) 计算网格(4,2)的相邻网格的累计代价距离。

(6) 计算网格(2,2)的相邻网格的累计代价距离。

(7) 计算网格(1,3)的相邻网格的累计代价距离。

在某些 GIS 软件中,有效距离运算还可同时输出一幅方向格网(Direction Grid),每个网格的方向值指明它应当走向哪一个相邻网格,以便以最小累计代价距离返回到起始点。方向格网上的方向值以 1 到 8 的数字表明相邻网格的位置,如图 5.50 所示,1 表示右边的相邻网格,2 表示右下方的相邻网格,3 表示正下方的相邻网格,4 表示左下方的相邻网格,5 表示左边的相邻网格,6 表示左上方的相邻网格,7 表示正上方的相邻网格,8 表示右上方的相邻网格,0 表示起始网格。在方向格网上,自一网格出发,通过跟踪相应的相邻网格直至起始地点,可以寻找出该网格与起始地点之间的最小累计代价距离路径,即最佳路径。图 5.51 显示了使用图 5.49 中的数据产生的方向格网,并据此寻找出一个网格到其中一起始地点的最佳路径。最佳路径是 GIS 中刻画两点之间连接状况的主要手段。

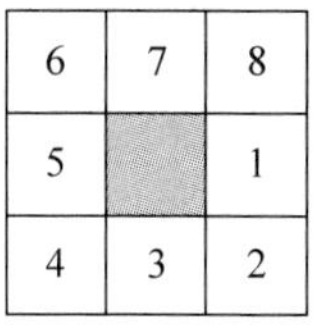

6	7	8
5		1
4	3	2

图 5.50 方向值定义

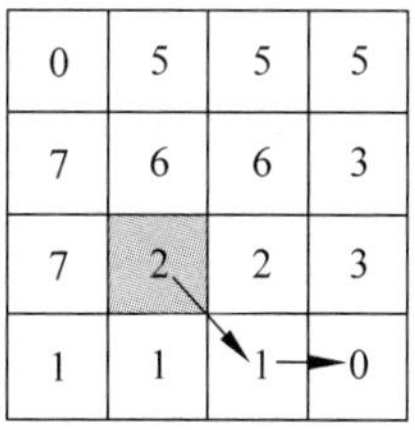

0	5	5	5
7	6	6	3
7	2	2	3
1	1	1	0

图 5.51 分析格网和最佳路径(以箭头表示)

3）通视分析

通视分析是根据地形高程数据判断任意两点之间是否相互通视(Intervisibility)。GIS中主要有两种通视情况分析运算，一种是视线分析(Line of Sight)，另一种是视域分析(Viewshed)。

(1) 视线分析。视线分析是判断从一个观察点能否看到一个给定目标，并判断在观察方向线上有无遮蔽视线的山体或其他障碍物。从观察点到目标点做一条视线，如果视线高出地形剖面线，这两点就是相互通视的。由于通视情况受到观察点高度和目标高度的影响，视线分析通常考虑观察点和目标的平均高度。根据这一原理，还可以在观察点和目标点之间的地形剖面线上划分出可见区和不可见区(图5.52)，从而识别出哪些地形部分可以观察得到，哪些观察不到。在GIS中，曾介绍视线分析使用TIN，也可以使用DEM，它允许用户在DEM上确定观察点和目标点的位置，当用户由观察点向目标点画出视线以后，GIS即可判断这两点是否通视，并在视线上标出可见区和不可见区部分。

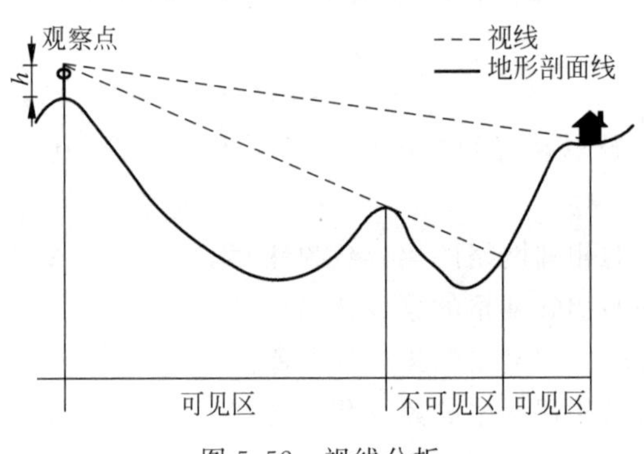

图5.52 视线分析

(2) 视域分析。视域分析以视线分析为基础，以研究区域内的每个网格为目标点，从若干个指定的观察点判断每个网格是否与它们通视，根据判断的结果将网格划分成两大类：可见区和不可见区。有些GIS系统还根据可通视的观察点数目，将可见区划分为一观察点可见区、两观察点可见区等。该运算以两个图层为输入，一个表示观察点位置，另一个为DEM。

计算基于规则格网DEM的可视域的简单方法：就是沿着视线方向，从视点开始到目标网点计算与视线相交的网格单元(边或面)，判断相交的网格单元是否可视，从而确定视点与目标点之间是否可视。

通视情况分析有着广泛的应用。例如，在野外工作中选择观察点的位置时，可帮助了解观察目标的通视情况；在地形分析中，能帮助确定从某一地点、某一角度可以看到哪些地形景观，这类信息可用于土地开发项目的景观影响评价、房地产估价、电信传输线路的设计、沿河或沿路风景好坏质量的评价等。

5.3.4 栅格窗口分析

地学信息除了在不同层面的因素之间存在着一定的制约关系之外，还表现在空间上存在着一定的关联性。对于栅格数据所描述的某项地学要素，其中的(i,j)栅格往往会影响其周围栅格的属性特征。充分而有效地利用这种事物在空间上相联系的特点，是地学分析的必然考虑因素。

1. 相关分析

根据地理学第一定律，地理事物或属性在空间分布上互为相关，存在集聚(Clustering)、随机(Random)、规则(Regularity)分布等。利用空间相关指数可以描述周围事物或正相关或随机相关或负相关。常用的有 Moran I 和 Geary C 指数如下：

$$\text{Moran } I=\frac{\sum_{i=1}^{n}\sum_{j=1}^{m}w_{ij}(x_i-x_m)(x_j-x_m)\Big/\sum_{i=1}^{n}\sum_{j=1}^{m}w_{ij}}{\sum_{i=1}^{n}(x_i-x_m)^2/n}$$

$$\text{Geary } C=\frac{\sum_{i=1}^{n}\sum_{j=1}^{m}w_{ij}(x_i-x_j)^2\Big/\sum_{i=1}^{n}\sum_{j=1}^{m}w_{ij}}{\sum_{i=1}^{n}(x_i-x_m)^2/(n-1)}$$

基于栅格数据利用 Moran I 和 Geary C 指数进行相关性分析，如图 5.53(a)表示自相关性强，图 5.53(b)显示自相关性比较弱，图 5.53(c)显示无关联。

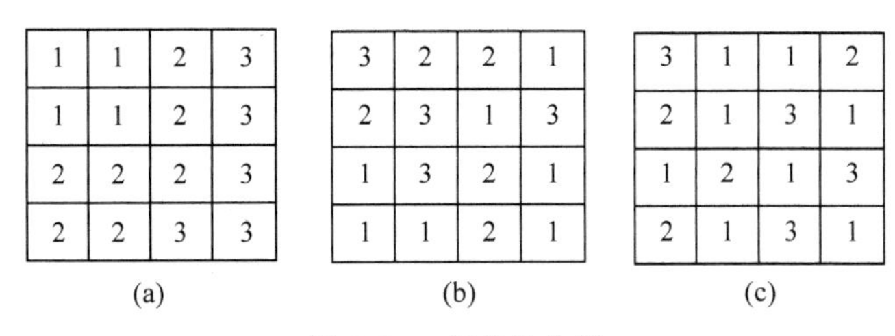

图 5.53　相关性分析

(a) $I=0.6$；$C=0.48$；(b) $I=-0.15$；$C=1.07$；(c) $I=-0.65$；$C=1.29$

2. 窗口分析

设置窗口，再对窗口进行分析，也属于相关分析问题。窗口分析是指对于栅格数据系统中的一个、多个栅格点或全部数据，开辟一个有固定分析半径的分析窗口，并在该窗口内进行诸如极值、均值等一系列统计计算，或与其他层面的信息进行必要的复合分析，从而实现栅格数据有效的水平方向扩展分析。窗口分析实现过程如图 5.54 所示。

窗口分析中的三个要素如下。

(1) 中心点：在单个窗口中的中心点可能就是一个栅格点，或者是分析窗口的最中间的栅格点，窗口分析运算后的数值赋予它(在 5.3.1 节谈及的数值计算)。

(2) 分析窗口大小与类型：依据单个窗口中的栅格分布状况，如平滑运算的 3×3 矩形窗口、扇形窗口等。

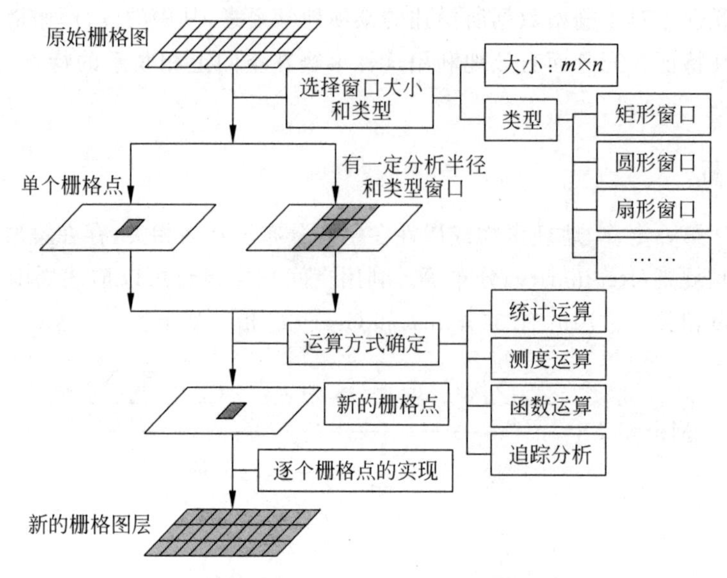

图 5.54 窗口分析实现过程

(3) 运算方式：图层根据窗口分析类型，依据不同的运算方式获得新的图层，如 DEM 提取坡度、坡向运算。

就具体实现来说，窗口分析是针对一个栅格及其周围栅格的数据分析技术，一般在单个图层上进行。分析时，首先选择合适的窗口大小、窗口类型，确定分析的目的，指定分析选用的运算函数，从最初点开始进行运算得到新的栅格值，按次序逐点扫描整个格网进行窗口运算，最后得到新的图层，如图 5.54 所示。

1) 分析窗口的类型

按照分析窗口的形状，可以将分析窗口划分为以下类型。

(1) 矩形窗口：是以目标栅格为中心，分别向周围 8 个方向扩展一层或多层栅格，从而形成如图 5.55(a)所示的矩形分析区域。

(2) 圆形窗口：是以目标栅格为中心，向周围做一个等距离搜索区，构成一个圆形分析窗口，如图 5.55(b)所示。

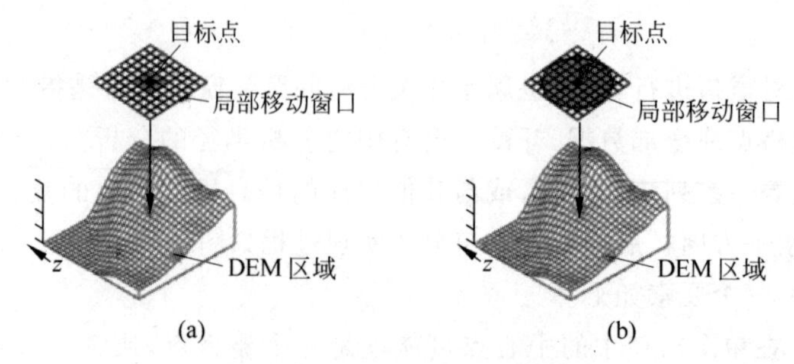

图 5.55 DEM 局部移动窗口
(a) 3×3 矩形窗口；(b) 圆形窗口

(3) 环形窗口：是以目标栅格为中心，按指定的内外半径构成环形分析窗口。

(4) 扇形窗口：是以目标栅格为起点，按指定的起始与终止角度构成扇形分析窗口。

(5) 其他窗口：如正六边形等。

2) 窗口分析的类型

窗口分析可进行以下几种类型的计算。

(1) 统计运算。

栅格分析窗口内的空间数据的统计分析类型一般有以下几种。

① 平均值统计(Mean)：新栅格值为分析窗口内原栅格值的均值。

② 最大值统计(Maximum)：新栅格值为分析窗口内原栅格值的最大值。

③ 最小值统计(Minimum)：新栅格值为分析窗口内原栅格值的最小值。

④ 中值统计(Median)：指 $a_1, a_2, a_3, \cdots, a_n$ 这 n 个数的中数，若 n 为奇数，则 $\mathrm{MED}=a_{\frac{n-1}{2}}$；若 n 为偶数，则 $\mathrm{MED}=\frac{1}{2}(a_{\frac{n}{2}}+a_{\frac{n+2}{2}})$，新栅格值为分析窗口内原栅格值的中值。

⑤ 求和统计(Sum)：新栅格值为分析窗口内原栅格值的总和。

⑥ 标准差统计(Standard Deviation)：新栅格值为分析窗口内原栅格值的标准差值。

⑦ 其他，诸如值域、模等。

如图 5.56 是 11×11 窗口大小的平均值统计的窗口分析。

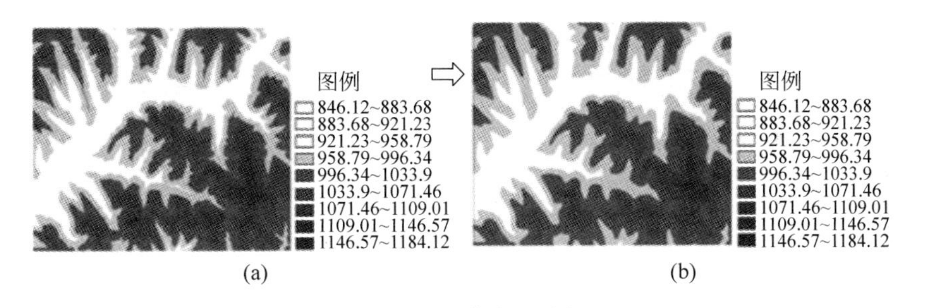

图 5.56 均值窗口分析

(a) 原始栅格图层；(b) 均值窗口分析后栅格图层

(2) 测度运算。

① 范围统计(Range)：指分析窗口范围内统计值的范围。

② 多数统计(Majority)：指分析窗口范围内绝大多数的统计值，频率最高的单元值。

③ 少数统计(Minority)：指分析窗口范围内较少数的统计值，频率最低的单元值。

④ 种类统计(Variety)：指分析窗口范围内统计值的种类，不同单元值的数目。

(3) 函数运算。

窗口分析中的函数运算是选择分析窗口后，以某种特殊的函数或关系式，如滤波算子、地形参数运算等，来进行从原始栅格值到新栅格值的运算。

① 滤波运算：如图像卷积运算、罗伯特梯度计算、拉普拉斯算法等，这些在遥感图像处理方面应用较广。图 5.57 是进行滤波运算的窗口分析。

② 地形参数运算：如坡度、坡向的运算，平面曲率、剖面曲率的计算，水流方向矩阵、水流累计矩阵的获得等。图 5.58 是某栅格点坡度函数运算图层显示。

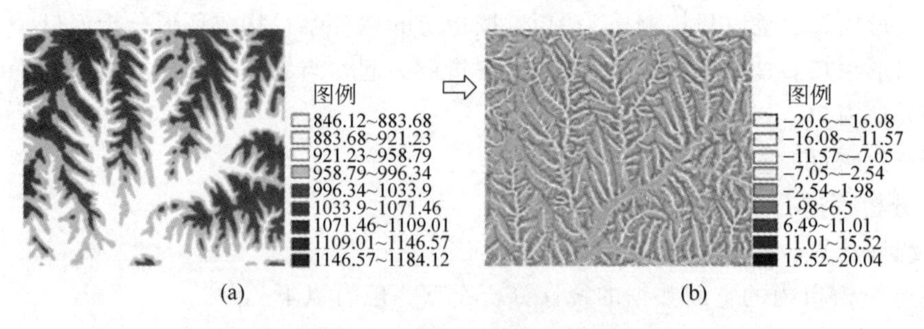

图 5.57 滤波运算窗口分析

(a) 原始栅格图层；(b) 高通滤波运算后的栅格图层

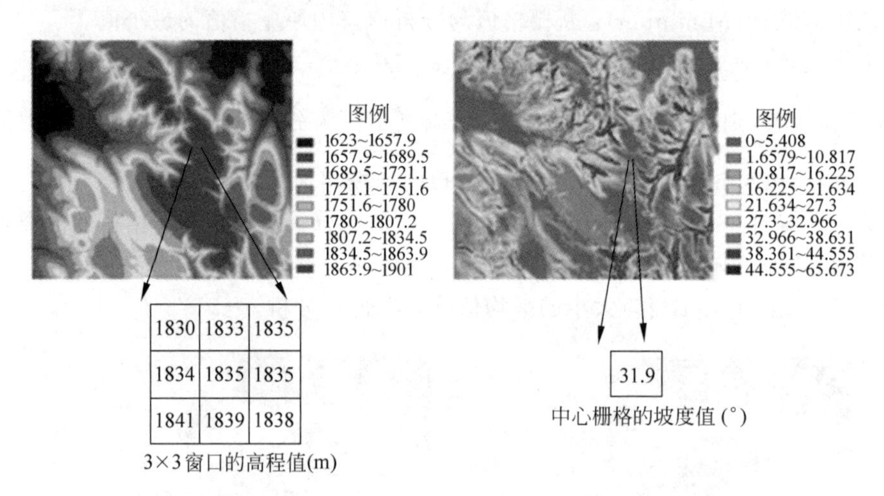

图 5.58 栅格点坡度函数运算图层显示

5.3.5 栅格地形分析

地形分析与数据结构关系密切。栅格数据的地形分析主要依据 DEM。DEM 是通过有限的地形高程数据实现对地形曲面的数字化模拟。而 DTM 通常定义为描述地面特征空间分布的有序数值阵列。它以离散分布的平面点来模拟连续分布的地形。按平面上等间距规则采样，或内插所建立的 DTM，称为基于栅格的 DTM。可写成如下

$$\text{DTM}=\{Z_{i,j}\},\quad i=1,2,\cdots,m;\ j=1,2,\cdots,n \tag{5.24}$$

式中，Z 为栅格结点(i,j)上的地面属性数据，包括地貌、土壤、土地利用、土地权属等。将 DTM 的地面特征用于描述地面高程，这时的 DTM 称为"数字高程模型"，即 DEM。DEM 是建立各种数字地形模型的基础，通过 DEM，可以方便地获得地表的各种特征参数，如坡度、坡向、山体阴影等，其应用可遍及整个地学领域。

在 GIS 地形或景观分析中，除提取坡度和坡向外，还可以计算山体阴影(Hillshape)及挖方和填方等。可用于研究区域内的地貌形态、斜坡特征；在地形显示中，可用于计算地表单元的受光强度；在水文模拟中，可用于确定和勾绘区域界线以及河流水道，计算水流的方向和流量。还可以与其他地形因子和环境要素结合起来，应用于微气候(Microclimate)、生态、土地利用等方面的研究(详见第 6 章和第 8 章)。

例如，在地学分析中，用于自动提取各种地形因子，制作地形剖面图和划分地表形态类型，在工程勘测和设计中，可用于各种线路的自动选线、库坝的选址，以及土方、库容和淹没损失的自动估算等；一些应用例子在5.2.2节已介绍，请读者参看《地理信息系统导论实验指导(第3版)》中“实验4——GIS地形分析”加以体会。

总之，栅格数据模型和矢量数据模型是描述地理现象最常见、最通用的数据模型，概括比较见表5.5。

表5.5　矢量和栅格数据表达的模型比较

	矢量数据表达	栅格数据表达
建模特点	针对离散数据建模，并提供精确的形状和边界	针对连续的地理现象和过程建模
数据源	野外测量数据、GPS数据、数字化地形图、栅格数据矢量化等	扫描数字化、遥感数据、矢量数据栅格化等
空间数据存储	点以坐标对、线以坐标串、多边形以封面的坐标串存储	用栅格大小表示精度，用行列号表示位置
特征表达	点只有位置，没有大小特征；线只有长度，没有宽度特征；多边形为一个面状区域	点由单个栅格单元表达；线由一系列具有相同取值的邻近的栅格序列表达；面为具有相同取值的栅格区域
拓扑关系	线拓扑关系提供结点定义； 面拓扑关系通过线的左右多边形定义	栅格单元的邻近关系通过栅格行列号的增加或减少确定
空间分析	地图叠加、生成缓冲区、多边形处理、空间与逻辑查询、地址匹配、网络分析等	空间一致性分析、邻近分析、插值分析、叠加分析和影像分析等
制图输出	输出矢量图形精美，精度高，但不适合连续分布的地理现象制图或面状色彩填充的地理特征输出	适合输出连续地理分布现象的制图或影像输出，不适合绘制点、线地物特征

思考题

1. 举例说明矢量GIS中三类基本的地理查询。

2. 为什么GIS中的距离计算不应使用以经纬度表示的坐标数据？

3. 矢量数据分析中的形状测量与栅格数据分析中的形状测量方法有何不同？为什么会有这样的差别？

4. 比较矢量数据分析中的多边形叠置分析和栅格数据分析中的逐点叠置分析，讨论它们各自的特点。

5. 以实例讨论多边形叠置分析中三种产生叠置图的方法和结果。

6. 假设你要运用GIS为一家保险公司进行市场分析，网络分析功能将会起到哪些作用？

7. 试述光线追溯法做通视情况分析的原理。

8. 讨论按距离加权法和样条函数法在使用高程数据内插数据高程模型时可能出现的问题。

9. 讨论趋势面分析中多项式次数对内插结果的影响。

10. 解释克里金法中多项式次数对内插结果的影响。

11. 说明缓冲区分析的原理与用途,并对比第5章中两种建立缓冲区方法的优缺点。

12. 栅格数据与矢量数据在多层面叠置方法与结果上有什么差异?叠置分析的地学意义是什么?

13. 网络分析对空间数据有哪些基本要求?

14. 试分析栅格数据在GIS空间分析中的优点与局限性。

15. 不同类型地理信息描述地形起伏特征分别采用什么方法,各有何优缺点?

16. DEM在GIS空间数据与空间分析中的地位与作用是什么?

17. 说明坡度、坡向、剖面曲率、平面曲率的概念和其提取方法及地学意义。

18. 简述规则格网DEM和TIN的数字地形分析的主要内容,并比较它们的异同。

19. 以区域土壤pH或区域温度值内插为例,比较广义克里金法和趋势面分析两种空间插值方法的特点。

20. 如果给你一幅显示一个城区居民住宅分布图,每个住宅的居住人口数已知,要为一家银行新设分行选址,你该使用空间插值还是密度估算?为什么?

进一步讨论的问题

1. 举例说明不同形状的空间分析窗口在地学分析中的作用。

2. 给定某小流域的野外实测的高程离散数据,请思考选择合适的内插模型,构建该流域DEM,在此基础上,选用自己熟悉的GIS软件,求算其沟壑密度,并画出流程图。

3. 结合具体的数据比较距离倒数加权法、趋势面法、样条函数法、克里金法这四种插值的优缺点和各自的适用范围。

实验项目4 GIS地形分析

一、实验内容

(1) 构建DEM。

(2) 在DEM上提取坡度、坡向。

(3) 绘制剖面线。

(4) 计算挖方、填方。

(5) 三维显示。

二、实验目的

(1) 通过实验,了解和掌握DEM的建立方法,为地形分析做准备。

(2) 通过实验操作,掌握由DEM生成坡度、坡向专题图的方法,了解重分类的意义、剖面图的绘制、工程填、挖方量的计算和三维显示等地形分析方法。

三、实验数据

GIS_data/ Data4

实验项目5 GIS网络分析和缓冲区分析

一、实验内容

(1) 网络分析：了解网络的概念，选择最优路径、资源调配以及地址匹配等。

(2) 缓冲区分析：根据地理对象点、线和面的空间特性，自动建立对象周围一定距离的区域范围(缓冲区域)，综合分析某地理要素(主体)对邻近对象的影响程度和影响范围。

二、实验目的

(1) 掌握线对象的网络分析操作。

(2) 掌握点、线和面缓冲的生成操作及GIS缓冲区应用。

三、实验数据

GIS_data/ Data5

第5章彩图

第5章思考题答案

第6章

GIS应用模型

本章导读

在前面介绍了用于探查数据、处理数据以及分析矢量与栅格数据的基本方法,这些方法的众多用途之一是建立模型。模型是一种现象或一个系统的简化表示。每种运算功能都可以单独应用于解决一定的问题,而将这些运算功能结合起来使用,则可以建立各种复杂的GIS应用模型。GIS应用模型分析是指GIS支持下处理分析实际问题的方法,是GIS应用深化的重要体现。这种模型的构建不仅是解决具体复杂问题的必然途径,而且也是基于GIS取得经济效益和社会效益的重要保证。GIS不仅要完成管理大量的地理数据的任务,更为重要的是要完成地理分析、评价、预测和辅助决策的任务。因此,研究广泛适用于GIS的地理分析模型,是GIS真正走向实用的关键。本章首先介绍GIS应用模型概述;其次结合实际介绍常用的GIS应用模型。

6.1 GIS应用模型概述

所谓GIS应用模型,就是根据应用目标,把现实世界具体化为信息世界中可操作的机理和过程。或是用一定程度的简化和抽象,通过逻辑的演绎,去把握地理系统各要素之间的相互关系、本质特征及可视化显示。在第5章介绍的栅格数据模型和矢量数据模型是描述地理现象最常见、最通用的数据模型(详见表5.4)。在经典的GIS中,在矢量、栅格数据模型的应用对比中,叠置及三维分析方面栅格具有优势,缓冲分析方面矢量、栅格差不多,网络分析方面传统以矢量为主,现在栅格也在尝试深入应用。总之,GIS基本模型结合实际,还可派生出众多的应用模型。

6.1.1 GIS应用模型分类

根据所表达空间对象的不同,可以构建地学模型或GIS应用模型。一般GIS应用模型可分为数学(理论)模型、经验模型和混合模型(表6.1),根据研究对象的瞬时状态和发展过程,可分为静态、半静态和动态模型。

表6.1 地学模型类型

类型	理论依据	应用领域	模型表达
理论模型	物理或化学原理	例如,地表径流等	应用数学分析方法建立的数学表达式,反映地理过程本质的理化规律,如运动方程等

续表

类型	理论依据	应用领域	模型表达
经验模型	1. 启发式或统计关系。 2. 通过数理统计方法和大量观测实验的数据构建模型	例如,水土流失、适宜性分析模型等	是基于变量之间的统计关系或启发式关系的模型,如统计、回归方程等
混合模型	基于原理和经验的模型,也称半经验性模型	例如,资源分配、位置选择模型等	既有基于理论原理的确定性变量,也有应用经验加以确定的不确定性变量,如运输方程等

6.1.2 GIS应用模型与GIS空间分析

GIS应用模型与GIS空间分析关系密切,但有所区别,主要表现以下几个方面。

(1) GIS空间分析是基本的,是解决一般问题的理论和方法;而GIS应用模型是复杂的,往往是两种或多种GIS空间分析方法的复合,是为解决专门问题的理论和方法。

(2) 空间分析模型是联系GIS应用系统与专业领域的纽带,必须以广泛、深入的专业研究为基础。

(3) 空间分析模型是综合利用GIS中大量数据的工具,而数据的综合分析和应用主要又通过模型来实现。

(4) 空间分析模型是分析型和辅助决策型GIS,这是区别于管理型GIS的一个重要特征,是解决空间分析和辅助决策问题的核心。

6.1.3 GIS应用模型构建

构建GIS应用模型,首先必须明确用GIS求解问题的基本流程;其次根据模型的研究对象和应用目的,确定模型的类别、相关的变量、参数和算法,构建模型逻辑结构框图;再次确定GIS空间操作项目和空间分析方法;最后是模型运行结果验证、修改和输出。显然,应用模型是GIS与相关专业连接的纽带,它的建立并不是纯数学技术性问题,而必须以坚实而广泛的专业知识和经验为基础,对相关问题的机理和过程进行深入的研究,并从各种因素中找出其因果关系和内在规律,有时还需要采用从定性到定量的综合集成法,这样才能构建出真正有效的GIS应用模型。

用GIS求解问题的过程就是建立地理信息建模系统(Geographic Information Modelling System,GIMS),研究如何根据给定条件(如已知数据和约束条件)自动生成解决问题(如确定候选地址)的整个操作过程。它能支持面向用户的空间分析模型的定义、生成和检验的环境,支持与用户交互式地基于GIS的分析、建模和决策。GIMS是目前GIS研究的重要方向和热点问题之一。

通用GIS空间分析功能与各种领域专用模型的结合主要有三种途径。

(1) GIS环境内模型建造(嵌入式):利用GIS软件的宏语言发展各自所需的空间分析模型。此方法能充分利用GIS软件本身所具有的资源,模型建造和开发的效率比较高。

(2) GIS外部的模型建造(松散耦合式):基于应用GIS的空间数据库和输出功能,而模型分析功能则主要是利用其他应用领域的软件。此方法运行比较慢,但实现起来靠软件嫁接,无须在GIS环境中再编分析软件,具有广泛的适用性。

(3) 混合型的模型建造:上述两者的结合。此方法既利用GIS提供的功能,又具有一定灵活的效果。

6.2 常用的GIS应用模型

从数理统计角度来看,地理模型的类型有:类似统计学的描述性模型和与推理统计技术相关的规则性模型。从应用角度来考虑,常用的应用模型有:①适宜分析模型,从几种方案中筛选最佳或适宜的模型。②考虑独立状态模型,注重样式与处理的问题,长时间以来用于解释类似农业活动与运输成本间的关系。③位置-分配模型,最初为预测工业位置点的空间分布的样式而设计的韦伯模型,结合实际进行改进后可使参与者寻找最佳商业和服务位置。④重力模型,应用两区间出行数与出发区的出行发生量和到达区的出次吸引量各成正比,与两区间的行程时间(或费用、距离等)成反比的关系建立模型。例如,建立在吸引力与到潜在市场的距离成反比这一基础上构建的经济地理模型。⑤改进扩散模型,在流体扩散模型的基础上,通过地理空间跟踪动植物运动,以空间验证思想,构建扩散模型,如今已广泛用于地理生态群落研究。下面重点介绍几个GIS应用模型。

6.2.1 适宜分析模型

1. 一般介绍

适宜性分析在地学中的应用很多,如土地针对某种特定开发活动的分析,包括农业应用、城市化选址、作物类型区划、道路选线、环境适宜性评价等。因此,建立适宜性分析模型,首先应确定具体的开发活动,其次选择其影响因子,然后评判某一地域的各个因子对这种开发活动的适宜程度,以作为土地利用规划决策的依据。

2. 应用实例

1) 选址应用模型

选址问题应用很多,如辅助建筑项目选址、城市垃圾场选址、印染厂的选址、超市选址、国家森林公园的选址等。下面,以森林公园候选地址为例具体说明。

(1) 问题提出:森林公园候选地址。

(2) 所需数据:公路、铁路分布图(线状地物),森林类型分布图(面状),城镇区划图(面状)。

(3) 解决方案:构建空间数据库,信息提取并建模。

(4) 步骤和方法见表6.2。

表6.2 选址分析模型步骤和方法

步骤	方法
确定森林分类图属性相同的相邻多边形的边界	属性再分类(聚类)、归组
找出距公路或铁路0.5km的地区(保持安静)	缓冲区分析
找出距公路或铁路1km的地区(交通方便)	缓冲区分析
找出非城市区用地	再分类
找出森林地区、非市区,且距公路或铁路0.5~1km范围内的地区	叠置分析

(5) 依据应用模型出图,供决策者参考。

2) 道路拓宽规划

(1) 问题提出:道路拓宽改建过程中的拆迁指标计算。

(2) 明确分析的目的和标准。

目的：计算由于道路拓宽而需拆迁的建筑物的面积和房产价值。

道路拓宽改建的标准如下。

① 道路从原有的20m拓宽至60m。

② 拓宽道路应尽量保持直线。

③ 部分位于拆迁区内的10层以上的建筑不拆除。

(3) 准备进行分析的数据：涉及两类信息，一类是现状道路图；另一类是分析区域内建筑物分布图及相关的信息。

(4) GIS空间操作。

① 选择拟拓宽的道路，根据拓宽半径，建立道路的缓冲区。

② 将此缓冲区与建筑物层数据进行拓扑叠加，产生一幅新图，此图包括所有部分或全部位于缓冲区内的建筑物信息。

(5) GIS统计分析。

① 对全部或部分位于拆迁区内的建筑物进行选择，凡部分落入拆迁区且楼层高于10层以上的建筑物，将其从选择组中去除，并对道路的拓宽边界进行局部调整。

② 对所有需拆迁的建筑物进行拆迁指标计算。

(6) 将分析结果以地图或表格的形式打印输出。

3) 建设用地适宜性评价模型

一般原理：建模的关键在于适宜性评价过程中指标的选取、标准化和权重的确定以及如何将GIS和决策过程结合。以福州为例，根据各因子中不同影响因素对建设用地生态适宜性重要程度的不同，对其赋予不同的等级值，见表6.3。在GIS空间数据库支持下，利用

表6.3 建设用地生态适宜性指标体系

指标	适宜性等级	分类条件	单因子得分	权重
地貌	最适宜	平原	9	0.15
	勉强适宜	台地	5	
	不适宜	低丘陵、高丘陵	3	
	很不适宜	低山、高山	0	
植被	比较适宜	荒地、无较好植被覆盖	8	0.10
	勉强适宜	农田、经济林(果园、苗圃等)	5	
	很不适宜	竹林、红树林等郁闭度高的自然植被区	1	
坡度	最适宜	<8°	9	0.16
	比较适宜	8°～15°	7	
	不适宜	15°～25°	3	
	很不适宜	>25°	1	
土地利用现状	最适宜	居民用地、工矿用地	9	0.12
	比较适宜	耕地、未利用地	7	
	勉强适宜	草地	5	
	不适宜	园地、林地	3	
	很不适宜	水域、交通用地	1	

ArcView 3.3 或 ArcGIS 9.0 的空间分析模块,对评价因子进行单因素和综合生态适宜性叠加分析,并对其生态适宜性评价结果进行分级,即最适宜、比较适宜、勉强适宜、不适宜、很不适宜等,形成单因子和综合指标的生态适宜性系列分级图,如图 6.1 所示。综合的生态适宜性评价公式见式(6.1)。

$$S_{ij}=\sum_{k=1}^{n}W(k)C_{ij}(k) \tag{6.1}$$

式中,S_{ij} 为第 i 行 j 列格网的综合生态适宜性,$k=1,2,\cdots,n$ 表示第 k 个生态因子;$W(k)$ 表示第 k 个生态因子的权重;$C_{ij}(k)$ 表示第 k 个生态因子在第 i 行 j 列格网的适宜性等级。

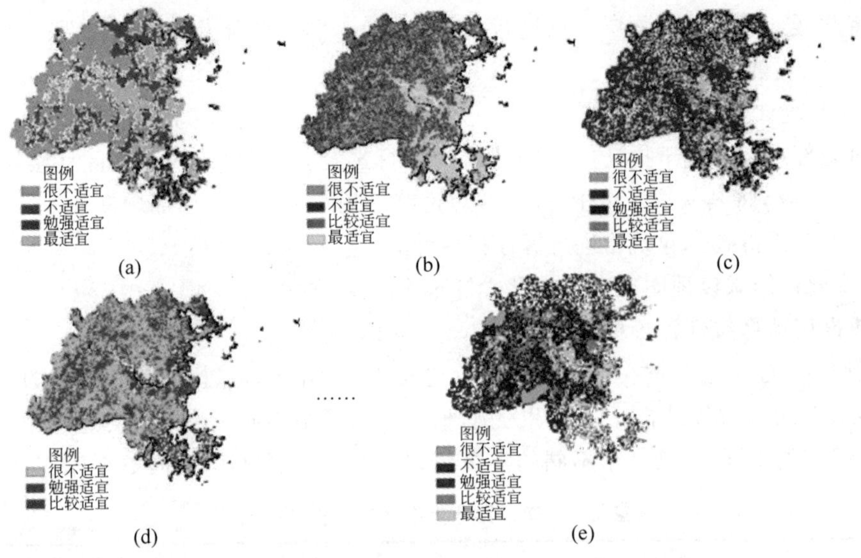

图 6.1 福州建设用地生态适宜性评价系列等级图

(a) 地貌因子;(b) 坡度因子;(c) 土地利用因子;(d) 植被因子;(e) 综合指标评价

4) 农作物种植区划

这类模型用于描述和解释某种现象空间分布的规律,可以回答"那里是什么"和"它们在哪里"之类的问题。为了科学区划,必须要掌握农作物生成条件。

以亚热带农作物种植是否适宜为例说明建模方法:

第一,收集数据,如区域农业背景的数据、影响农作物生长的生态因子(积温、光照、土壤pH、降水量、年均温、空气相对湿度等);

第二,构建空间数据库;

第三,建立指标图层,确定指标等级(适宜、较适宜、一般适宜、不适宜);

第四,进行 GIS 叠加分析适宜性;

第五,生成结果图,为决策者提供参考意见。

图 6.2 给出了一般描述性模型,该模型根据已知因素评价农作物种植的适应性,根据一定的分类分级标准,将土地划分为适宜和不适宜或适宜、较适宜、一般适宜、不适宜等级,输

出的图层可显示区域种植适应性的差别。图 6.3 是福建寿宁县的猕猴桃种植的区划,对从事农业生产有一定的指导性。

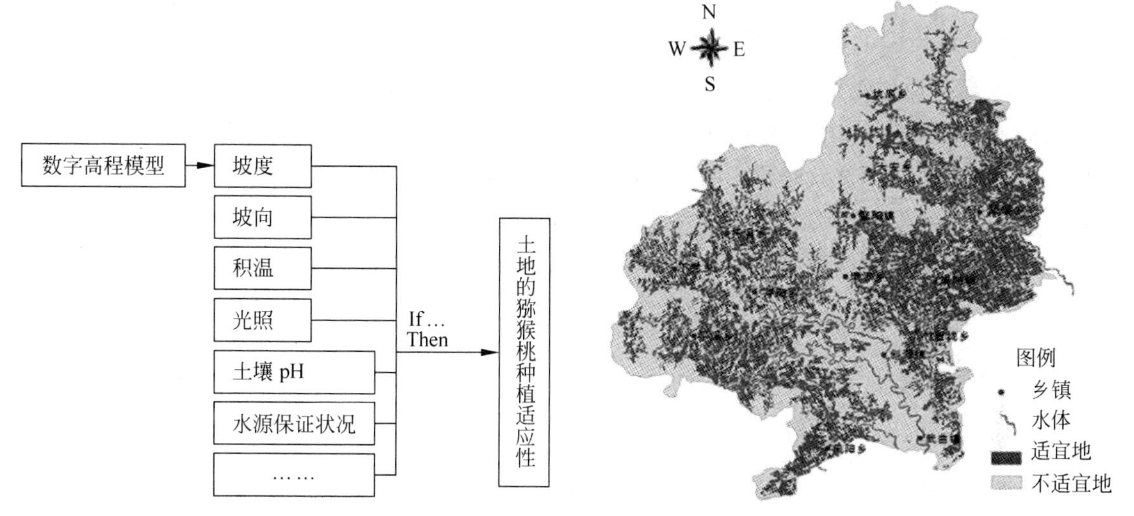

图 6.2 猕猴桃种植适应性评价地图模型

图 6.3 猕猴桃种植区划

6.2.2 地学模拟模型

1. 一般介绍

应用 GIS 方法,分析多种要素之间的关系,可模拟或预测某种地理过程或现象,如气候变化、沙漠化过程、土地退化过程、土壤侵蚀变化、河道演变过程等。以土壤侵蚀评价为例说明。为确定土壤侵蚀或水土流失的数值分析模型,先选择影响土壤流失的主要环境数据,然后建立主要因子(R、K、L、S、C、P)图层,再利用地图代数运算,构建土壤侵蚀地图模型:$A=RKLSCP$。这是通用土壤流失模型(USLE)。土壤侵蚀或水土流失数据处理流程如图 6.4 所示。其中:R 为雨量——径流侵蚀(Rainfall_Runoff Erosivity)因子;K 为土壤侵

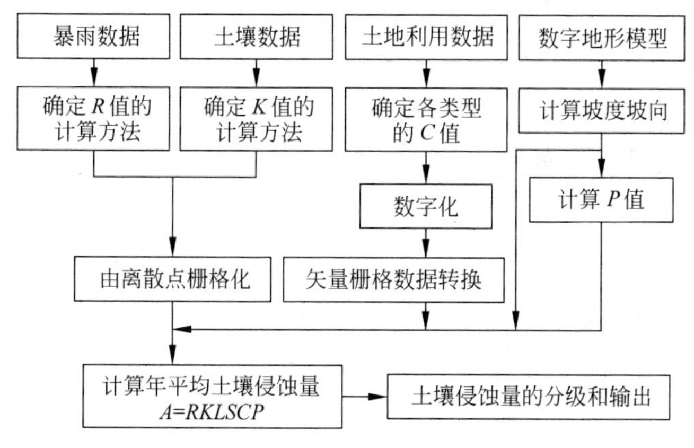

图 6.4 土壤侵蚀数据处理流程

蚀(Soil Erodibility)因子；L 为坡长(Slope Length)因子；S 为坡度(Slope Gradient)因子；C 为作物管理(Crop Management)因子；P 为侵蚀控制措施(Erosion Control Practice)因子。

一个地图模型可以说是表示了解决某一问题的其中一种方案。根据已有的基本数据和一套 GIS 软件所提供的栅格或矢量数据分析的基本运算,不同的分析人员可能会使用不同的运算功能、采用不同的程序解决同一个问题,因此,他们为解决同一问题所设计的地图模型可能会不一样,这就是说,用于解决某一问题的地图模型不是唯一的。但是,应该注意的是,不同的地图模型产生的最后结果可能会有所差别,应对不同的地图模型进行实验,对地图模拟过程以及每个运算的结果进行评价,以保证地图模拟结果的正确性和有效性。

2. 应用案例

以闽西宁化为例,利用修正的通用土壤流失模型(RUSLE),构建不同时间水土流失的分级系列图(图 6.5)。计算公式：$A=RKLSCP$。需要考虑降雨(月降雨量 R)、土壤类型、地形(坡长坡度)、植被覆盖管理和水土保持措施五大主要因子。

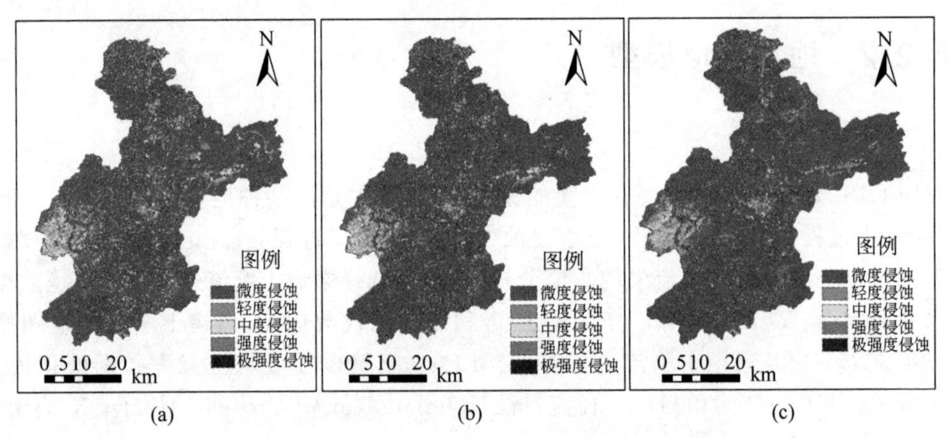

图 6.5　2001、2007 年和 2013 年土壤侵蚀强度分级

(a) 2001 年土壤侵蚀强度；(b) 2007 年土壤侵蚀强度；(c) 2013 年土壤侵蚀强度

6.2.3 发展预测模型

1. 一般介绍

发展预测模型是运用已有的存储数据和系统提供的手段,对事物进行科学的数量分析,探索某一事物在今后的可能发展趋势,并做出评价和估计,以调节、控制计划或行动。在地理信息研究中,如人口预测、资源预测、粮食产量预测以及社会发展预测等,都是经常要解决的问题。

预测方法通常分为定性、定量、定时和概率预测。在信息系统中,一般采用定量预测方法，它利用系统存储的多目标统计数据，由一个或几个变量的值，来预测或控制另一个变量的取值。这种数量预测常用的数学方法有移动平均数法、指数平滑法、趋势分析法、时间序列分析法、回归分析法以及灰色系统理论等模型的应用。用 GIS 模型可以解决区域时空历史变化的布局问题。

2. 应用案例

在 GIS 人口数据库(2011 年)支持下，可生成福建人口规模、GDP、经济与人口关系以及空间聚类相关分析系列图，如图 6.6～图 6.9 所示。

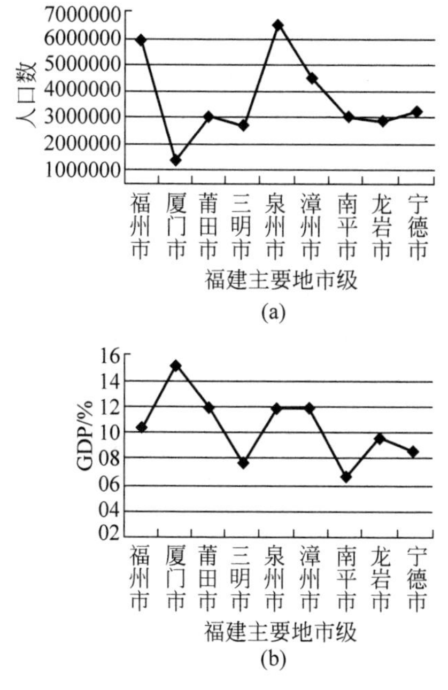

图 6.6 福建人口规模和 GDP 曲线

(a) 人口规模；(b) GDP 曲线

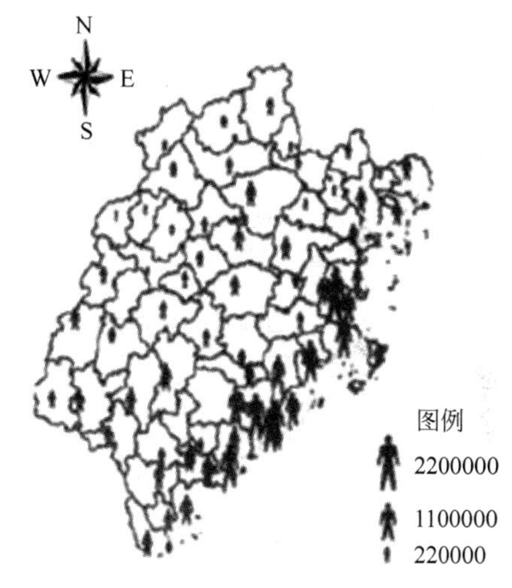

图 6.7 福建人口空间分布

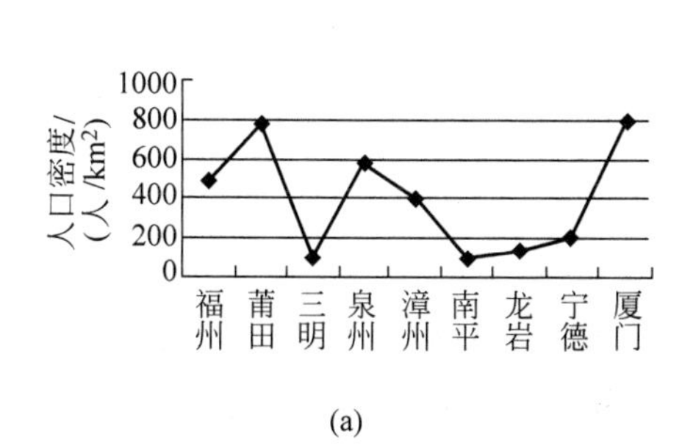

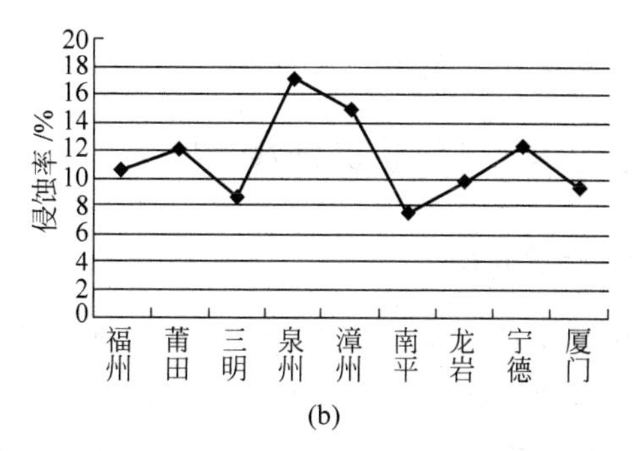

图 6.8 人口密度与土壤侵蚀率的关系

(a) 人口密度；(b) 土壤侵蚀

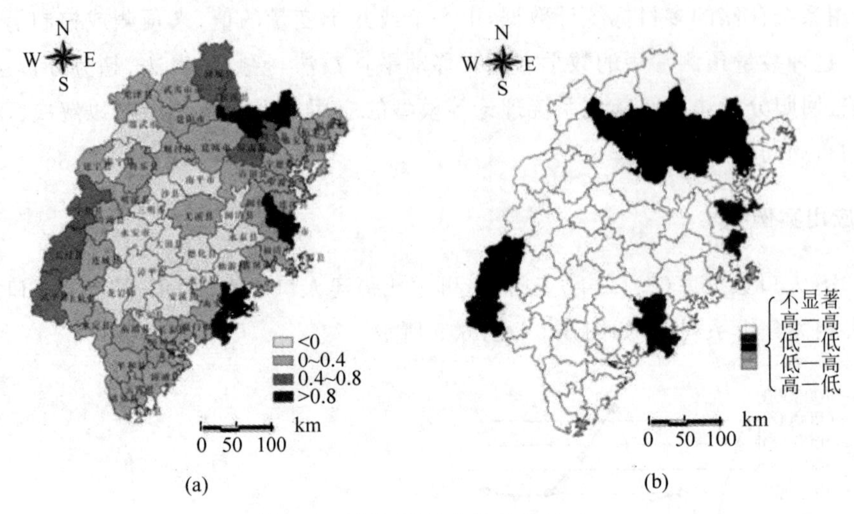

图 6.9 福建 GDP 空间相关显示

(a) 自相关分布；(b) 空间关联分布

利用回归分析方法，选用 3 个因子——GDP，第二产业、第三产业占 GDP 的比重，各行政区的土地面积。并设：Y＝总人口，X_1＝GDP，X_2＝第二产业、第三产业占 GDP 的比重，X_3＝各行政区的土地面积。建立人口与社会经济发展相关模型，如表 6.4 和表 6.5 所示。

表 6.4 人口与社会经济发展相关模型

模型	表 达 式
模型 1	$\lg Y=4.687+0.572\lg X_1$
模型 2	$\lg Y=3.095+0.623\lg X_1+0.239\lg X_2$
模型 3	$\lg Y=5.355+0.765\lg X_1+0.197\lg X_3-1.190\lg X_2$

表 6.5 变量两两相关性

两两变量	相关性
$Y-X_1$	0.723846432
$Y-X_2$	0.702928522
$Y-X_3$	−0.006466445

若再选用三个因子：人均 GDP、人口密度、城市化水平，并设：Y＝人均 GDP，X_1＝人口密度，X_2＝城市化水平，指标采用以 10 为底的对数进行无量纲处理后，建立相关模型则为：

$$Y=-0.937+1.838X_1+0.812X_2 \tag{6.2}$$

经检验复相关系数达到 0.966，说明该方程的回归效果显著。

6.2.4 交通规划模型

1. 一般介绍

交通规划模型是确定研究区交通目标与设计达到交通目标的策略和行动的过程。交通规划的目的是设计一个交通系统，以便为将来的各种用地模式服务。交通规划在整个国民经济中具有重要意义，它是建立完善的交通体系的重要手段，解决道路交通问题的根本措施以及获得交通运输最佳效益的有效方法。GIS 技术的引入能够提高交通规划工作的效率，简化业务流程，为建设交通规划行业的辅助决策支持系统打下良好的基础。

交通规划具有自己独特的业务特点，这些特点决定了 GIS 在为交通规划工作服务时，要能够适应这些特点的要求。例如,①要进行快速检索。规划人员要在短时间内快速获取大量信息,需要借助一定的工具进行快速检索。②跳跃性的数据处理。规划人员在对大量来源不同、属性不同的数据进行处理时,需要进行相关性分析,能发掘其中隐藏的关系和规律。③构建深入应用的辅助决策模型。在规划工作中有大量评价、预测性的模型需要建立。④注意与相关软件的综合集成。

需解决的GIS问题主要如下。

(1) 空间布局问题:既能够展示现有的空间布局状况,又能够表达规划人员对于未来空间布局的规划与预期。

(2) 网络计算问题:这属于优化布局的问题,即看某种规划方案是否合理,例如,从秦皇岛出发运输某种货物到达广州,在运输路径、运输工具、时间和经费等方面的选择上进行综合的网络计算,从而得出投入回报比最优的方案。

(3) 动态设置问题:交通状况不是一成不变的,要根据时刻变化的动态来进行数据更新,在此基础上再进行规划设计。

(4) 区域分析问题:交通不是一个孤立的存在,它与周围的经济、人口、自然环境等都会发生关联,所以进行区域分析是交通规划工作的重要内容之一。

(5) 时空历史变化的对照问题:瞬息万变的现实会导致大量的历史数据,如何存储历史数据,如何处理变化后的数据,如何更新数据,如何在历史数据和最新数据之间进行自由转换查询,这也是GIS平台要解决的任务之一。

交通规划模型主要包括城市交通发生量预测、出行分布预测和交通量最优分配三个部分。

1) 交通发生量预测模型

该模型采用因果分析法,综合考虑影响交通量发生的各因素,用回归分析法建造多因素相关回归方程。

设有 n 个居民区,m 种出行目的,L 个影响因素。

设 r_{ij} 为 i 居民区居民第 j 类出行目的的出行发生率,X_{ij}^{k} 是 i 居住区居民第 j 类出行目的的第 k 个影响因素,则构建回归方程

$$r_{ij}=a_0+\sum_{k=1}^{L}a_k X_{ij}^{k} \tag{6.3}$$

其中,$i=1,2,\cdots,n$;$j=1,2,\cdots,m$;$k=1,2,\cdots,L$;以及出行交通发生量 T 为

$$T=\sum_{i=1}^{n}\sum_{j=1}^{m}r_{ij} \tag{6.4}$$

其中,第 j 种出行目的的交通发生量为

$$T_j=\sum_{i=1}^{n}r_{ij} \tag{6.5}$$

i 居民区的交通发生量分别为

$$T_i=\sum_{j=1}^{m}r_{ij} \tag{6.6}$$

其中,a_0、a_k 由回归分析确定。j 可以取平均每户就业率、到出行目的地的距离、家庭收入水平等。

2）出行分布预测模型

出行分布包括出行方向、出行数量以及出行工具的空间分配，主要考虑以居民区为出发点的出行分布情况。

设 T_{ij}^k 为从 i 居民区居民到 j 出行目的地用 k 种交通工具的交通量，则一般的出行分布预测模型为

$$T_{ij}^k = A_i B_j O_i D_j f(C_{ij}^k) \tag{6.7}$$

式中，A_i 为与 i 居民区居民有关的比例因子；B_j 为与 j 出行目的地有关的比例因子；O_i 为 i 居民区居民的总出行量；D_j 为 j 出行目的地的吸引力测度，如用地规模等；C_{ij}^k 为 i 居民区居民与 j 出行目的地之间的离散性测定，一般可定义为

$$C_{ij}^k = a_1 t_{ij}^k + a_2 e_{ij}^k + a_3 d_{ij}^k + p_{ij}^k + \delta^k$$

式中，t_{ij}^k 为 i 居民区居民到 j 出行目的地用 k 种交通工具的出行时间；e_{ij}^k 为 i 居民区居民到 j 出行目的地用 k 种交通工具出行的附加出行时间，如等车、停车；d_{ij}^k 为 i 居民区居民到 j 出行目的地用 k 种交通工具的出行距离；p_{ij}^k 为居住区居民的附加花费，如停车费等；δ^k 为其他花费；a_1、a_2、a_3 为比例因子；O_i、D_j 的数值可以是 i 居民区居民和 j 出行目的地所选择的特征数值的函数，如 D_j 为交通发生模型中的

$$D_j = \sum_{s=1}^{m} b_s r_j^s$$

式中，r_j^s 可以取就业人数、占地规模等；b_s 为区域吸引力测度。计算出 Lmn 个 T_{ij}^k 的值，并在图上表示出，即可反映城市交通流的流量、流向分布情况。

3）交通量最优分配规划

交通量在交通网络中的最优分配，对于客流，往往采用最短路径算法，以出行距离最小为原则，求出各居住区居民到各出行目的地的出行量。对于货流，一般采用线性规划中的运输模型。

（1）平衡运输模型与不平衡运输模型。

以 X_{ij} 表示待求的从地点 i 到地点 j 的最佳运输量并由模型求解得出。D_j 表示地点 j 所需要的货物到达量，S_i 表示地点 i 货物可供数量或生产量，C_{ij} 表示从地点 i 运输到地点 j 单位产品运输成本。

给出以下约束。

生产量约束

$$\sum_{j=1}^{m} X_{ij} = S_i$$

消费量约束

$$\sum_{i=1}^{n} X_{ij} = D_j, \quad X_{ij} \geqslant 0$$

目标函数，总运费最省

$$Z = \sum_{i=1}^{n} \sum_{j=1}^{m} C_{ij} X_{ij} \rightarrow \min$$

由于假定生产量严格地等于消费量，所以称为平衡运输模型。

如果

$$\sum_{j=1}^{m} X_{ij} \leqslant S_i$$

$$\sum_{i=1}^{n} X_{ij} \geqslant D_j$$

$$Z = \sum_{i=1}^{n}\sum_{j=1}^{m} C_{ij} X_{ij} \to 0$$

即要求全部消费量小于生产量，全部生产量大于消费量，则称为不平衡运输模型。这是一个线性规划模型，采用单纯法即可求解。

(2) 交通量分配模型。

是以引力模型为基础的分配模型，在建立该模型时需要考虑下述因素。

① 道路功能的合理划分。在城市中，道路按功能可以分为过境道路、主要交通干道、次干道、主要生活性道路、次要生活性道路和联系城区主干道和过境公路的进出城干道。主要交通干道是流量分配的基本计算对象，主要生活性道路是联系居住与就业的主要道路，也是流量分配的重要对象。

② 交通流对速度的要求。除了 $0 \sim D$ 流量在空间上的分配之外，还应该保证速度要求。为了达到速度要求，可限定交通流方向，如采取单行道；或限制流量，如制定限制高峰流量或在一定时间限制某一类的车流通过等。

③ 道路使用的经济性。在优化过程中，如果仅按运费原则，可能使部分道路流量过稀而引起不经济，同时也会使部分便捷通道超负荷，为此，应用约束条件表示充分利用道路及其设施的要求，保证城市道路各尽其能。

④ 对交叉路口流量的限制。由于主干道各交叉口往往流量十分集中而造成堵塞，因此，有必要在模型中对交叉口各方向的流量做出约束，以保证交叉口的畅通。

2. 应用案例

利用 GIS 网络分析方法与交通系统相结合，构建“城市红绿灯智能化模拟系统”可解决城市道路网的交叉口信号管理的问题。

红绿灯调度系统发展到现在有三种模式：固定控制、实时选择控制和实时生成控制。这里讨论在单交叉口模拟“实时生成控制”交通量模型的实现。假设如下条件：

(1) 通往交叉路口的车辆是随机的，不考虑混车流的情况。

(2) 在系统运行过程中，交叉口处不发生交通事故。

(3) 在系统运行过程中，所有车辆服从红绿灯调度控制。

(4) 车辆在通过交叉路口的速度是相同的，绿灯时间内的车辆必须顺利通过交叉路口。

应用模型如下：

第 i 相位的有效绿灯时间

$$T_i = T_0 + \Delta T_i$$

式中，T_i 表示第 i 相位的有效灯时间，T_0 表示最低下限绿灯时间，ΔT_i 表示根据第 i 相位车流量计算获得的绿灯延长时间。

ΔT_i 的获取是交通信号控制的关键。涉及参数多，技术复杂。但主要受车辆延误

(D_i)、停车次数(H_i)、通行能力(Q_i)三项指标的影响。Alcelic 提出的目标函数是

$$f(X)=\sum_{i=1}^{n}(k_iD_i+k_i^2H_i-k_i^3Q_i)$$

模糊控制流程如图 6.10 所示。

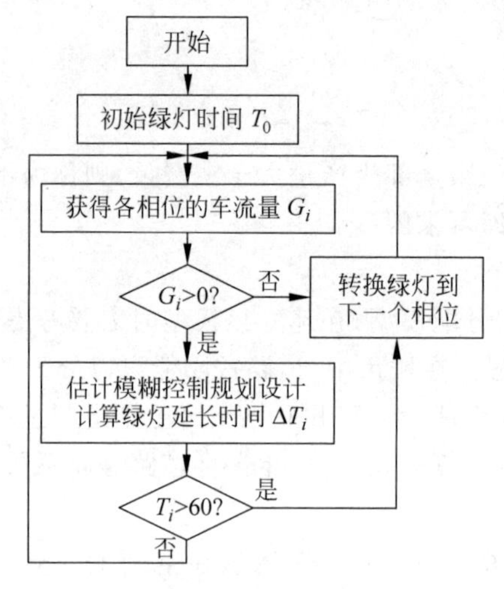

图 6.10 模糊控制流程

思考题

1. 给定某一海域的海面观测点分布地图及每个点的海面日平均温度观测数据，现需要计算该海域内某一天的海面温度等值线分布及温度变化梯度分布，请利用 GIS 的功能给出求解方法和步骤。

2. 为建重大水利工程。若根据蓄水前后的水位计算淹没区范围、淹没耕地面积及淹没区移民数量，你需要哪些基本数据？并结合 GIS 的功能给出详细的技术方案和实现过程。

3. 设某项应用为核电站选址，要求核电站临近海湾，交通便捷，地形坡度小于 5°，地质条件安全，并避开居民区。请试以 GIS 方法，设计该位置选择的应用模型，用框图表示其运行过程，并说明其有关的操作和算法。

4. 图 6.11 为等高线多边形图(左)及其属性表(右)，属性表中 *Hight* 字段表示高程；图 6.12 为某河道下游土地利用及其属性表，字段 *Landuse* 表示土地利用类型，其中 R1、R2 表示住宅用地，C 表示非住宅用地，*Class* 字段表示地基损失参数，其中 $A=75\%$，$B=25\%$，$C=50\%$，*Value* 表示该地块资产总值。*V_a* 字段表示资产密度。若在某次洪水中，500m 以下的住宅用地受淹没，请详细描述利用 ArcView 的空间叠加分析，计算淹没损失的步骤。

5. 图 6.13(a)为某城市道路交通图，1、2、3、4、5、6 为公共汽车沿程停靠站，其中 1 为起点站，6 为终点站。图 6.13(b)为道路单行限制图，其中站点 1、站点 3 所在的路段为碧云路，站点 2、站点 4 所在的路段为锦绣路。其中锦绣路为由南向北的单行线，碧云路为由北向南的单行线，请分别写出在 ArcView 中不受单行限制时的最佳路径计算步骤与受单行限制时的最佳路径计算步骤。

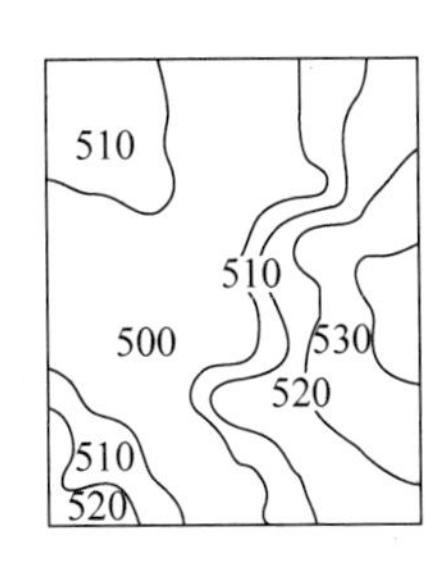

形状	面积/m^2	周长/m	道路等级	道路等级ID	高程/m
面状	707808100000	3342575000	2	6	510
面状	302161300000	1000251000	3	5	500
面状	750919300000	8957627000	4	4	510
面状	124386600000	9169237000	5	3	520
面状	947539600000	5900711000	6	2	530
面状	275712800000	2358214000	7	1	540
面状	344661200000	3284625000	8	7	510
面状	207880800000	2675941000	9	8	520

图 6.11　等高线多边形图(左)及其属性表(右)

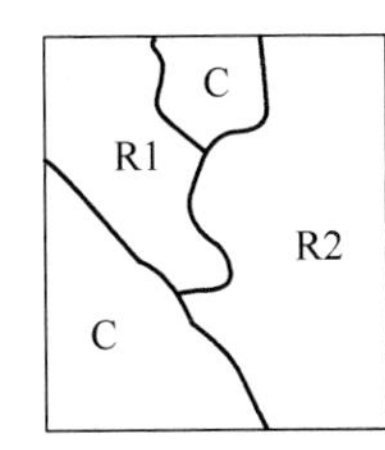

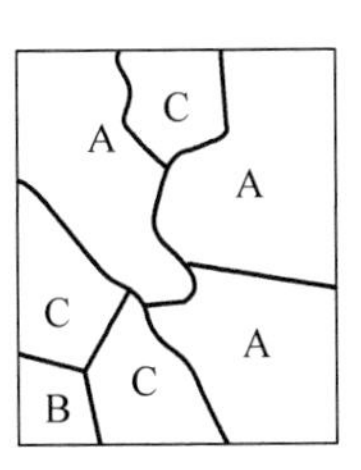

形状	面积/m^2	周长/m	道路等级	道路等级ID	土地利用类型	地块资产总值/元	地基损失参数	资产密度
面状	157054000000	5721620000	2	4	C	50000	*A*	0.00001
面状	578469900000	3081325000	3	5	R1	100000	*C*	0.0002
面状	191701200000	5891053000	4	6	R1	115000	*A*	0.0003
面状	780979100000	3097283000	5	7	R2	100000	*C*	0.0002
面状	150976600000	5237155000	6	1	R1	10000	*A*	0.0001
面状	776368400000	3755407000	7	2	R2	50000	*C*	0.0002
面状	366863900000	2469973000	9	3	C	30000	*B*	0.0001

图 6.12　某河道下游土地利用(上)及其属性表(下)

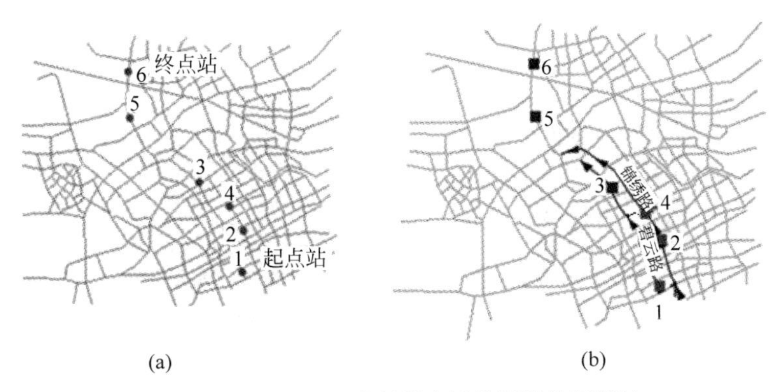

图 6.13　ArcView 中的城市道路图及单行限制

(a) 城市道路交通；(b) 道路单行限制

6. 设有以下数据源：地形图、航空相片、土壤普查资源、降雨强度分布图、土地利用现状图，要求：①写出该信息源涉及地区坡度>25°坡耕地可退耕地的面积与分布工程方案。②如果地面的侵蚀模数可表达为 $E=(A+B)C\times\ln D\times E$，其中 A 为坡度；B 为植被盖度；C 为土地利用参数(梯田=0.7；坡耕地=1.5；其他=0.8)；D 为土壤抗蚀参数(武成黄土=1；马兰黄土=2；离土黄土=2.6；全新世黄土=3.1)；E 为降雨侵蚀力(0～1)，编程求算该地区总侵蚀量。

进一步讨论的问题

1. GIS应用的现状及前景。
2. 结合你的专业领域，叙述基于GIS的地学应用模型的建模步骤和方法。

实验项目6　GIS叠加分析

一、实验内容

(1) 图层叠加分析。
(2) 属性数据的计算。
(3) 表格的连接和关联。
(4) 适宜性分析。

二、实验目的

(1) 通过实验，了解和掌握叠加分析方法及表格数据的处理，加深对叠加分析原理的理解。

(2) 通过实验操作，了解如何综合利用空间分析方法解决实际问题，并提供决策支持。

三、实验数据

GIS_data/ Data6

第6章彩图

第6章思考题答案

第7章

GIS可视化及其产品输出

本章导读

GIS为用户提供了许多表达地理数据的手段。其形式既可以是计算机屏幕显示，也可以是诸如报告、表格、地图、系列图等拷贝图件，还可以通过人机交互方式来选择显示对象的形式。但要特别强调的是GIS的地图输出功能，不仅可以输出全要素地图，还可以根据用户需要，输出各种专题图、统计图等。本章首先介绍可视化、科学计算可视化的概念及其关系，其次说明空间信息可视化的表现形式，最后介绍GIS输出内容。

7.1 地理信息可视化理论

由于计算机图形学、多媒体技术、虚拟现实技术和图像处理技术的发展，可以将一些科学现象、自然景观和十分抽象的概念图形化，出现了多维动态、过程模拟和用户自适应参与信息可视化技术。现代地图学已进入视觉效果和探索图形变换功能为重点的阶段，可视化成为地图和GIS研究的热点。

7.1.1 可视化定义

可视化是将符号或数据转换为直观的图形、图像的技术，它的过程是一种转换，它的目的是将原始数据转化为可显示的图形、图像，从而全面且本质地把握住地理空间信息的基本特征，便于迅速地、形象地传递和接收它们。

可视化(Visualization)概念源自科学计算可视化(Visualization in Science Computing，ViSC)，由美国学者McCormick等提出。美国国家科学基金会在1996年召开的有关科学计算与图形学和图像处理的讨论会上，对“科学计算可视化”定义为：“一种计算方法，它将符号转化为几何图形，便于研究人员观察模拟和计算”。可视化是一种工具，用来解释输入到计算机里的图像数据和从复杂的多维数据中生成图像，它主要研究人和计算机如何一致地感受、使用和传输视觉信息。从表述的内容来看，该定义主要从计算机科学的角度出发，侧重于复杂数据的计算机图形处理和表示，同时将人和计算机对视觉信息的感知行为作为研究对象，运用计算机图形学和图像处理技术，将科学计算过程中产生的数据及计算结果转换为图形和图像显示出来，并进行交互处理的理论、方法和技术。

“科学计算可视化”概念提出后，在地学相关领域逐渐受到重视，并产生了众多特定领域的可视化专业性概念。科学计算可视化与地球科学相结合产生了地学可视化，对地学数据进行视觉表达与可视化分析。在现代数字技术环境下,地学可视化的内涵与外延都有扩展,在地图绘制、地貌晕渲、符号化、地学图谱、三维景观图等技术都有发展。地学可视化强调地学现象、事物的机理、过程、规律的视觉化表达,挖掘揭示深层的信息内容。根据不同地学领域的数据特征,结合专业原理和专业模型分析,产生特殊地理信息可视化,例如,通过三维景观、可视化技术展示地质构造分布、发育;模拟水文现象的演变;模拟海洋、大气的运动过程等。

7.1.2 地理信息可视化概念

"科学计算可视化"理论的丰富和技术发展对地图可视化表达和分析产生了深远的影响,许多学术机构纷纷设立对应的研究分支,例如,国际制图学协会(International Cartographic Association,ICA)在1995年成立可视化委员会(Commission on Visualization),1996年该委员会与美国计算机协会图形学专业组进行跨学科合作,探索计算机图形学理论和技术如何有效地应用于地图学和空间数据分析,这种合作既促进了科学计算可视化与地图可视化的交流,又促进了相关学科的发展。2002年ICA委员会工作小组又组织对地学可视化(Geovisualization)进行专题讨论,研究了"地学可视化中的认知和应用问题""数据库和地学计算中知识发现的地学可视化综合""地图可视化关系表达法"等,所有这些成果都推进了地图/地学可视化研究的进程。

因为地图本身就是一种视觉产品,所以对地图制图和GIS而言,可视化并不是什么新概念。地图生产过程被认为是运用视觉变量对现实世界抽象、综合和表示的过程,地图读者又运用视觉思维感受和分析地图这种视觉化产品,正是从这个意义上说,可视化不是什么新事物。然而这一概念在制图新技术环境下被赋予新的内涵,地图可视化不仅仅是图形结果状态表示,更主要地是一种高级的空间数据分析行为,它刻画了一种思维过程。地图学家泰勒认为,传输和认知模型是地图视觉化的重要内容。地理信息可视化在地图信息的认知和传输方面赋予了新的特色,随着研究的深入开展,可为地图感受论和地图传输论的研究带来生机。

"地图可视化"是一种认知行为,是人类在发展意念上表示的能力,它有助于辨别模型,创造和发展新秩序,为识别、传输和解译模式或结构目的而概要地表示信息的过程。它的研究领域包括创建、组织、操作和理解视觉表示的计算、认知和图形设计方面。视觉表示与抽象文字和公式不同,它是一种符号化、图形化和形象化的表达。

值得一提,可视化是基于图形环境的人和计算机之间的交互,并将数据的视觉表示为景(Scene),景实际上就是将数据表示成直接感知的视觉形式。有人从地学计算(Geocomputation)的角度考虑,认为应将可视化提升到独立学科的地位看待。但截至目前,"地图可视化"还没有统一的定义。

7.1.3 地理信息可视化理论

数字技术、网络技术、多媒体技术、虚拟现实技术的出现,推动了地图认知、信息传输理论的发展,也促使人们对地理信息可视化理论进行重新认识。多维与动态可视化技术是地学可视化最新的发展趋势。目前具有代表性的观点主要有:①Taylor的现代地图学认知论(可视化三角形);②MacEachren的空间表达论(可视化立方体);③DiBiase的科学探索工具论；④Kraak 的探索论；⑤龚建华等的认知与交流融合论，以下分别介绍。

（1）将地图理论的原则放在三角形的底边，认知和传输放在三角形的另外两边，三角形中心连接处为可视化，可视化包含信息交流传输与认知分析两方面，如图 7.1 所示。Taylor 认为，可视化是现代地图学的核心，具有交互和动态特征，可视化的功能包括交流传输与认知分析两方面，同时需要计算机技术应用到地图制图中来。同时，他也指出：不能简单地将地图可视化与地图学等同起来，可视化不构成地图学的全部研究内容。

（2）用立方体表达地图应用空间以及可视化和交流传输在立方体空间中不同的位置和作用。可视化与交流传输处于不同的地位，发挥不同的作用。交流传输具有表达已知、面对大众、人图交互作用较低等特点；而可视化则具有呈现未知、面对个人、人图交互作用较高等特点，如图 7.2 所示。MacEachren 强调了交流与可视化在地图学中的作用。该立方体模型形象地描述了两个过程：在对地学过程、规律探索的早期，是为数较少的领域专家对地学问题探索，在逐步深化过程中认识从无知到有知，逐渐清晰化，该阶段人与图的交互频繁，通过图形绘制、分析进行多个过程图形化思考，这一过程可看作探索发现。第二个过程，探索结果出来后通过可视化图形载体进行交流传播，面向社会化大众交流其成果，此时与图的交互主要是接受其成果，交互操作量减少，这一过程主要是交流传输。例如，天气预报图的制作发布就是一个典型的例子，开始气象人员要根据各种气象相关的参量数据绘制气压形势图、风向图、云层图等，综合分析得出未来一定时间段内的天气变化，气象专家通过频繁的图形可视化思考后，通过媒体发布其预报成果，这可为大多数人接受。

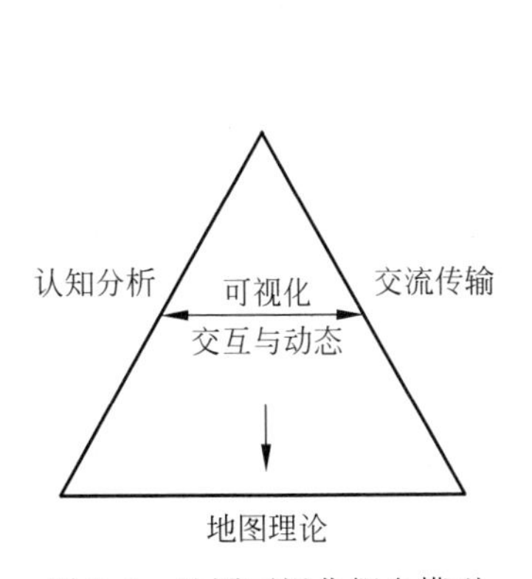

图 7.1　地图可视化概念模型

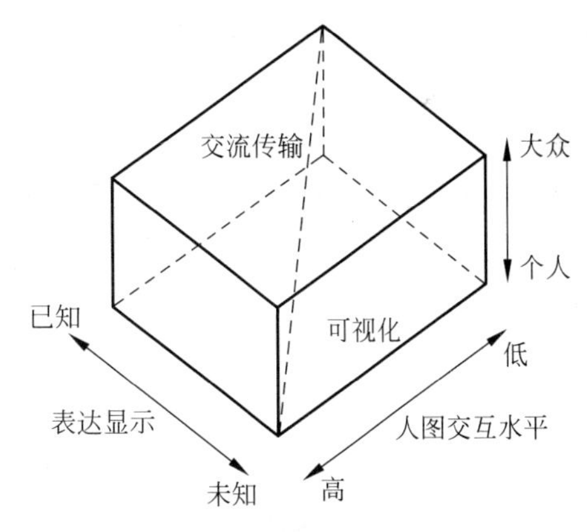

图 7.2　地图应用的空间表达

（3）把可视化描述为科学探索的一个工具，包括数据探索、假设定义、验证、综合合成、结果表达，强调地理研究过程中的地图作用，并认为可视化特征在研究过程的早期侧重于个人特征的视觉思维，后期侧重于研究结果的公众交流的视觉传输，如图 7.3 所示。在地理研究过程中可视化地图的作用很重要。地图可视化由供给驱动向需求驱动转变，地图的功能由表达已知的知识向探索未知的知识发展，可视化不只是一种最终产品，也可以是视觉思维的中间产品。

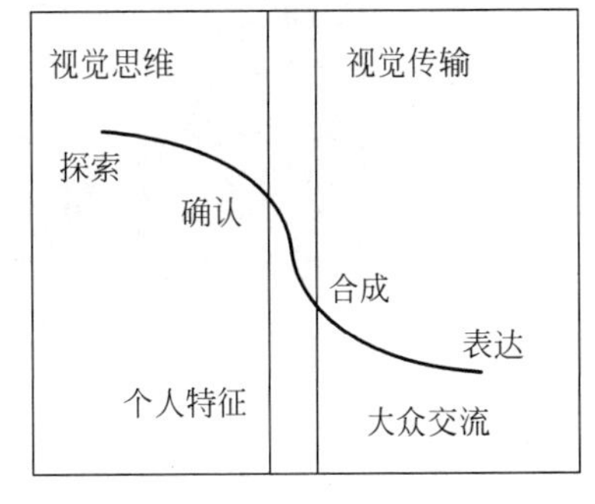

图 7.3　探索型地图理论

尽管不同学者对地理信息可视化理论表述有差异，但都强调地理信息可视化不仅仅是图形结果状态表示，更主要地是一种高级的空间数据分析行为，它刻画了一种思维过程。在空间数据分析决策中，信息可视化是一种认知工具，传统地图可视化技术主要表达地理现象的空间分布与空间定位，解决“在何处”“有何物”问题。在数字条件下的可视化技术更主要的在于揭示深层次的地理现象的发生规律和内在的物理机制，回答“为什么”“怎么样”问题。这一深层次的可视化不仅是用符号简单地“装饰”地理数据的过程，还在于探究、挖掘隐藏的信息内容。目前正在飞速发展的虚拟现实技术也是以图形图像的可视化技术为依托的。

7.2 地理信息可视化技术

7.2.1 概念和形式

在 GIS 中，地理信息可视化则以地理信息科学、计算机科学、地图学、认知科学、信息传输学与地理信息系统为基础，并通过计算机技术、数字技术、多媒体技术动态，直观、形象地表现、解释、传输地理空间信息并揭示其规律，是关于信息表达和传输的理论、方法与技术。地理信息可视化的形式主要有地图、多媒体、三维仿真、虚拟现实等。它们都可以是 GIS 的界面。地理信息可视化技术方法主要有几何图形法、色彩、灰度表示法、多媒体表示法、虚拟现实可视化法和热力图示法等，以下分别介绍。

1）几何图形法

通过把三维图形透视变换映射成二维图形，用折线、曲线、网格线等几何图形表示数值的大小，包括：用等值线法表达地形、气温、降水量等；用矢量符号法表达气压梯度、梅雨峰线等；用风力玫瑰图表示风力发生频率与风向等；用流线箭标图法表示洋流、气旋等；用等值面法表达地形起伏等。

2）色彩、灰度表示法

用色彩、灰度来描述不同区域的数值，如数字图像法、区域填充渲染、地貌晕渲法(图 7.4)等。

(a)

(b)

图 7.4 用数字图像、地貌晕渲表达地理信息

(a) 数字图像；(b) 地貌晕渲图

3）多媒体表示法

用图像、声音、动画等多媒体联合表示地学研究中的特殊现象，如地震爆发、冰山漂移、海底扩张、污染物扩散等。多媒体信息主要指综合、形象地表现空间信息所使用的文本、表格、声音、图像、图形、动画、音频、视频各种形式逻辑地连接并集成一个整体概念，是空间信息可视化的重要形式。

4）虚拟现实可视化法

虚拟现实可视化法是指由计算机和其他设备如头盔、数据手套等组成的高级人机交互系统，以视觉为主，结合听、触、嗅甚至味觉来感知的环境，使人们犹如进入真实的地理空间环境之中并与之交互。

5）热力图法

热力图以特殊高亮的形式显示访客热衷的页面区域和访客所在的地理区域的图示，也可以显示不可点击区域发生的事情。热力图可显性、直观地将网页流量数据分布通过不同颜色区块呈现，给中小网站网页优化与调整提供有力的参考依据，方便合作网站提高用户体验。如百度地图热力图就是用不同颜色的区块叠加在地图上实时描述人群分布、密度和变化趋势的一个产品，是基于百度大数据的一个便民出行服务。

7.2.2 地理信息可视化过程

空间信息与可视化的关系是密切的。首先从 GIS 数据库中检索出要素、特征及定位信息；通过预处理后，从符号库读取符号信息，从字符库读取汉字及字符信息，从色彩库读取色彩信息，这就是符号化步骤；接着就可面向不同应用领域输出各种形式的可视化图形（包括地图）。地理信息可视化过程如图 7.5 所示。

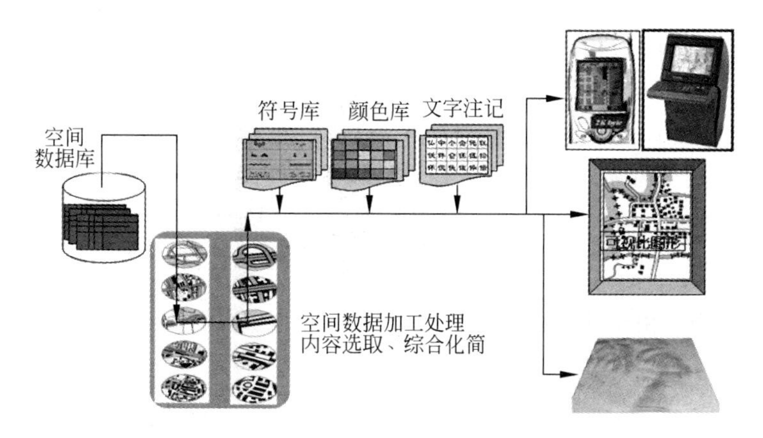

图 7.5 地理信息可视化过程

7.2.3 电子地图

电子地图作为地理信息可视化的主要形式，是以地图数据库为基础，以数字形式存储于计算机外存储器上，并能在屏幕上实时显示的可视地图（有时也称为“屏幕地图”）。电子地图可以实时地显示各种信息，具有漫游、动画、开窗、缩放、增删、修改、编辑等功能，并可进行各种量算、数据及图形输出打印，便于人们使用。随着多媒体技术的发展，电子地图将与音像等内容结合起来,极大地丰富地图的表示内容,全方位、多角度地介绍与地理环境相关的各种信息,使地图更富有表现力。电子地图集,是为了一定用途,采用统一、互补的制作方法系统汇集的若干电子地图,这些地图具有内在的统一性,互相联系,互相补充,互相加强。

电子地图虽包含了GIS的主要功能,但不是全部功能。电子地图侧重于可见实体的显示,其中较完善的空间信息可视化功能和地图量算功能是一般GIS所欠缺的。但是一些电子地图(集)难于使其可视化空间均具有统一的空间数学基础,因而空间分析相对GIS而言比较薄弱,这也是两者最主要的区别。电子地图(集)是一种新型的、内容广泛的GIS产品,而电子地图(集)系统则是一些内容广泛、功能各异的新型GIS系统。

电子地图与纸质地图相比,有其优越性,但电子地图设计仍要遵循传统纸质地图的设计原则。随着电子地图设计环境、应用环境的改变,电子地图具有的新特点有:数据与软件的集成、动态交互可探究、信息表达方式多样、无极缩放与多尺度数据、高效检索与地图分析、数据共享等。电子地图尤其在下面几个方面特点显著。

1. 地图符号视觉变量的扩展

Bertin及其他制图专家,在对符号信息的感受性、传输性研究的基础上构建了视觉变量体系。这个体系在地图设计中,包含符号的形状、尺寸、色彩、结构、方向、密度。在电子地图设计中,为适应其动态性、交互探究性的超体结构的特点,这一视觉变量体系要进行扩展,包括以下的符号参量。

(1) 时间(Time):反映符号闪烁的频率、移动的速率、显示时间的长短等。通过符号时间变量可反映地理现象的动态特性,探究其变化规律。

(2) 交互操作(Interaction):反映用户对符号主动操作的程度。在面向对象的符号设计中,符号对象的操作与数据是封装的,操作包含对符号的放大、旋转、隐藏、视角变换等。

(3) 写实性(Realism):与抽象性对应。描述符号与实际地物间的语义表达形象性特征,如植被类型用典型树种外形表示,增加符号的写实性特征。

(4) 焦点(Focus):MacEachren建议将焦点列为符号变量之一。其表现为符号的视觉中心,动态性符号的变化原点,如烟雾状动态扩展符号的中心、旋转符号的轴心等。

2. 多任务单图幅由单任务多图幅取代

这是与传统纸质地图内容表达相比较而言的。过去,地图内容在纸面的展示是多层次图形的融合,是各种用户需求内容的并集。尽量提高图面载负量,是地图设计人员的初衷。对于电子地图设计而言,为克服屏幕显示的局限性和信息查询地物标识的不明确性,同时为不同专门用户提供具有排他性的感兴趣的信息,内容结构采用单任务多幅图组织形式,任务的划分可以是地图的图形层面,可以是用户的分类,也可以是表示方法的不同,视具体情况而定。这种组织丝毫不破坏跨任务的内容间的对比,电子地图可以同时显示相关任务的多幅图,或者将基于同样参考系范围的任务叠加,前者是一种串行显示,后者则是一种并行显示。单任务多图幅组织方式更能满足读图用户的需要。

3. 制图与读图过程的融合

电子地图具有的交互式探究特点要求地图设计时，充分考虑读图者所扮演的角色。针对用户的层次和兴趣，可设计为让用户读图时，调配自己喜爱的颜色、选择符号、布局图面，甚至地图综合原则的改变。如地物选取的阈值、统计数据分级、背景层面筛选量。制图与读图融合的程度是一个值得研究的课题，一般针对普通用户，地图内容表示应预先制作固定，地图形式表达方面可以让用户参与。

随着计算机和网络技术的不断发展，电子地图的概念也不断发展。将电子地图服务发布到网络上，供用户信息查询检索，极大地延伸地图服务范围。这种新形式的地图就是网络地图。基本上网络能够覆盖到的地方，就能使用地图服务，极大地方便了应用。

随着 GPS 技术与手机等移动智能设备的普及，基于位置服务的移动地图也得到应用，且发展前景广阔。

7.3 动态现象可视化

7.3.1 动态地图概念

在计算机技术支持下电子地图显示出其独特的优越性。与传统制图技术相比，电子地图对地理现象可视化表达在内容和形式上都有扩展。过去纸质地图只能展现地理现象的状态性信息，而电子地图还可以跟踪描述过程性信息，即动态特征，能形象地表示空间信息的时空变化状态和过程，可以直观而又逼真地显示地理实体运动变化的规律和特点。

动态地图是对实体世界运动变化现象的动态可视化表达，随着时间的延展，实体位置移动、形状改变、属性变化，这一过程通过地图表达出来便是动态地图。另外，实际空间的静态现象表达到地图后，在用户看来，并不一定是静止的，典型的例子便是在模拟飞行中，用户视点沿着航线获取地形地物的动感，在目前兴起的虚拟现实 VR 技术中广泛应用，由于用户视点的改变而获取的运动变化与时间无关，只是空间状态的变化，我们称作相对变化。从以上分析可知，动态地图涉及时间、空间两方面的变化，仅仅把动态地图看作地理实体时态特征的表现是不准确的。动态地图可定义为：基于读图角度，可以从中获取关于地理实体空间位置、属性特征运动变化的视觉感受的地图。动态地图的表达通常采用以下几种方法：

(1) 利用传统的地图符号和颜色等表示方法，如运动线表示气流、行军等路线。

(2) 采用定义了动态视觉变量的动态符号来表示，即用闪烁、跳跃、色度、亮度变化等手段反映运动中物的矢量、数量、空间和时间变化特征。

(3) 采用连续快照方法制作多幅或一组地图。这是采用一系列状态对应的地图来表现时空变化的状态。

(4) 结合计算机虚拟现实的技术，实现地图动画效果。

面向动态变化现象可视化表达的动态电子地图是一种新型的可视化，它强调动态、在线、多维特征，它对正在发生的变化或已经发生的变化通过动画、动态符号、模拟飞行等形式可视化显示，以期揭示现象的时空演变规律、分析现象的时态特征，它具有广泛的应用领域，如基于位置的定位(LBS)系统、导航系统、环境监测系统、智能交通系统等。

7.3.2 动态地图符号

传统的地图符号设计原则是基于 Bertin 视觉参量体系建立起来的,依据符号的七个视觉参量:大小、色相、方位、形状、位置、纹理及饱和度来设计描述地理实体不同方面的性质特征。显然,为了表达动态特征,需要对地图符号的参量进行扩展,引入动态特征描述。常用的四个动态参量为:发生时长、变化速率、变化次序、节奏,分别介绍如下。

1. 发生时长

发生时长描述观察者从视觉上对符号感知到符号消失的时间长短,发生时长通常通过划分很小的时段单位来计算,与多媒体技术中的帧的概念相应。发生时长反映了事件在时间轴上延展,与现象在空间 X、Y 或 Z 轴上的投影覆盖范围可建立映射关系。地图设计中,发生时长可用于表现动态现象的延续过程,发生时长的帧值越大,现象生成的时间和出现的时间就越长,如图 7.6 所示。

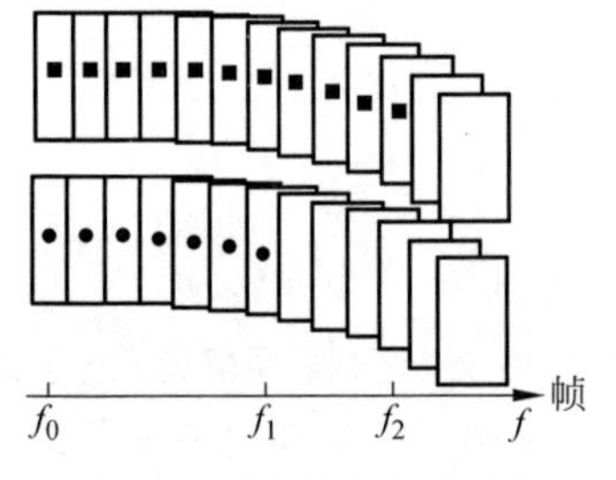

图 7.6 动态符号发生时长

2. 变化速率

变化速率是一个复合参量,需要借助于符号的其他参量来表述,描述符号的状态改变速度。符号的状态可以是前面定义的动态参量发生时长,也可以是表态参量大小、方位、饱和度等。可以借助于一阶微分公式来表达,变化速率 $v = dg(s)/df$,其中 $g(s)$ 为符号 s 的状态,f 为帧。当 $g(s)$ 为发生时长时,变化速率描述符号"闪烁"的快慢。图 7.7 表述了符号不同参量的变化速率。

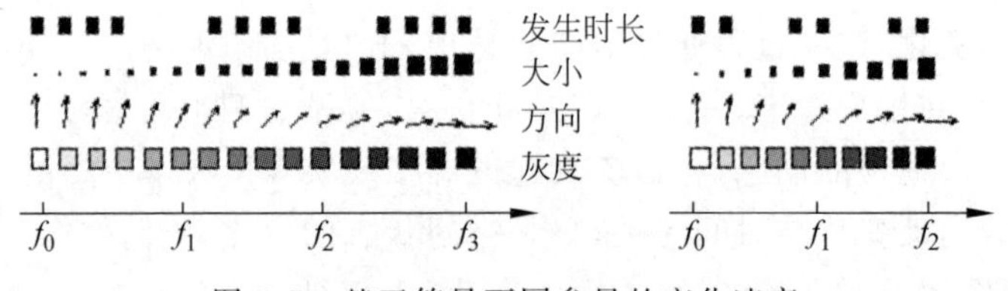

图 7.7 基于符号不同参量的变化速率

变化速率的大小与运动过程的快慢一致,变化速率可以是常量(加速度为零),也可以是变量(加速度为非零),加速度大小与运动过程的平稳与激烈性相应。基于变化着的现象对人的视觉感受有较强的吸引力的事实,符号的变化速率除了用以描述地理现象的运动过程外,还可用于静态现象的重要性描述和显式定位,闪烁速率大的符号描述发射功能强的电视塔,亮度变化率大的符号描述人口流动快的区域,天气预报中用动态符号描述城市的天气的变化情况。

3. 变化次序

时间是有序的,可以类似二维空间中的前后、邻接关系建立时间段之间的先后、相邻拓扑关系。符号的变化次序描述符号状态改变过程中各帧状态出现的顺序,依据时间分辨率,可以将连续变化状态离散化处理成各帧状态值,使其交替出现。符号的变化次序可以用于任意有序量的可视化表达，升序变化对应着特征的显著性增强，降序变化对应着特征的显著性减弱，符号色相依据灰-淡红-红-蓝的次序反映天气由阴变晴，反之反映天气由晴变阴。此外，气温在四季中冷、暖、热的交替也可用符号的某个参量的变化次序来体现。

4. 节奏

符号的节奏描述符号周期性变化的特征，它是由发生时长、变化速率以及其他参量融合到一起而生成的复合参量，同时又表现出独立的视觉意义，用于地理信息的时态特征及变化规律的描述。节奏与静态符号的纹理对应，构成纹理的原子符号之间的间隔对应发生时长，原子符号的排列顺序对应变化次序。描述节奏的参量可以进一步细分为频率(周期)和振幅。符号的节奏变化可以用周期性函数表示并用周期性曲线显示。如图 7.8 所示，节奏的振幅对应地理现象变化的峰值，频率则对应变化速度。符号的节奏参量可用于描述周期性变化现象重复性特征，也可描述质量性质，节奏越快对应的地理实体越重要等级越高等。

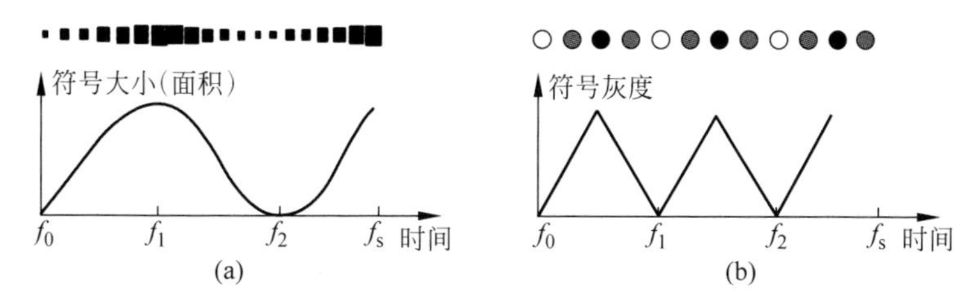

图 7.8 动态符号大小变化(a)和灰度变化(b)节奏曲线

地理实体的时态特征和变化规律可由符号动态参量体现出来。地理实体在空间中生存的时间由符号的发生时长表达，位置移动、属性变化的快慢由符号的变化速率表达。在实体与符号的时态映射关系上，与空间表现一样，同样存在制图综合问题，包括时态比例尺确定、时间分辨率选取、跨越比例尺时态变化的简化或夸大等。动态符号表现动态变化可以用于历史过程的再现、同步过程的实时跟踪监控及其他用途。

7.3.3 动态电子地图分类

动态电子地图的应用领域非常广泛，产品形式多样，功能丰富，可依据不同标准对其分类。

(1) 根据变化的主体，动态地图可视化的内容可分为专题性质变化(排放污水环境质量超标、航标灯熄灭)和空间位置移动变化(运钞车行进、洪水淹没面扩展、森林大火蔓延、热带气旋移动)。前者通过各种专业传感器获取被监控目标的性质变化信息，由无线通信传回到电子地图上表达；后者通过 GPS 或航测遥感获取目标的位置或空间状态的变化信息。

(2) 根据运行平台，电子地图系统可分为多目标远程监控和当前目标实时监控。前者表现为在室内大屏幕上实时监控一定区域范围内的多个目标的变化，如 110 报警台、航班运行控制中心、船舶搜救报警站、污水排放环境监测站等安装的电子地图系统；后者表现为移动目标中安装的对当前目标的变化状态实时监控的电子地图系统，如海船驾驶舱安装的电子海图导航系统、飞机上 GPS 定位显示系统等。

(3) 根据动态电子地图的时态特性可分为：对正在发生变化的实时监控、对已经发生变化的过程再现以及对将要发生变化的模拟推演。“过去时”变化的表达类似于飞机失事后“黑匣子”分析，在船舶导航系统中记录船舶运动的轨迹、速度、水下障碍物信息，在发生碰撞后通过运行状态的回放可分析事故产生的原因；“将来时”变化的表达可根据当前目标的规划线路、运动状态参数模拟表现变化的发生，如基于“移动计算模型”分析在涨潮时船是否能安全通过某搁浅区域(GIS 中典型的“点在多边形内”的判断，但点是移动的，多边形的区域范围是变化的)。

(4) 根据用户感知的变化内容的真实性，动态电子地图可分为实际变化的感知和静态现象的模拟感知。前者是真实变化，在实体世界发生的变化映射到概念世界(地图或 GIS)后，其变化映象为用户世界感知；后者是模拟变化，实体世界的静态现象映射到概念世界，通过相对改变概念世界与用户世界之间的视点位置关系，让观察者获得静态现象的“动态”感觉，典型的例子便是“模拟飞行”观察地物景观。

7.3.4 动态电子地图设计

1. 地理背景底图设计

动态电子地图在内容结构上表现为地理背景信息与动态变化主题信息的叠加，地理背景信息为预处理存储表达的电子地图内容，为后继动态变化现象的表达提供定位支持，通过定位背景的上下文关系表达解释现象发生的过程与原因。作为定位背景的底图层就需要具备较高的可调性，以适应不同监控目标的变化表达对定位背景的动态需要。需根据监控对象的性质特征实时导出相适应的地理底图。例如，服务于船舶导航的电子海图根据水深变化有“安全区”与“非安全区”之分，电子海图上该多边形区域的划分显然不是固定的，取决于船舶的吨位与吃水深度，同样的电子海图安装在不同船上后，根据当前船的有关参数在等深线模型上实时导出不同的“安全区”与“非安全区”，作为导航的定位背景。更进一步的，要根据航行当天的潮位数据对水深进行改正，进而计算出当天的“安全区”与“非安全区”，如图 7.9 所示，图中浅色调区域表示安全区。

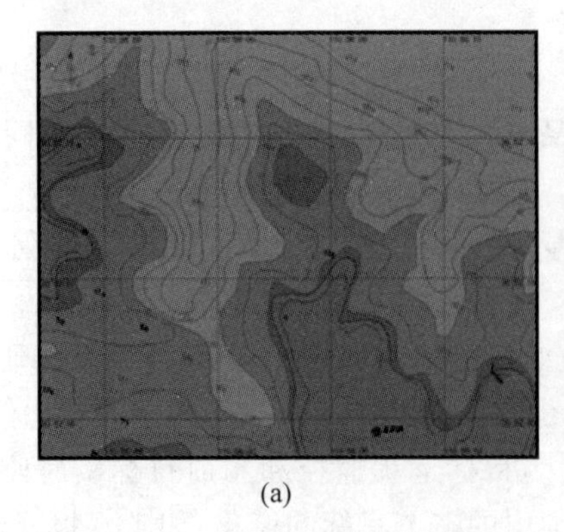

(a)

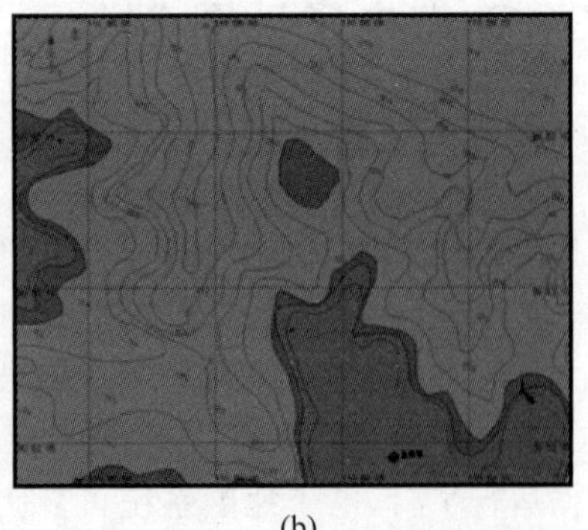

(b)

图 7.9 根据不同船舶参数导出不同安全区表达的地理背景地图

(a) 安全区为 15m 水深；(b) 安全区为 5m 水深

2. 动态符号设计

由GPS、红外探测仪、专业性传感器获取的位置、性质变化信息并不是按专业化数据形式直接显示在地图上，而是经过抽样、分类、性质分析、概括综合后由地图符号表达，通过符号参量来传递动态变化的性质、幅度、趋势等特征。当排放污水环境质量超标、航行船舶即将撞上障碍物时，通过“警戒色”“鸣笛”等可视化、可听化方式报警，而不是显示由监测器发回的一系列环境化学指标。

前文讨论了发生时长、变化速度、变化次序和节奏四个动态参量，分别用于变化现象的动态符号描述，这四个参量在变化表达的“度”上具有不同的功能。用动态符号来表现变化现象，依据时态综合原则（抽样规则等）在符号的动态参量与实际变化的特征之间建立映射关系，地理实体的时态特征和变化规律就可由符号动态参量体现出来。

依据三种变化与四种动态参量在度量刻画上的对应关系，监控目标在实体空间中生存的时间可由符号的发生时长表达，属性状态的交替改变可由符号的变化次序表达，位置移动、属性变化的快慢可由符号的变化速率表达，周期性变化现象（航标灯在风力、波浪作用下的位置晃动）则可由符号的变化节奏表达，节奏所蕴含的“振幅”与“频率”分别刻画变化的“强弱”与“速率”。用动态符号参量描述监控目标的变化特性时，与空间表达一样存在制图综合问题，包括时态比例尺确定、时间分辨率选取、跨比例尺时态变化的简化或夸大等。对三种时态变化（历史过程的再现、同步过程的实时跟踪、将来过程的推演）动态符号的描述参量有不同的调节功效。

3. 多尺度表达设计

多尺度、多分辨率空间数据支持下的变焦式可视化是动态电子地图特别青睐的，它提供多层次、多细节化展示变化的发生以及发生的环境。一方面，监控目标的位置移动、性质状态的改变都会牵引用户的注意力，聚焦透视局部的细节信息；另一方面，用户又需要在大尺度范围内从全局性获取目标的区位、目标间的空间关系。

可采用三种方法：①通过概略图、区位图、索引图等方式配以主地图内容实现地物目标的多尺度可视化，从而完成目标搜索和空间信息的查询；②跨比例尺切换，当放大到一定显示比例尺时，从数据库中调用大比例尺详细表达地图数据；③在不同区域设置不同比例尺组合在同一平面显示，产生“哈哈镜”式的显示效果，对特别关注的区域采用大比例尺（“凸透镜”放大），其他区域采用小比例尺（“凹透镜”缩小），实现“近大远小”的效果。

在汽车导航电子地图中，当汽车运行到街道交叉口时，对十字交叉口一定范围内的区域放大，让小型的建筑物、城建设施都有空间将其显示出来（供驾驶员对窗外小视野范围内观察到的目标与导航系统上显示的图形进行匹配），而对远离街道交叉口的区域缩小比例尺显示，在小空间内只显示主要的街道。这样既能保证驾驶员感知目前行进在大区域范围的什么位置，又能观察车外邻近范围的详细目标，实现“近大远小”的可视化效果，缺点则是空间度量上产生变形（橡皮尺子），难以获取准确的空间距离远近关系。

4. 时间比例尺设计

实际发生时态现象在动态电子地图表达时也要通过一定比率关系 $1:T$ 实施转换，从

而产生时间比例尺的设计问题。与空间比例尺不同的是,时间比例尺分母 T 的取值有三种情形:

(1) $T>1$,长时间段完成的变化过程在短时间内再现或推演出来,例如,在海上航行了数月的船舶,在几秒钟内将其航行过程再现出来;在一定风力作用下未来12h内森林大火的蔓延过程通过20s模拟表达出来。

(2) $T=1$,实时跟踪表达正在发生的现象,主要用于导航系统中移动目标的监控。

(3) $T<1$,变化发生的时间太短,需要延时用"慢镜头"夸大表达,例如,山体滑坡在数秒钟内完成,为详细分析山体的变化过程,需要延长时间,一帧一帧地展示该过程。

时间比例尺的设计取决于时间分辨率的确定,在动态电子地图中存在两种时间分辨率:①变化过程数据采集分辨率 d_1;②可视化表达分辨率 d_2,这里分辨率 d_i 定义为时间轴上的"粒度"或"刻度"。数据采集分辨率 d_1 控制对连续变化离散化采集时的抽样过程,可视化表达分辨率 d_2 控制再现变化过程的快慢,时间比例尺分母 $T=d_2/d_1$,例如,导航系统中每2秒记录一次GPS测得的位置,在回放时每0.1秒显示一个记录点的位置,则时间比例尺为1∶20。对变化现象的实时监控,两时间分辨率相等,因此时间比例尺分母为1。

表现运动变化特征的动态地图,在时间分辨率和时间比例尺控制下,存在时间综合问题。主要包括:时间分辨率的重新划分以表现运动变化的详细过程或粗略概况;随着时间比例尺和时间分辨率的变化,对变化过程细节进行选取;对变化过程重新分级或分类;依据一定模型简化变化过程的轨迹,舍弃变化的细节;由空间比例尺的改变重新定义时态特征,如在实时跟踪汽车行驶的电子地图上,当地图的空间比例尺变大时,两点间的图面距离变大,时间分辨率也要提高,这样才能保证目标移动连续与实地同步,不出现突变。空间显示有图幅的载幅量限制,在动态地图的变化中有机器运行时间资源占用的限制。

5. 交互式操作的设计

动态地图的显著特点之一便是用户阅读时的交互式操作,下面区别四种显著的动态变化过程分别讨论。

(1) 变化模拟(模拟飞行):用户的控制权最大。通过用户视点的变化实现对监控目标的变化模拟,变化过程完全由用户来设计规划,不仅可控制显示状态,运行轨迹、变化速度、变化次序也由用户选择确定。在模拟飞行中,用户视点变化的三维路线的选定、速度、加速度、方向调整都由用户完成,是这一应用的典型例子。

(2) 过程推演:用户的控制权减小。在输入监控目标的状态参量、运动参量后,依据一定的运动模型,实现变化过程模拟推演,用户可设计多套候选参量,但不能控制由模型决定的运动轨迹、运动速度等。

(3) 过程再现:用户的控制权进一步减小。交互式操作表现为:改变时间分辨率控制变化过程再现的快慢;暂停运行过程观察某一个时间快照;在空间上变换观察视点;获取多角度三维景观等;选择某一时间段观察局部变化过程。图7.10(a)展示了过程再现的用户操作界面和参数设置。

(4) 实时跟踪:用户交互式操作的自由度最小,用户的操作只能在显示状态上修改参量,不能控制实体或模型的运行。对于复杂运动过程的实时表达需占用机器较多的时间资源,要让用户设定合适的数据采集时间分辨率,得到连续的变化过程而又没有数据的冗余。

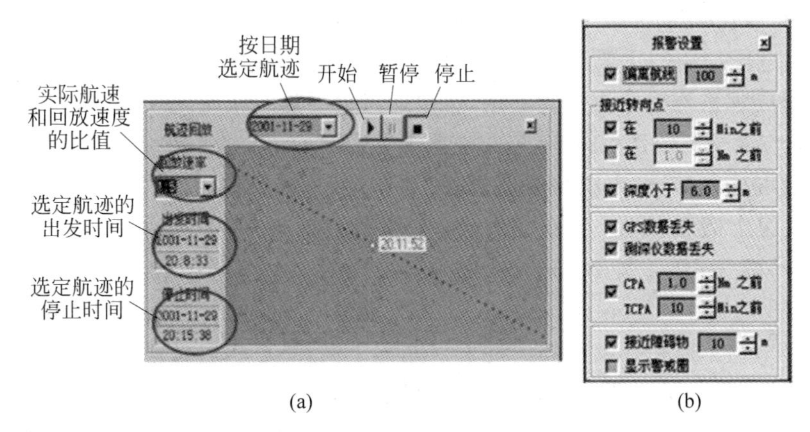

图 7.10 船舶航行过程再现的用户交互式操作界面和用于航行安全报警的参量设置

(a) 操作界面；(b) 参量设置

此外，对实时跟踪的操作，还表现在监控信息的在线式处理，根据不同级别的报警信号做出后继决策。在什么条件下报警？由用户实时定义。图 7.10(b)表示了在船舶导航报警系统中，用户对报警条件控制的操作菜单。

7.4 GIS 输出

GIS 不仅是一个可操作的信息处理系统，同时可以输出多种形式的信息产品，主要有：传统的纸质地图(集)、以数字形式存储的电子地图(集)以及统计表、文本、图表、数字模型等非地图形式的信息产品，如图 7.11 所示。

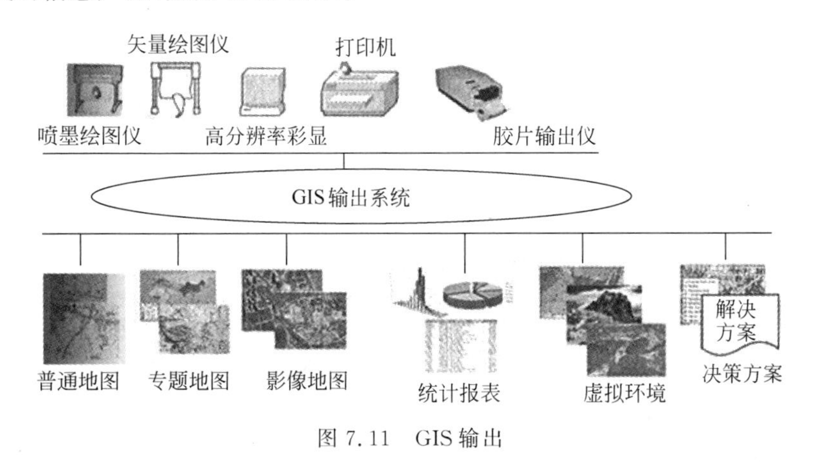

图 7.11 GIS 输出

7.4.1 电子地图输出

电子地图通过数字化形式储存在 CD-ROM 等介质中，应用时，由读图系统的界面提供符号化图形，GIS 空间数据库同时也是地图内容的数字化储存。在功能上电子地图缺乏强的空间分析、辅助决策，更多的是一个信息查询系统，但电子地图的图形可视化视觉效果比

GIS 强,图形符号化整饰具有一定艺术化特色和美学效应。

GIS 输出电子地图的主要工作就是要在图形可视化方面再加工,达到图形精美表达,通过与其他图形处理系统接口弥补其不足,可以通过以下途径输出电子地图。

(1) GIS 与电子制图系统接口,通过图形数据格式转化,将 GIS 数据转存到专门电子制图系统作为后继处理,转换中应注意不要丧失 GIS 数据的属性、结构关系描述信息。

(2) 与桌面出版系统接口,在 EPS 文件基础上处理后,直接纳入电子地图系统,如 ArcView 中。

(3) 桌面出版(Desk Top Publishing,DTP)系统中对图形分层细化,使分层隐含属性信息。适用于简单的不需拓扑结构的属性信息建立。例如,点状居民地以级别分层,按不同层将 DTP 数据转存到电子地图系统中,居民地级别属性一并输入。

(4) 直接利用 PS 文件作为几何数据,通过指针连接建立 PS 文件到属性文件的对应关系。PS 文件的图形是按实体目标划分的,且具有很强的描述复合目标功能,为电子地图直接利用 PS 文件提供可能。这需要有较好的 PS 文件解释程序支持,同时 PS 文件数据组织时顾及电子地图要求,为与属性文件连接提供准备。

7.4.2 地图(集)生产出版

在 GIS 全数字化技术体系下,地图生产从资料处理、内容设计、符号设计、地图整饰,到出版准备、软片制作都能基于电子技术实现,在这一流程中,地图不再以纸质图形和玻璃、软片基面的形式在地图设计室、编稿室、制版印刷车间传输,取而代之的是在计算机前将地图以数字形式一次性集成处理完成,这就是现代数字技术条件下的 DTP 系统。

DTP 系统也称为电子排版系统,是利用计算机技术结合色度数、色彩学、图像处理等相关技术而开发的印前处理系统,是一个开放性强的设计制版系统,在全电子环境下完成自动分色、色彩校正、彩色挂网、页间排版,需要高分辨率扫描仪、高保真显示器、高精度影像记录仪等硬件设备支持。包括开放性强的交互式操作图形设计编辑系统,从而将人的创意设计智能性行为引入系统的运作中,完成地图分色、制片前的有关设计工作。Macintosh 下的 Freehand,PC 下的 Coreldraw、Illustrator、Pagemaker 以及图形图像处理系统 Photoshop、AutoCAD 等,都可以直接作为地图 DTP 系统的处理软件。

1. 彩色地图电子出版系统的结构

彩色桌面出版系统,简称为 CDTP,它们的硬件部分包括地图数据输入设备、主机、彩样输出设备、图形数据存储设备、激光照排机等,软件部分包括图形编辑软件、图像处理软件、设色软件、光栅图像处理器(Raster Image Processor,RIP)系统等。系统结构及数据流程表述如图 7.12 所示。

2. 基于 DTP 系统的地图生产

DTP 系统将各种来源、各种形式的信息资料在 DTP 系统中集成,包括矢量图形、图像、统计表格、ASCII 文本等,经加工 RIP 后,进行分色软片输出,晒 PS 版上印刷机印刷。整个过程是一个人机协同的作业方式,DTP 系统为设计人员提供交互式的电子作业环境和作业工具,这种集成化作业包含了地图生产的多个环节,不像传统技术方式那样编绘、清绘、分色、照相、制版诸多工艺由不同人员在不同工序下完成，如图 7.13 所示。

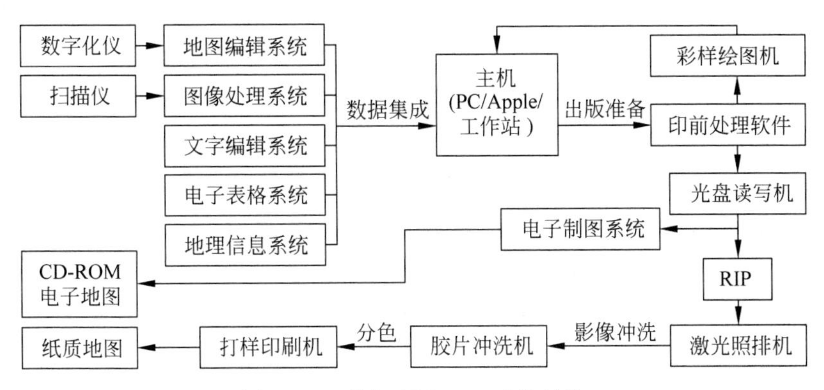

图 7.12 彩色地图 DTP 系统结构

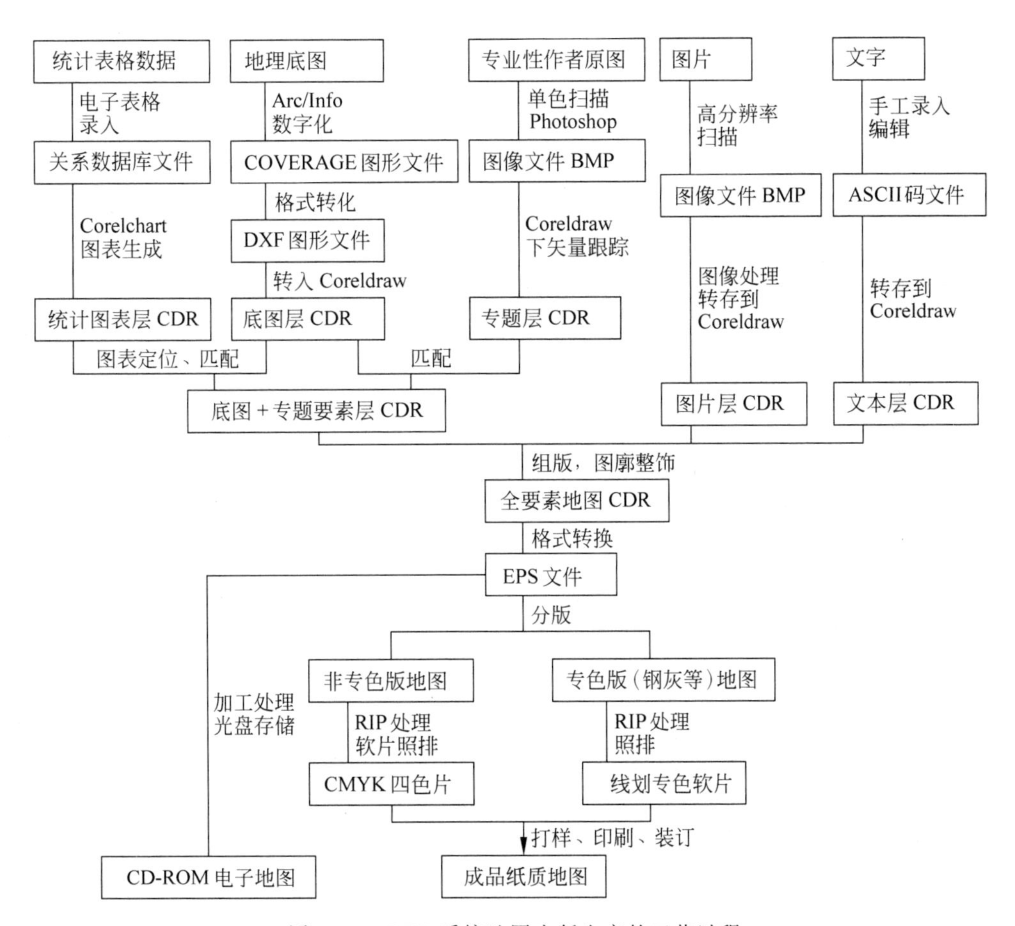

图 7.13 DTP 系统地图出版生产的工艺过程

DTP 系统下生产地图作业步骤主要如下：

(1) 数据录入：地理底图通过数字化生成矢量图形，作者原图或有关的资料图扫描进入计算机后，为屏幕矢量化跟踪做准备，通过 GIS 的检索功能，提取空间数据库中相关的地理信息。一般的桌面出版系统图形软件不具备地图数字化功能，可通过诸如 AutoCAD、

ArcGIS与地图有关的软件进行采集。GIS的空间数据库是以大地坐标或者经纬度为存储单位,无比例尺概念,在向DTP纸张坐标系数据检索输出时,要做坐标变换,要考虑地图投影。

(2) 地图内容选取与设计:尽管自动化的地图综合系统还不能在生产中应用,但在电子作业环境下可通过多种途径的交互式选取工具操作图形。应用标识器及几何作图、样条光滑、裁剪等工具对图形作简化、移位、夸大处理,利用DTP图形系统的电子表格处理功能自动生成统计图表。其他关于地图形式方面的设计有:色彩调配、地图符号设计、字体选择等。

(3) 出版准备:图形要素分层,扫描地图线划做贝塞尔(Bezier)曲线跟踪;点、线、面符号的配赋,分层图形的叠印套印关系设定;面积普染色与范围边界线半线宽重叠度处理。

(4) 图廓整饰与组版:包括地图开本及幅面设计;根据图面层次深度对图形要素分层排序;地理底面与专题要素的定位匹配;主图、附图、统计图表、图例、注记等通过缩放、旋转、镜像等进行图面布局。

(5) 分色软片输出:包括专色版线划的分解;激光照排系统标准接口数据EPS/PS文件的转化生成;RIP;分色软片CMYK及专色片的冲洗晒片。

3. DTP系统地图集出版生产的同一协调原则

在DTP系统下完成地图集的生产出版,需要顾及地图集统一协调原则。

1) 建立统一的电子作业环境

在地图集进入计算机系统作业之前,应根据地图特点和设计要求,选定统一的初始化环境参量和一致的图形生成工具,包括:选定统一的调色方式,从系统提供的RGB加色法、CMYK减色法、Bezier法等调色方式中选定一种,并在整个调色作业过程中保持不变;通过实验确定图形描述有关参量,包括Bezier曲线分辨率、单线河图形渐变的速率、混合色过渡变化的级数、最细线划宽度(顾及印刷工艺可实现性)等;选定统一的注记字体,目前国内的汉字库很多,同样的字体在不同厂家的字库中有一定形式结构上的差别,应认定一种字库;图形尺寸单位(厘米、英寸、点、字号等)的统一选定;注记定位方式、字间距、段落排版方式统一设定。一般大型地图集的生产,由数十名作业员在多台终端上并行作业,应保持软件系统的设置一致,尤其是基于计算机的单机用户。

2) 地理底图的统一设计制作

地理底图的统一是地图集一致性的重要体现,同一地区不同比例尺地理底图制定统一的图形分层原则、地物选取、图形简化、冲突关系处理等综合原则。在DTP环境下,可按从大比例尺向小比例尺逐步缩小生成底图,由于注记字大,半依或不依比例尺图形符号不是按图形缩放做同比例变化的,应保存非符号化图形(地物骨架)和符号化图形两个版本,在地物骨架图形上做比例尺变化匹配后,进行符号化整饰。地理底图作为专题信息定位参考系背景,通常由专色版分色片决定其成品图颜色,其色相在上印刷机前调配选定,在DTP设计可暂不考虑颜色。底图的数据来源可能是不同比例尺、不同分辨率、不同形式的空间数据库输出结果的汇合,集成化处理中包含了检索过滤、大地坐标向纸张版面坐标的转化、比例尺匹配等过程。

3) 跨图幅多任务集成比较

DTP作业环境下的图形多窗口操作工具是图幅比较的有力手段,纵向上可将各种专题内容叠置比较去发现地理现象的不一致性,如将植被图与土壤图叠置从而发现植被分布规律，并识别出地理边界的不一致错误。横向上将相邻图幅拼接到一起，在屏幕窗口中进行接边处理，从而保证地图集在内容选取、图形表达方面的一致性。

新型地图的制作以计算机及由计算机控制的输入、输出设备为主要工具，通过数据库技术和数字处理方法来实现，是一种全数字制图。

7.4.3 地图制图的主要工具

由于制图方法的不同，制图工艺所需的工具也不同。对于实测成果，主要使用的是经纬仪、全站仪、平板仪等测角测高仪器或航空摄影测量技术。目前对于全数据成图，不仅数据采集方法灵活多样，而且制图手段更加自动化、智能化。目前常用于主流制图软件见表7.1。

表7.1 目前主要地图制图软件及制图特点

GIS软件名称	地图制图特点
ArcGIS	具有强大的GIS制图功能，能够进行二维和三维制图，其主要特点是数据驱动型制图软件，并且具有强大的制图表达功能，智能化程度高，但对使用者的制图操作水平要求较高
MapInfo	地图制图功能简捷。主要用于二维地图的制作。其主要特点是操作简单，空间数据采集与编辑方便
SuperMap	属于数据驱动型制图软件，其主要特点是操作简单，在三维可视化方面优于大多数GIS制图软件，智能化程度较高，提供各类专题地图制图方法，支撑热力图、网络图等新型地图表达类型
MapGIS	地图制图快速高效，实现了地图数据和制图一体化管理。其主要特点是显示效率和出图效果优于多数GIS制图软件。适合行业地图制图，如地质图制作
QGIS	开源GIS软件中制图能力较强的软件，用户界面友好，制图平台轻便，可扩展性强，支持常见的数据格式与专题地图类型。操作简单、可视化效果好
AutoCAD	属于工具制图软件，以二维制图为主，在建模设计、土木施工、机械设计、城市规划等方面应用广泛
Coreldraw	可设计各种矢量地图，但不作为主要的地图设计应用，主要用于艺术图形的设计与绘制、无地理坐标功能的支持
3DMAX	属于典型的三维制图软件。主要用于三维模型的设计与渲染、三维动画的构建、可堆叠的建模步骤，使模型制作具有灵活性，能够方便建立各类地图场景

思考题

1. 简述可视化的概念。
2. 地理信息可视化概念和形式如何？
3. 用实例阐述地理信息可视化的过程。
4. 电子地图与纸质地图比较有哪些优势？
5. GIS输出的电子产品有哪些？
6. 简述主流制图软件的地图制图特点。

进一步讨论的问题

1. 动态可视化发展的技术现状。
2. 地理信息可视化表达的方式有哪些?
3. 地学信息图谱表达的方法和研究现状。

实验项目 7　GIS 地图设计与输出

一、实验内容

(1) 基础地图的编制。
(2) 专题地图的编制。
(3) 系列图的生成。
(4) 数字地图输出。

二、实验目的

(1) 巩固地图学基础知识。
(2) 掌握用 GIS 工具实现数字地图布局设计和输出。

三、实验数据

GIS_data/ Data7

第 7 章彩图

第 7 章思考题答案

第8章

GIS设计开发及应用

本章导读

GIS建设开发是一项十分庞大而复杂的系统工程，系统建设投资大、周期长、风险大，经济效益、开发效率与可靠性是系统建设应注意的几个因素，如何寻找一套高效的科学方法来进行GIS的组织管理是当前GIS设计开发迫切需要解决的问题。本章首先介绍GIS设计开发简介；其次讨论以系统工程的方法解决GIS系统建设中所面临的问题并用案例说明。为GIS开发应用提供参考。

8.1 GIS设计开发简介

8.1.1 工具型GIS和应用型GIS

GIS设计涉及地理学、地图学、测量学、管理学、计算机科学等领域的基础知识及概念。

GIS作为一个特殊的软件领域，主要特点是海量数据存储及空间数据与属性数据一体化管理，是能处理、分析地理空间数据的一类特殊信息系统。GIS设计开发一般具有以下两个方面的含义：

(1) 从底层开发一个通用的工具型GIS。

(2) 借助通用的GIS开发平台(多为商业化GIS)进行二次开发，完成专用GIS的开发任务；或从底层根据应用目的开发一个专用的GIS。在第1章介绍GIS类型时曾提及GIS按其应用的特点，可以划分为工具型GIS、应用型GIS和大众型GIS。表8.1比较了工具型GIS和应用型GIS的要点及主要产品。

表8.1 工具型GIS和应用型GIS比较

	工具型GIS	应用型GIS
特点	1. 是一种通用型，具有一般的功能和特点，向用户提供一个统一的操作平台； 2. 一般没有地理空间实体，而是由用户自己定义点、线或面； 3. 具有很好的二次开发功能； 4. GIS空间分析是工具型GIS的核心和必备功能	1. 在较成熟的工具型GIS软件基础上，根据用户的需求和应用目的而设计的用于解决一类或多类实际问题的GIS； 2. 它具有地理空间实体和解决特殊地理空间分布的模型； 3. 应用模型是应用型GIS的核心
商用产品	如 ArcGIS、Arc/Info、GenaMap、MapInfo、Idrisi、MapGIS、GeoStar等	如土地信息系统、城市管理信息系统、资源环境管理信息系统、灾情预警信息系统等

实际上,工具型 GIS 就是可以对各种地理空间数据进行输入、编辑、显示、管理、查询和处理分析,并能用以建立应用型 GIS 的软件包,如 ArcGIS、Arc/Info、ArcView、GenaMap、MapInfo、Idrisi、MapGIS、GeoStar 等商业软件。一般具有设计先进、技术含量高的地理信息处理平台支持,在很大程度上满足用户的应用要求,但其面向的往往是 GIS 的理论与技术,对用户的专业问题针对性不强,除非对 GIS 理论技术方法熟练掌握的专业用户,才能自如地解决自己的专业应用问题,而一般用户则难以直接使用。空间分析方法与应用模型是 GIS 的一个很重要的组成部分,这一部分的好坏是衡量一个 GIS 功能强弱的重要指标。

应用型 GIS 与特定的地理区域相联系,就是应用目的明确。一般具有区域性、目的性、应用性、专业化和用户化等特点。

1. 区域性

应用型 GIS,一般都针对特定的地理区域,或者说与特定的地理区域相联系。例如,加拿大地理信息系统、福建省生态环境数据库应用系统等。系统名称前一般都冠以区域名称,即指明系统的区域性。

2. 目的性

应用型 GIS,一般都具有更为明确的应用目的和使用对象。例如,福建省减灾防灾综合信息评估系统,明确指明其应用目的就是为福建减灾防灾评估服务,它的使用目的只能是对福建灾害的时空格局、灾害预测及评估分析,具有查询、建模和调控等功能。

3. 应用性

应用型 GIS,特别是专业性的 GIS,一般以一个或几个核心应用分析模型作为系统的核心应用模型。这些应用模型,有的是 GIS 常规的应用分析方法或模型(如缓冲分析、邻域分析、地形分析、叠加分析、最短路径分析等)的简单使用或各种组合,但更多的是以这些常规的应用分析方法或模型为基础,结合本专业的新理论和新技术而建立的专业应用模型。如闽西根溪河流域水土流失综合整理研究,通过核心模型水土流失与植被的关系、水土流失与坡度的关系、水土流失与坡向的关系、水土流失与降水量的关系等来揭示闽西根溪河流域水土流失与环境要素的关系以及提出根治方案的依据。

4. 专业化和用户化

应用型 GIS,一般都结合专业的应用问题并针对特定的用户群体建立完全专业化和用户化的系统界面。如构建闽江上游流域生态环境信息系统时,在要求使用缓冲区分析模型,建立河流沿岸一定宽度范围内的植被重点保护范围时,就可能在其相应的菜单项中直接使用“确定植被重点保护区范围”的专业术语,而不用“缓冲区分析”这个 GIS 专业术语等。

应用型 GIS,还可进一步划分为专题型 GIS 和区域型 GIS,两者的比较见表 8.2。

表 8.2 专题型 GIS 和区域型 GIS 比较

	专题型 GIS	区域型 GIS
特点	1. 强调具有有限目标和专业特点； 2. 一般应用范围、用户对象都比较明确，并具有很强的专业针对性	1. 强调区域的自然、社会、经济综合研究和全面信息服务为目标而建立的 GIS； 2. 一般作为社会公用的信息服务项目，没有针对性很强的专业应用目的和固定的用户对象，并且具有一个大而全面的数据库系统支持，设计区域的自然、资源、环境和社会经济的各个方面，因而也适应更多的应用部门和更广泛的用户群体
例子	房地产管理信息系统、交通管理信息系统、土地利用管理信息系统	福建生态环境基础数据库 中国国土资源数据库

8.1.2 三种开发方法简介

从软件编程角度来看，目前 GIS 平台开发方法主要有以下三种。

(1) 单纯二次开，借助于 GIS 工具软件(如 Arc/Info、MapInfo、ArcView、MEG 等)所提供的开发语言，进行系统建设与开发，并利用这些宏语言，以原 GIS 工具软件为平台开发出针对不同应用对象的应用程序。这种方法对开发者来说自主性比较差，难以实现用户的多方需求。

(2) 独立二次开发，是在 VB、C 或 C++等环境下编程实现的“独立开发”，不依赖于任何 GIS 工具软件，从空间数据的采集、编辑到数据的处理分析及结果的输出，所有的算法都由开发者独立设计，在一定操作系统平台上编程和调试，以便实现目标。此方法对开发者来说虽自主性很强，但需要开发者有较高的计算机编程技术，而且耗时多。

(3) 集成二次开发，通过通用软件开发工具或是可视化开发工具(如 Delphi、Visual C++、VB、Power Builder 等)作为平台，进行二次集成开发。常见的也有两种方式：①采用 OLE Automation 技术或利用 DDE 技术，在 VB 中进行软件集成，来实现 GIS 绝大部分功能。如将自己开发的程序和模型集成到 Idrisi GIS 中，从而建立自己的应用系统。②利用 GIS 组件(如 MapObjects，简称 MO)，在满足用户需求条件下，实现 GIS 各种功能，如基于 MO 的福建生态环境综合信息图谱数据库开发系统，就是基于这种方法(稍后介绍)。二次集成开发对实现 GIS 功能是一种比较理想的方法。

上述三种方法比较见表 8.3 和表 8.4。对 GIS 设计者来说，如果选用合适的方法，可以减少系统设计过程的错误。

表 8.3 三种方法实施方案指标比较

实施方案	方法一 单纯二次开发	方法二 独立二次开发	方法三 集成二次开发
对提供者的依赖性	高	低	中
距系统运行的时间	短	长	中长
初始费用	高	低	中等
人力费用	高	高	中等
风险和不确定性	低	高	较低

续表

实施方案	方法一 单纯二次开发	方法二 独立二次开发	方法三 集成二次开发
灵活性	中等	完全可以	完全可以
对用户技术要求	中等	很高	高
现有资源的利用	高	低	中等

表 8.4 三种方法评价

GIS的开发方法	优　点	不　足
独立二次开发	无须依赖任何商业GIS工具软件,能减少开发成本,程序员也可以对程序的各个方面进行总体控制	由于GIS的复杂性,开发的工作量是十分庞大的,开发周期长
单纯的二次开发	采用可视化开发平台开发动态链接库,以实现地理信息系统工具软件未提供或难以实现的功能,然后在二次开发宏语言中调用动态链接库,可以充分利用二次开发语言操纵地图对象的强大功能	单纯二次开发的系统功能极弱,用来开发应用程序往往不尽如人意
集成二次开发	既可充分利用GIS工具软件对空间数据库的管理、分析功能,又可利用其他可视化开发语言具有的高效、方便等编程优点,集二者所长,不仅能大大提高应用系统的开发效率,而且使用可视化软件开发出来的应用程序具有更好的外观效果,更强大的数据库功能,并且可靠性好、易于移植、便于维护	

8.2 GIS工程开发

从系统工程角度来考虑GIS开发,可划分为一系列的阶段和步骤。本节简要介绍GIS开发的系统工程方法。

8.2.1 GIS工程概念

运用系统工程的原理、方法研究GIS建设开发的方法、工具和管理的一门工程技术称为"GIS工程",尽管它是系统工程的一个分支,但GIS工程自身也遵循一套科学的设计原理和方法,是系统工程普遍原理的具体应用。以空间信息作为其管理对象的GIS,与一般的信息系统相比,有其特殊性。GIS工程跨越了多种学科,不仅仅涉及工程学领域,还涉及社会、经济等领域,为解决这些领域的问题,除了需要纵向技术之外(如空间分析、计算机管理、人工智能等技术),还要有一种技术从横的方向把它们组织起来,这种横向技术就是GIS工程,也即研制GIS所需要的思想、技术、方法和理论等体系化的总称。

GIS工程的目标在于研究一套科学的工程方法,并与此相适应,发展一套可行的工具系统,解决GIS建设中的最优问题,即解决GIS系统的最优设计、最优控制和最优管理问题,力求通过最小的投入,最合理地配置资金、人力、物力而获得最佳的GIS产品。

GIS工程与机械工程、建筑工程不同,它作为一种软件产品是抽象的、逻辑性的,而不是实物性的，对它的研制和维护本质上是一个“思考”的过程，很难对其进行控制。GIS的种类繁多，应用领域广泛，技术要求相差大，无法遵循统一的设计标准，没有准确的数量分析，没有足够的可靠性保证和绝对有效的维护手段，从而决定了GIS工程的研制和开发较其他工程项目要困难得多，需要在实践中不断总结，在理论上做深入研究，来达到GIS工程的研究目标。

8.2.2 GIS工程开发阶段划分及任务制定

GIS工程的建设从计划立项到产品运行涉及多个环节，参照其他系统的研制过程，用工程化的方式有效地管理GIS建设的全过程，可分为以下六个阶段：可行性研究、用户需求分析、系统总体设计、系统详细设计、系统实现、运行与维护。六个阶段可看作GIS工程建设的生命周期，尽管不同的应用领域对GIS的功能要求不同系统开发千差万别，但开发过程仍要遵循这样几个步骤，只是各阶段的具体内容有所差别。

1. 可行性研究

这是系统建设的初始阶段，项目计划确定之后，即开始对系统进行可行性调查研究、论证，主要任务包括如下。

1）确定系统的总体目标

我们可以把GIS的应用分三个层次：第一个层次是空间数据库，以能进行空间检索为基本要求；第二个层次是在空间数据库基础上的应用系统，以能进行空间分析为基础，如基于GIS的辅助设计系统（CAD）、办公自动化系统（OA）；第三个层次是在前两个层次基础上的各类专家系统（ES），如基于GIS的城市总体规划系统。经过可行性研究确定所建系统处于哪一个层次，主要根据系统建设规模、服务对象的要求、系统建设周期长短、GIS技术发展水平、系统建设硬软件环境等因素确定。建设系统的规划总目标应切实可行，如果大型系统建设周期较长，可以分阶段实施，分别制定近期工程和中远期工程的建设目标。

2）数据资源的调查分析

数据是GIS运行的“血液”，在很大程度上决定了系统运行的成功与否，在系统正式建设之前需要对数据资源进行调查、统计、分析，包括系统建设要涉及哪些部门、哪些领域的数据资料，图形数据、表格数据、文字资料是否齐全，精度要求如何，数据的规范性如何，能否适用于计算机管理，数据的现势性如何等。基础空间信息数据作为空间定位的参照体系，在数据资料中处于特别重要的地位，应对区域的系列地形图基础信息数据资料进行周密的调查分析。

3）资金财力的调查分析

GIS建设是一项耗资极大的系统工程，需要足够的资金财力保证系统的建设实施，资金投入往往决定系统建设规模。对GIS开发及维护时期的资金占有情况要做充分的预测估算，对资金在硬软件资源、数据录入和建立数据库、系统管理几部分的分配要制定合理的分配方案。

4）技术力量的调查分析

建设GIS需要相当数量的各种层次各种专业的技术人员与管理人员，运行GIS需要具有一定专业技能的用户，而且在系统开发时期与运行维护时期有不同的要求。根据系统规模大小和系统的专业领域,对技术力量的数量与结构进行分析,确定系统建设顺利实施的可保证程度。

5) 系统建设时机的把握

一个大型的GIS工程,无论其总体目标处于哪一层次,都对运行环境(部门结构、办公程序)有一个相对稳定的要求。理想的时机是,系统建设应稍滞后于机构改革和办公程序的变更。

6) 建成系统运行效益分析

分析按照既定目标建成的系统是否具有显著的社会效益和经济效益,对用户作业领域的管理水平是否有很大程度提高,能否满足用户的期望要求。预测系统运行的生命力如何,预测建成系统在向外提供信息咨询、向有关用户输出图形产品等运作过程中所获取的经济效益如何。对系统的运行效益预测分析要实事求是,它是可行性研究的总结性结果,是上层决策人员做出决策的重要依据。

可行性研究阶段要做的工作繁多,需要GIS开发人员与用户和领导决策人员充分接触,必要时应对领导决策人员和用户进行GIS入门的培训学。深入调查后找出建设系统的有利和不利因素,全面听取正反两方面意见,正确分析系统建设中所面临的困难。提交的可行性研究报告要实事求是,证据充分。最后,组织各方面专家进行论证,做出最终决策。

2. 用户需求分析

根据GIS的应用领域和服务对象,把来自用户的信息加以分析、提炼,最后从功能、性能上加以描述,这是用户需求分析阶段的任务。系统分析员从逻辑上定义系统功能,解决"系统干什么",抛开了具体的物理实现过程,暂不解决"系统如何干"。用户需求分析的结果是要获得GIS系统的逻辑模型,这一阶段是系统建设成败的关键,主要任务包括如下。

1) 弄清用户现行业务的运作过程,定义用户需求的逻辑功能

用户的业务运作本身就是一个系统,有其内部功能结构,有其运行环境和对外接口。需求分析就是要充分理解该运行系统,根据业务功能的聚散性对系统进行结构化划分,界定系统的功能范围,获取系统与环境进行信息流交换的关系。需求分析哪些业务子过程可以通过GIS在现有发展水平下进行管理或辅助管理,哪些则不能,通常需求功能大于GIS可实现功能。如面向城市规划管理的GIS,对规划设施的指标信息查询可以实现,但对建设项目自动选址,由于涉及多种专业知识的演绎推理,需要基于知识的较强的空间分析功能,对数据精确完备性有限定的要求。目前水平下,在GIS中实现这一功能是有一定困难的。

2) 详细分析数据的加工处理过程——数据流程图分析

面向空间管理的业务部门,其业务运作是基于大量的图形资料、图表资料、表格数据和文字资料,这些数据的流程反映了其管理作业程序。通过结构化分析把业务过程细化,对每个细化的业务子过程中的数据处理通过数据流程图来描述,由数据流向、加工、文件、源点和终点四种成分,得到数据操作的逻辑模型。

3) 对空间数据、属性数据进行定义——数据字典设计

在数据流分析的基础上对数据流条目、加工条目、文件条目进行详细描述定义,列出组成该条目的数据项及组织方式、数据类型、存储长度、取值范围。例如,"规划设计要点"这一文件条目包括的数据项有用地面积、建筑面积、建筑密度、容积率、居住人口、绿化率、停车场

面积、公共设施配套要求、四周退红线距离等。数据字典所描述的对象既有“过程性”数据，也有“状态性”数据。此外，用户业务中的一部分数据隐含在地形图及有关专题图件中，专业管理人员从地图上识别、思考获取这些数据，包括图上注记形式表达的空间设施质量指标、要素间的空间关系、空间设施组成的群体结构等，在设计数据字典时，应特别注意对这部分数据分析加工进行显式定义，建立空间目标的属性表，为数据组织设计做准备。

4）用户需求分析报告的撰写

作为该阶段的最终成果，需求分析报告书通过用户系统运行逻辑过程图、数据流程图、数据字典等工具对系统的逻辑模型进行描述，作为下一阶段系统设计的依据。

3. 系统总体设计

系统设计是GIS建设的核心阶段，根据设计的层次深度分为总体设计与详细设计，系统总体设计的任务如下。

1）确定子系统的划分

一个大型的GIS往往要根据一定要求划分成若干子系统，划分的依据有：①功能的聚散程度；②运行过程邻近性；③数据的共享；④行政管理机构的设置。系统设计时，单从面向用户考虑，往往只根据业务部门管理机构的设置划分子系统，一个部门对应一个子系统。当部门的职能范围和管理体制不科学、不合理，机构设置不够稳定时，会给系统建设带来极大的困难，因此，应综合考虑这四方面的因素。子系统划分之后，应确定各子系统模块的总体功能，并界定各自功能范围。

2）各子系统之间的接口设计

子系统之间的联系表现在数据共享、中间数据交换和子功能调用等方面。如城市建设信息系统划分成土地、规划、房产、市政、建筑几个子系统，各子系统都要共享空间基础数据、规划数据、地籍数据、管网数据，各自使用的深度和形式不一样。应严格约定这些公用数据的交换格式，保持数据库建库方案的一致性。另外针对不同的子系统数据的使用权限要进行定义。

3）系统网络设计

系统网络设计包括系统各部分间数据通信设计，主机、终端设备、通信接口之间的联系，网络中进程控制，数据访问权限等内容的设计。

4）硬软件配置

工作站、计算机、存储设备、数字化仪、扫描仪、绘图机及其他外围设备的选定与配置，分系统开发期与系统运行期分别配置。GIS开发平台软件及其他辅助性软件的选定，在充分考察基础上同时顾及功能、容量、性能/价格比、运行效益、可操作性、可维护性多种因素影响。

4. 系统详细设计

设计内容包括数据组织和功能操作两方面，详细设计是在总体设计基础上将子系统功能进一步细化。

1）数据库设计

基于数据流程图分析建立系统逻辑模型，进行数据模型设计、数据结构设计，建立空间数据与属性数据的连接关系。一般 GIS 开发平台软件提供数据库管理系统,如 Arc/Info 的 LIBRARIAN,具体设计时根据平台软件要求对 LAYER、TILE 进行分析设计。空间数据库设计主要是数据分层、要素属性定义、属性编码、空间索引建立等。

2) 数字化方案的设计

数据采集方式(手扶跟踪数字化、图像扫描)的选择,应根据图形数据在系统中所发挥的作用,作为背景定位、提供信息查询、参与空间分析等,确定相应的数字化方案,根据需求功能和数据库组织的要求决定要素的选取与分层,确定数字化中要素关系处理的策略,规定数字化精度要求,规定作业步骤,制定质量检查方案。

3) 系统详细功能的细化与设计

用户需求分析阶段定义了大量的需求功能,该阶段对这些功能具体化。功能是在一定数据上实施的,应先考查该功能所要求的数据能否提供,精度能否达到要求,如果不能,该需求功能将被取消,或推迟到二、三期工程完成。另外要顾及 GIS 开发软件实现该功能的难易程度,要求系统设计员对开发软件的底层功能比较熟悉,如果开发软件没有提供基础功能,用户从底层开发难度又较大,该功能也将被取消,推迟到软件升级功能完善之后再实现。

4) 菜单、界面、图形显示设计

GIS 是视觉产品,要求给用户提供美观、友好的界面环境。图形显示的背景、专题内容、图例、图表、文字说明的符号颜色与平面布局要有体系,这方面的设计可参考地图学中的图面设计、符号设计的有关内容。

5) 系统安全性设计

应对用户分类,规定各类用户的操作级别,设计不同数据的访问权限,建立进入系统的口令与密码,建立系统运行事务跟踪记录历史文件。

6) 输入输出设计

对于交互式操作的 GIS 规定数据输入方式,选择键盘、鼠标、数字化仪输入设备,规定图形图表输出文件格式,选择输出设备,选定输出精度。

5. 系统实现

完成系统物理模型的建立,该阶段工程量最大,主要任务如下。

1) 程序编制与调试

在 GIS 开发平台软件提供的宏命令语言基础上进行代码设计,逐个实现设计阶段定义的功能。程序编制与调试通常应以完备的样区数据为基础。

2) 数据准备及数据库建立

根据建库方案进行数据采集入库。

3) 子系统联网,测试运行效益

4) 用户评价系统完成质量

5) 用户手册、操作手册、测试报告编写

6) 操作人员培训

6. 运行与维护

GIS 在系统维护中得以生存,维护是决定其生命力的重要阶段。

1）数据更新

地形图周期性的修测，其他专题图、统计数据、文本数据不时更新，要求时时对系统的数据库维护更新，保持其现势性。

2）系统功能拓宽完善

用户管理体制的改变、开发平台软件升级、数据形式更改都要求对 GIS 系统修改增加新的功能，满足用户最新要求。

3）硬件设备的维护

8.2.3 GIS 工程开发中的组织管理

1. 组织机构

GIS 工程建设应该成立专门的组织机构，负责系统的开发管理工作，组织机构可分为三个层次：高层是领导小组，中层是总体技术组，底层是各种工作组。一般地说，底层的各种工作组的设置应考虑系统规模，从专业构成上应有计算机软硬件人员、测绘专业尤其是地图学专业的人员以及与系统用户有关的专业人员，如土地管理与城市规划专业的管理人员和规划师，所有这些人员都应受到 GIS 原理的基本训练。

2. 开发进程管理

1）开发人员的配置

开发人员是 GIS 建设中最活跃的因素，可以将其分为三类：高级技术人员（GIS 专家或受过 GIS 基本训练的系统分析员、系统设计人员）、一般技术人员（代码设计员、数据录入员、系统管理员）和管理人员（领导决策者、各阶段的公关协调人员）。工程建设的不同阶段对各类人员的数量要求不一样，一般地，系统实施阶段对人员需求量大于系统规划阶段，这也是大多数城市在建设 GIS 时多采取技术承包的原因。

2）开发阶段的纵向协调

GIS 工程建设的生命周期是有序的，前后阶段具有衔接性、依赖性，各阶段的工作要不时地反馈协调。在设计阶段进行物理模型设计时，若发现数据流程图、数据字典不够完备，逻辑模型十分模糊，应当返到分析阶段重新进行逻辑模型的设计。生命周期的划分也是相对的，系统规模小时总体设计与详细设计可以合并。而且阶段的某些顺序可以打破，如数据库建库工作在建库方案制定好之后可以提前进行。

3）各子系统开发的横向协调

子系统开发往往由多个开发组并行进行，总体设计中对子系统间的接口及其他联系有明确规定，在实际建设实施中要进行管理上的协调，对共享数据格式、传递数据形式、功能调用需要各开发组不时地集中讨论协商。

4）取得用户的密切配合

最好能吸收专业用户中熟悉业务的专职人员直接参与系统开发，尤其是在系统建设前期阶段。

3. 文档管理

整个GIS工程建设中要产生多种文档,包括可行性研究报告、用户需求分析报告、总体设计方案、详细设计说明书、数据库建库方案、数字化方案、操作手册、测试报告等。这些文档是软件的一个部分,是开发人员逻辑设计思想的体现,是系统建设的重要成果,是系统维护的重要依据。

文档建设要与开发阶段配套,作为阶段性成果,一个阶段结束时相应的文档也应提交出来,并作为下一阶段的指导性依据。没有用户需求分析成果,系统设计就无法开展;没有详细设计说明书,代码设计就无法进行。开发过程中,对先行成果进行了修改,同时要在文档中体现,前后阶段文档内容要衔接,形成一定体系。很难对文档的编制制定统一规范的格式,但对各文档的内容可以做规定。文档的术语要符合软件工程的内容要求。在需求分析报告中运用正确表达的数据流程图、数据字典描述工具表达系统的逻辑模型,比自然语言描述要强得多。比较底层的与GIS开发平台紧密相关的文档应使用平台软件指令、功能术语。如选Arc/Info作为开发平台,在数字化方案、程序设计说明书中应出现TIC、COVERAGE、LAYER、ROUTE、TIN等术语。

8.3 GIS构建及应用案例

系统目标是系统建设的内在动力,只有明确了目标才能对系统进行数据结构功能和软、硬件方面的设计及实现。

8.3.1 水土流失地理信息系统构建及应用

水土流失是指人类对土地的利用,特别是对水土资源不合理的开发和经营,使土壤的覆盖物遭受破坏,裸露的土壤受水力冲蚀,流失量大于母质层育化成土壤的量,土壤流失由表土流失、心土流失而至母质流失,终使岩石暴露。水土流失可分为水力侵蚀、重力侵蚀和风力侵蚀三种类型。水土流失的危害性很大,主要有以下几个方面:①使土地生产力下降甚至丧失;②淤积河道、湖泊、水库;③污染水质影响生态平衡。

南方低山丘陵地区的水土流失所带来的影响远比北方严重。从经济角度看,由于南方低山丘陵地区水热条件较好,单位土地的生物生长量和产值更高,每寸土地水土流失造成的损失就更大。从生态角度来看,南方低山丘陵地区多为石质山地,土层薄,一旦表土蚀去,容易形成石漠化,而且恢复起来更难;从社会角度看,南方低山丘陵地区人口稠密,并且在江河下游地区多为重要的工农业生产基地和经济中心,水土流失对社会影响更大,造成的损失也更大,所以水土保持工作任重而道远。以南方红壤花岗岩侵蚀区为例,构建水土流失地理信息系统意义重大。

1. 系统开发环境与运行环境

本系统是以.NET Framework 3.5为框架,开发平台采用Visual Studio 2008与ArcGIS 9.3的ArcObjects组件对象集,采用的开发语言为C# .NET,支持Windows XP

与 Windows 7 的操作系统。

基于 GIS 工程系统开发的思路，本系统的开发工作包括计划与选题阶段、需求分析阶段、主总体设计阶段、详细设计阶段、编码阶段、单元测试与集成测试阶段、确认调试阶段、系统维护阶段。

2. 系统功能与界面设计

为满足用户的需求，本系统主要包括：用户管理、地图管理、信息查询、空间分析、相关应用模型、专题制图、Google Earth 联动等。以福建为案例，借助 ArcObjects 9.3 与 Visual Studio 2008，构建福建省水土流失地理信息系统，其功能框架如图 8.1 所示。

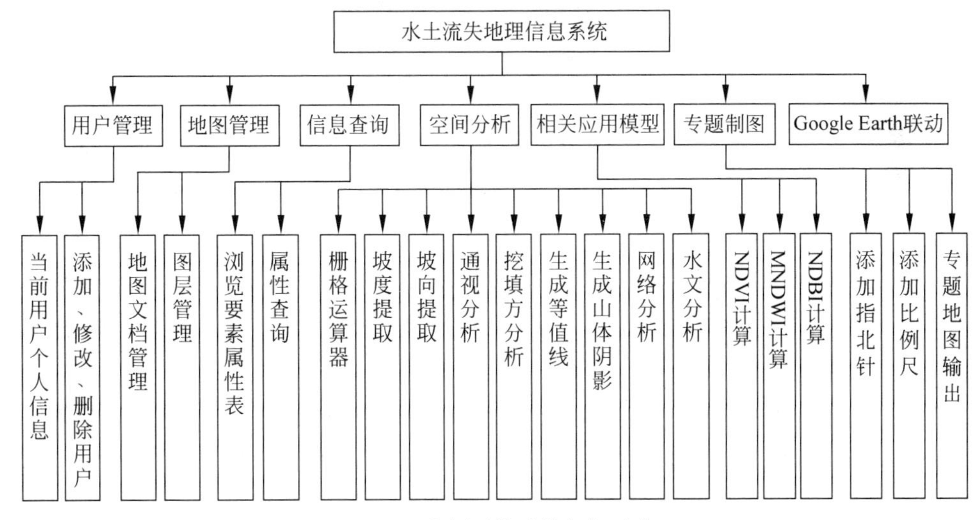

图 8.1 案例系统功能框架示意

运行本系统，可进入水土流失地理信息系统的用户登录界面(图 8.2)。输入正确的用户 ID 与密码，可以跳转到系统的工作主界面(图 8.3)。在主窗口的上方包括用户、地图管理、信息查询、空间分析、相关应用模型、专题制图几个功能面板，每个面板中又包括若干子功能。

图 8.2 系统登录界面

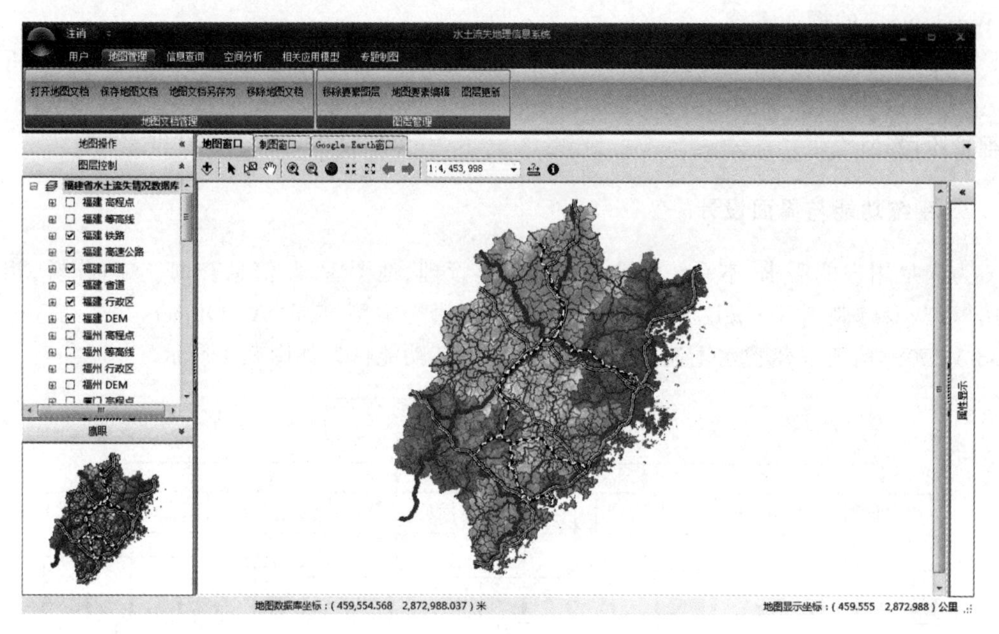

图 8.3 工作主界面

在主界面下设计下拉菜单，完成各自的对话框所执行的相应任务。本文以空间分析界面为例说明其功能设计。

“空间分析”面板包含“基础空间分析”“地形分析”“网络分析”和“水文分析”四大功能组。其中，核心功能主要有：栅格运算器、坡度和坡向计算、通视分析、挖填方分析、等值线与山体阴影提取分析、网络分析、水文信息提取分析、植被覆盖指数模型(NDVI)、水土流失模型等。

本系统在GIS空间分析以及应用模型分析方面比工具型的ArcGIS 9.3功能强，针对性明显。尤其将ArcObjects所提供的所有水文分析功能集成于同一个窗口，用一个下拉框来控制水文分析的内容，甚至可以用鼠标的滚轮进行功能切换；当选中了一项水文分析内容之后，当前窗口自动显示出该分析工具的参数设定界面，单击“确定”即可完成分析任务。

GIS水土流失应用系统以基础数据为依托，实现GIS应用模型功能为主要内容。

3. 案例

1）以福州为例

利用福州基础数据库，实现系统设计基本功能。例如，福州坡度和坡向见图8.4(a)、福州山体阴影和汇流累积量见图8.4(b)、福州水系和流域盆地见图8.4(c)等。这些功能为本系统应用水土流失建模提供便利和可能。此外，系统还可以通过Google Earth窗口提供的高分辨率影像，判断空间分析结果的准确性，进而提高决策的正确性。

2）以闽西长汀的根溪河流域为例，构建区域GIS应用模型

闽西长汀是南方红壤花岗岩侵蚀区的典型区域，根溪河流域地表物质以花岗岩为主，在地貌上有“崩岗”之称，它既是福建水土流失比较严重的地区之一，也是当前比较重视恢复生

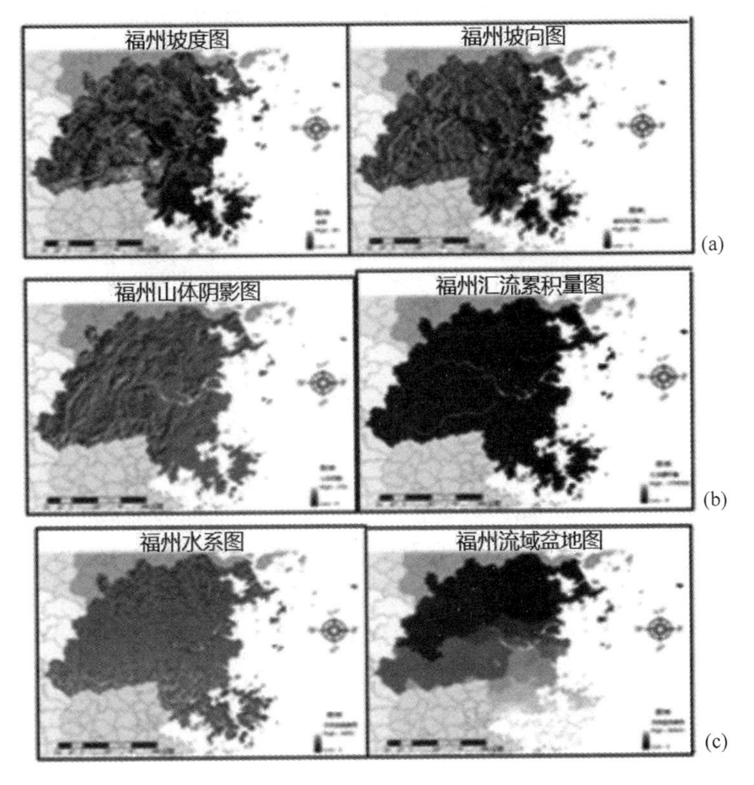

图 8.4 基于系统的福州地形分析、水文分析、指数计算运行结果系列图

态的地区之一。根据研究认为,闽西根溪河流域生态恢复与重建的主要措施应通过水土保持的实践活动得以实现。在本系统支持下建模,发现水土保持措施与植被、地形等因素有关,尤其与归一化植被指数(NDVI)、数字高程模型(DEM)、坡度(Slope)和坡向(Aspect)有关,如图 8.5 所示。在地表不同部位,水土保持的措施是不同的。模型显示:有的区域以种草为主恢复生态;有的要实行园地改造保持水土;有的要恢复造林保护生态;有的不宜种植松树,要改良树种;有的要封禁入内,让区域自然恢复等。具体的建议:

(1) 对集水坡地的措施:应减少坡地地表径流,避免崩岗沟头迭水是治理崩岗的核心环节。同时在沟头以上的集水坡地内,应以生物措施为主,结合工程整地(主要是挖水平沟),尽量做到水不出坡。从根本上控制导致崩岗发展的动力条件。

(2) 对崩积体的措施:沟头和沟壁崩塌下来的风化壳堆于崖脚,减小了原有临空面高度,有利于沟头和沟壁的稳定,但崩积体土体疏松,抗侵蚀力弱,一旦崩积体受到侵蚀,临空面高度又增加了。因此,控制崩积体的再侵蚀是防止沟壁溯源侵蚀的重要组成部分。

(3) 对崩岗沟底(通道)治理的措施:由于崩岗沟道位于崩积体与冲积扇之间,是崩岗侵蚀的物流通道,其主要功能是传输集水区内的径流和泥沙,并出现堆积与下切相交替现象,该部位水分条件较好,大部分沟底下切已逐渐趋缓。沟底的治理应以生物措施为主。

通过对特殊地面崩岗系统的分析,对根溪河小流域崩岗治理的基本思路为:①控制集

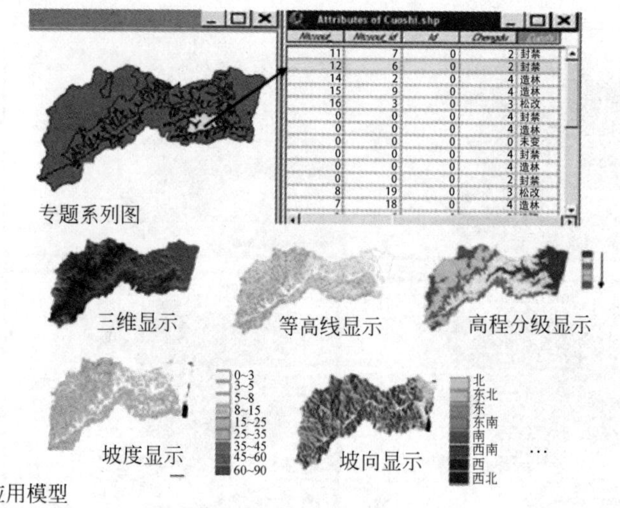

$$p_{\text{未变}}=1/[1+\exp(3.091-2.877\text{NDVI}-0.013\text{DEM}+0.088\text{Slope}+0.118\text{Aspect})]$$
$$p_{\text{封禁}}=1/[1+\exp(-1.483-1.629\text{NDVI}+0.011\text{DEM}-0.08\text{Slope}-0.065\text{Aspect})]$$
$$p_{\text{造林}}=1/[1+\exp(-2.189-7.138\text{NDVI}+0.014\text{DEM}-0.013\text{Slope}-0.097\text{Aspect})]$$
$$p_{\text{松改}}=1/[1+\exp(2.332+6.018\text{NDVI}+0.003\text{DEM}-0.041\text{Slope}-0.057\text{Aspect})]$$
$$p_{\text{园改}}=1/[1+\exp(10.823-1.34\text{NDVI}-0.011\text{DEM}-0.004\text{Slope}-0.035\text{Aspect})]$$
$$p_{\text{种果}}=1/[1+\exp(-1.444+0.657\text{NDVI}-0.018\text{DEM}-0.018\text{Slope}-0.119\text{Aspect})]$$
$$p_{\text{种草}}=1/[1+\exp(6.395+3.357\text{NDVI}+0.001\text{DEM}+0.034\text{Slope}-0.083\text{Aspect})]$$

图 8.5 治理方案及具体措施图示

水坡面跌水的动力条件；②减少崩积体的再侵蚀过程；③把崩岗治理与经济利用相结合。在崩岗的综合治理上，应从上到下，从坡到沟，从沟头到沟底，从崩积体到冲积扇，全面布置，层层设防。对整个小流域治理方案及具体措施要以诊断信息图谱为依据，通过改变各种边界条件建模，提出不同调控条件下的决策与实施方案。总之，当一个花岗岩侵蚀劣地的立地条件处于临界值以上，才有可能通过封山育林进行生态修复。否则，难以靠自然生态修复，必须有人类的投入(如人工施肥、补种生物物种等其他的辅助措施)。

8.3.2 自然灾害风险评估系统构建及应用

不同学科对风险有不同的理解和定义，但在一点上却是统一的，即风险总是与“损失或破坏、不利后果或人们(即风险承担者)不希望出现、不愿意接受的事物”的潜在威胁相联系，且潜在威胁的出现具有不确定性。在灾害学领域，风险被认为是自然灾害危险性、暴露性以及承灾体脆弱性共同作用的结果。

1. 评估指标和模型

由于风险概念的广泛性和不确定性，有些学者在研究文献中只把分析得出的灾害发生因子的不确定性当作灾害风险，也有的学者只把灾害造成的损失程度当作风险，更多学者是从自然属性和社会属性两方面进行综合评价。一般认为自然灾害风险评价应包括以下内容。

(1) 自然灾害危险性评价：强度、概率；

(2) 承灾体易损性评价：承受能力、破坏状态、破坏损失率——密度、价值、质量；

(3) 防灾有效度评价：防护工程防灾能力；

(4) 风险程度综合评价：综合指标分级。

在灾害风险评估中，常用的模型及特点见表8.5，在开展灾害风险评估过程中，需对相关概念进行明确定义，并慎重选择和划分相关指标。

表8.5　常见的灾害风险评估模型及特点

模　型	特　点
Risk＝Hazard×Vulnerability	该模型由联合国于2004年提出。式中Hazard为致灾因子危险性，Vulnerability为脆弱性。该模型中的脆弱性根据使用者的需求，可理解为承灾体的脆弱性，也可理解为灾害系统的脆弱性
Risk＝Probability×Consequences	该模型由国际地理科学联合会于1997年提出。式中Probability是对致灾因子概率密度分布的描述，即对致灾因子危险性的描述；Consequences是承灾体的损失程度，通常同时反映了承灾体的脆弱性(易损性)和暴露性
Risk＝$f(E,H,V)$	该模型是根据史培军关于灾害系统的理论提出来的。式中E是孕灾环境稳定性，H是致灾因子危险性，V是承灾体脆弱性。该模型的V有时也包含暴露性指标
Risk＝F(Hazard,Vulnerability,防灾减灾能力)	该模型常被灾害管理相关的研究者采用，其中一种表达方式为：Risk＝Hazard×Vulnerability/防灾减灾能力。在该模型的应用过程中，承灾体脆弱性指标与防灾减灾能力指标多有交叉，不好区分

2. 案例

以福州地区为案例，构建研究区洪涝灾害风险评估信息系统。

主要步骤如下。

(1) 数据收集：行政区划图、DEM数据、河网数据、降雨量数据、人口统计数据等。

(2) 设计技术路线，参见图8.6。

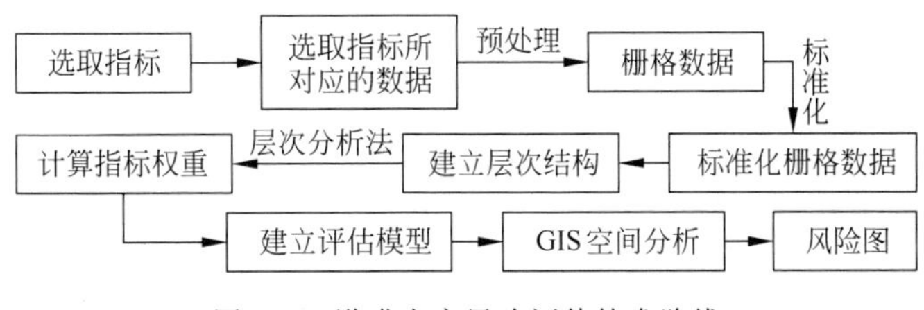

图8.6　洪涝灾害风险评估技术路线

(3) 构建评估指标体系，包括目标层、准则层以及指标层的指标，见图8.7。

(4) 评估可视化实现，采用"自然灾害风险等级＝致灾因子危险性＋孕灾环境敏感性＋承灾体脆弱性"的加权评估法构建评估模型，见图8.8。

(5) 为防洪减灾提出建议或措施。

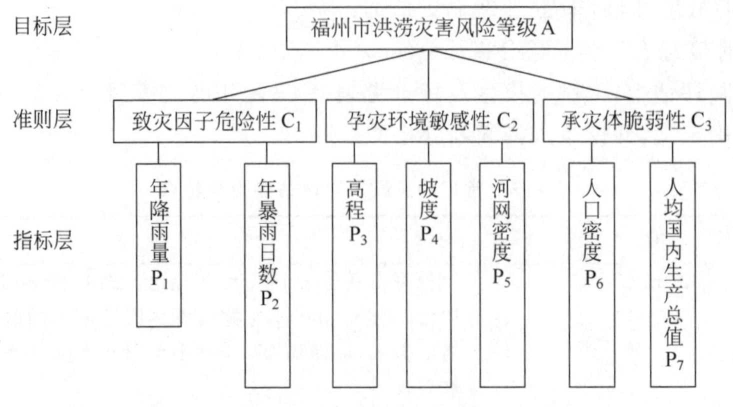

图 8.7 福州市洪涝灾害风险评估指标体系

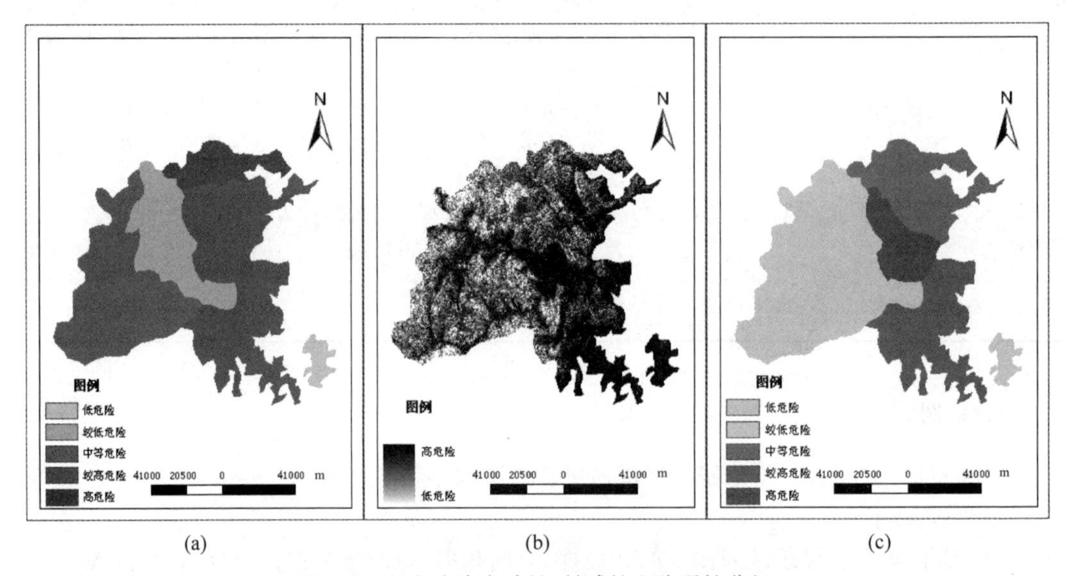

图 8.8 福州灾害危险性、敏感性和脆弱性分级

(a) 致灾因子危险性；(b) 孕灾环境敏感性；(c) 承灾体脆弱性

8.3.3 旅游地理信息系统建设

1. 旅游及旅游地理信息系统

为了休闲、商务或其他目的离开其惯常环境，到某些地方并停留在那里，但连续不超过一年的活动为旅游。旅游主要目的：休闲、娱乐、度假、探亲访友、商务、专业访问、健康医疗、宗教/朝拜。现代，越来越多的人去旅游。旅游不仅对世界各国的经济发展产生积极而深远的影响，同时它已成为人们生活中的一部分，还是影响人们生活方式和生活观念的一个重要因子。旅游地理信息系统(Travel GIS，TGIS)是以旅游地理信息数据库为基础，在计算机硬软件支持下，运用系统工程和信息科学的理论和方法，综合地、动态地获取、存储、管理、分析和应用旅游地理信息的多媒体信息系统。旅游地理信息系统的出现使得旅游业复杂的数据采集管理、多元成果的应用展示等方面得到很好的解决，同时也能够为空间数据的

处理分析提供最为快捷、方便、准确的方法和技术手段。一切与旅游地理信息和数据相关的信息和数据，如景区景点、住房住宿、交通、娱乐、餐饮、购物等都是旅游地理信息系统的研究对象。

2. 案例

以福建平潭岛为案例，构建旅游信息应用系统。主要步骤如下。

(1) 收集资料：包括行政区图、地形图、人口数据、公共基础设施信息、气温、降水等；

(2) 开发环境：基于 ArcGIS 9.3 作为数据输入和编辑工作，采用了 ArcGIS Engine 组件在 Microsoft Visual Studio 2005.NET 下开发，系统开发流程设计见图 8.9。

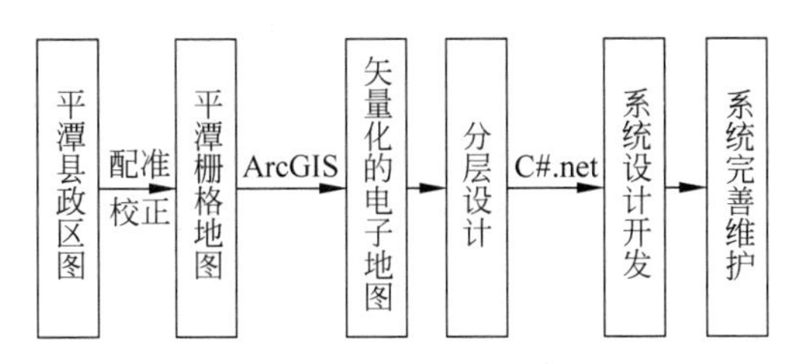

图 8.9 系统开发流程

(3) 系统基本功能设计：见图 8.10。

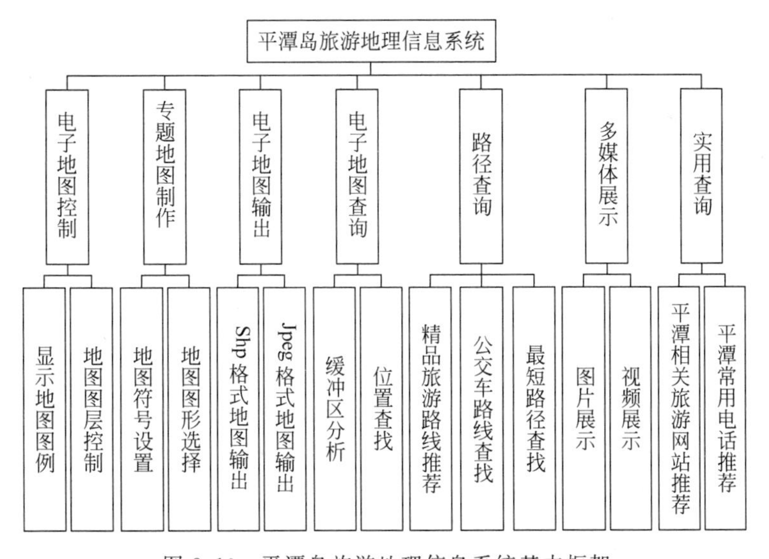

图 8.10 平潭岛旅游地理信息系统基本框架

8.3.4 湿地 WebGIS 构建及应用

1. 湿地及湿地 WebGIS

湿地指天然或人工形成的沼泽地等带有静止或流动水体的成片浅水区，还包括在低潮时水深不超过 6m 的水域。湿地与森林、海洋并称全球三大生态系统，在世界各地分布广泛。湿地生态系统中生存着大量动植物，很多湿地被列为自然保护区。湿地也是研究生物多样性重点的区域。WebGIS是GIS与Internet结合的产物,是当前GIS发展的趋势之一。湿地信息系统是从面向数据展现的平台发展到面向服务架构平台,这使得GIS应用迈向新的台阶。

2. 案例

以福建泉州湾湿地为研究区,基于Flex的湿地信息系统研究,即利用WebService和ArcGIS Flex API建立湿地自然保护区GIS应用平台,主要研究内容包括以下几个方面:

(1) 系统总体架构设计。系统总体架构设计包括浏览器客户端、服务器和数据库的设计。具有桌面客户端体验的RIA技术与GIS的结合能够将空间数据以丰富图形、图像的方式表现,Flex平台具有良好的用户交互方式、数据表现形式,SQL支持空间数据的存储。

(2) 自然保护区管理WebGIS系统。研究湿地自然保护区信息的一步式管理、动态更新和湿地管理各部门空间数据和属性数据的实时共享、用户个人空间数据的实时入库、动态更新、实时监测和查询分析等。

(3) 空间信息技术自动化。研究了空间信息自动化在自然保护区信息管理中的应用,包括制图自动化和空间分析自动化。以空间信息自动化和半自动相结合的方式提升了自然保护区信息管理的水平。

系统设计主要包括:①湿地保护区网络信息管理系统设计;②湿地自然保护区网络信息管理系统的设计。

(1) 湿地保护区网络信息管理系统设计。该设计包括系统的设计目标和功能需求,其中详细阐明了系统的功能需求,然后对系统进行了设计,包括系统总统设计、客户端设计、服务器设计和数据库设计。总体构架:B/S三层体系结构,即运行在客户端浏览器中的Flash Player、服务器和数据库(图8.11)。

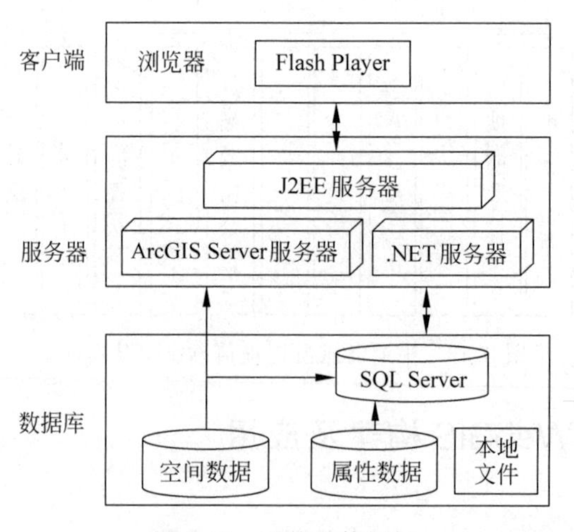

图8.11 系统总体框架

(2) 湿地自然保护区网络信息管理系统的设计。首先设计了系统的功能模块结构,然后展示了各个模块的实现,包括地图基本操作模块、自动化模块、查询检索模块、数据分析模块;生物多样性模块、巡检信息模块、样方数据(如远程在线录入和查询以及动态监测数据等)。系统功能结构如图 8.12 所示。

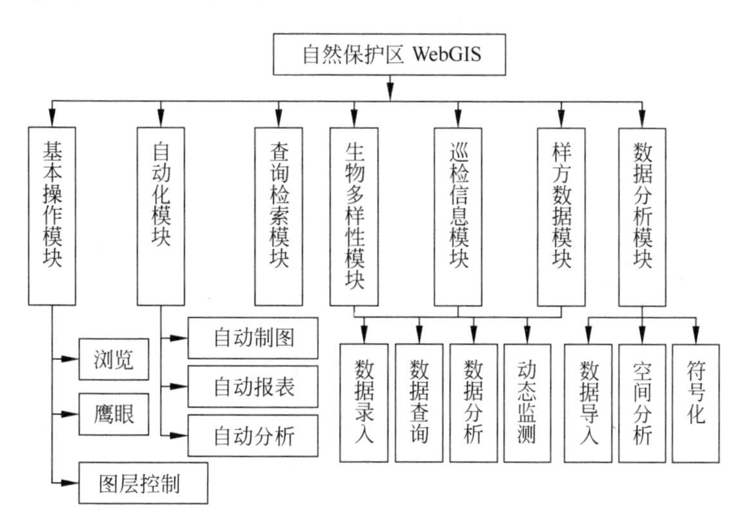

图 8.12 系统功能结构

采用混搭技术(Mashup)的思想,将系统底图数据与 ArcGIS Online 在线地图服务叠加,丰富地图的表现形式。主要功能模块如图 8.13 和图 8.14 所示。

利用先进的空间信息技术和网络通信技术实现泉州湾自然保护区信息管理,满足了加强保护区的管理、提升联合保护委员会的管理效率、对生物多样性以及濒危物种的保护和监测、对巡检信息的管理以及土壤样方数据的共享和土壤污染数据的快速分析方面的需求。同时系统自动与半自动结合的方式,减少了保护区管理经济的投入和降低系统的使用要求,对不具备专业知识的用户可实现一步式的系统操作。系统还为保护区的科学研究提供实时的信息获取,为湿地保护规划、湿地的不合理占用等提供空间可视化的信息参考。

图 8.13 主要功能实现区

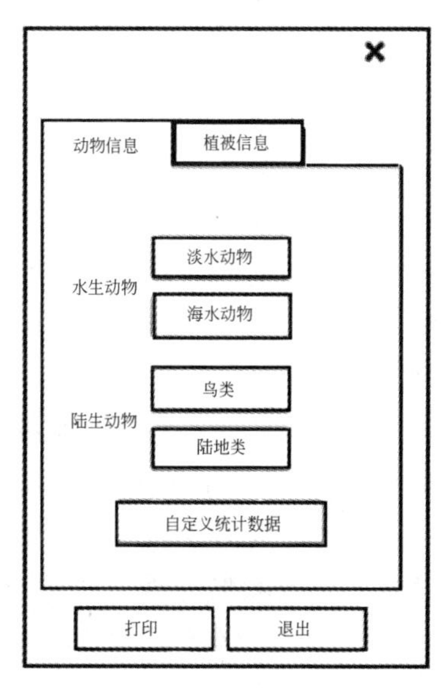

图 8.14 实现动物信息显示功能

8.3.5 生态环境信息系统构建及应用

1. 生态及生态环境及生态环境系统

生态是指生物之间和生物与周围环境之间的相互联系、相互作用。当代环境概念泛指地理环境，是围绕人类的自然现象总体，可分为自然环境、经济环境和社会文化环境。当代环境科学是研究环境及其与人类的相互关系的综合性科学。生态与环境虽然是两个相对独立的概念，但两者又紧密联系、因而出现了"生态环境"这个新概念。它是指生物及其生存繁衍的各种自然因素、条件的总和，是一个大系统。也是影响人类生存与发展的水资源、土地资源、生物资源以及气候资源数量与质量的总称。是关系到社会和经济持续发展的复合生态系统。生态环境问题是指人类为其自身生存和发展，在利用和改造自然的过程中，对自然环境破坏和污染所产生的危害人类生存的各种负反馈效应。生态环境信息系统是以区域环境信息数据库为基础，利用 GIS、遥感和其他信息技术对环境数据进行处理、分析的一种空间信息系统。

2. 案例

以福建为例，构建生态环境信息系统。主要步骤：

1）开发环境

在 Windows XP/Win 7 以及网络环境支持下，利用 ArcView 3.3、ArcGIS 9.0、AO、MO、Access、Excel、VB、Photoshop 等软件，系统选择面向对象的 GIS 二次集成开发方法。

2）系统数据源的选取和预处理

数据源包括地图数据、统计数据、图像数据和其他数据。根据系统的目标和功能，对收集的数据进行筛选，作为系统数据库的原始数据。但因数据的来源不同、格式不一，在将这些数据输入数据库之前，需要对各类数据源进行预处理，即对数据标准化和规范化处理。例如，生态环境信息系统中的生态环境数据一般由多个部门多人合作完成，为了便于生态环境数据的分析和保证数据的可靠性，建立数据库之前必须对生态环境数据进行统一编码。对空间数据不一致(如数据源中可能存在同一区域不同专题数据的坐标系不一致、比例尺不一致、数据精度不一致、数据格式不一致等)要进行几何纠正、标准化处理及数据转换。

3）数据分类和组织

在明确了系统的功能要求和系统的数据来源后，可对各种数据进行分类。如对区域生态环境数据分类，要求在内容上既能有反映生态环境的历史断面数据，也有反映生态环境现状的数据；从信息系统的数据处理形式来看，这些数据可分为空间数据和属性数据。福建生态环境数据分类与组织思路如图 8.15 所示。为了进一步分类，需要划分图层，在第 2 章已介绍图划分层的方法，本案例福建生态环境信息系统中对空间数据的部分分层见表 8.6。

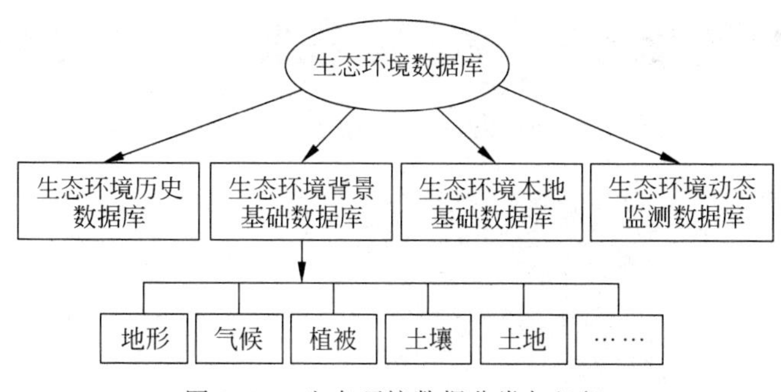

图 8.15 生态环境数据分类与组织

表 8.6 生态环境数据分层实例(部分)

图形对象类型	图 层
点	居民点、高程点
线	公路、高速公路、铁路、单线河、行政界线、等高线、等温线、等降水线、等日照线等
面	地、市、县、乡、镇行政图,地质图,地形图,DEM,土地利用现状图,流域图,自然保护区图等
文字	行政区划名、道路和水域名等注记

根据结构化系统分析的思想,可将生态环境信息系统的数据先分为不同的层次(省、市县、乡、镇以及重点区域),然后明确各层次数据的专题信息,并定义各专题信息的层次关系。这样将整个系统的数据分成相对独立的小部分,构建逻辑关系。此外,为在时空上能相互衔接,还需要建立一个有效的时空索引数据库,实现数据流程图(图 8.16),以便更好地管理生态环境数据库。

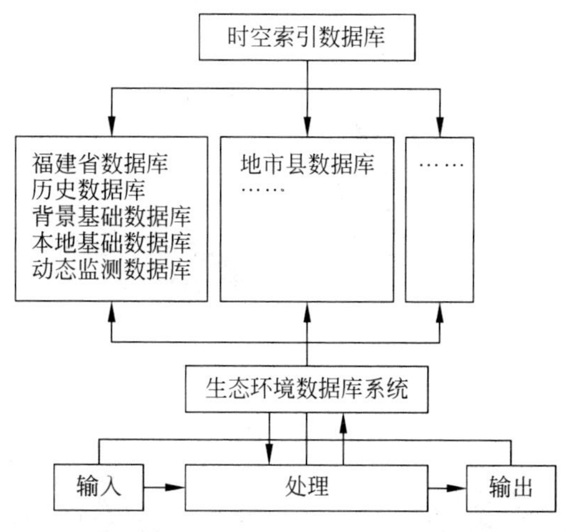

图 8.16 构建生态环境数据库流程图

4) 系统设计及实现

主要包括系统主界面设计(图 8.17)、常用模型(如叠加模型、邻域模型、缓冲模型、DEM 模型等)和专业化应用模型实现(图 8.18)以及输入/输出等功能。

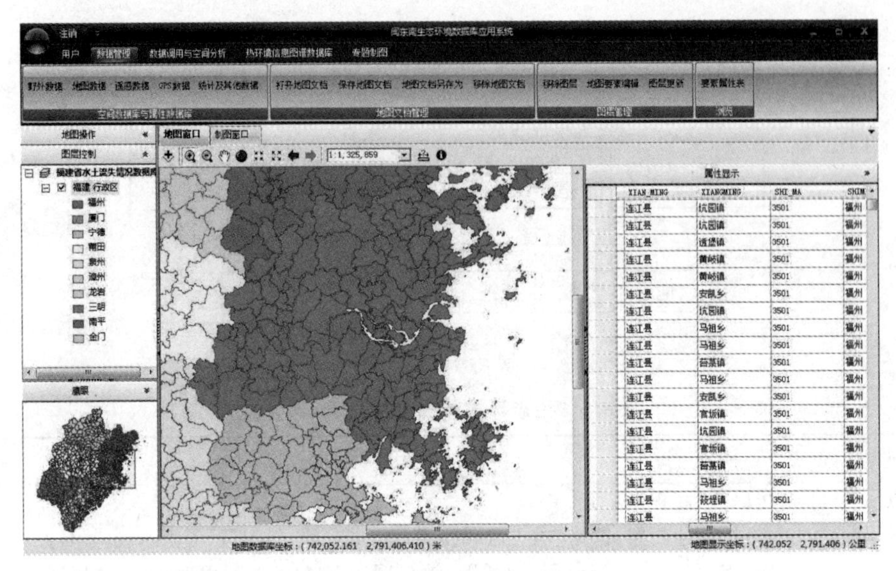

图 8.17 系统应用实现界面

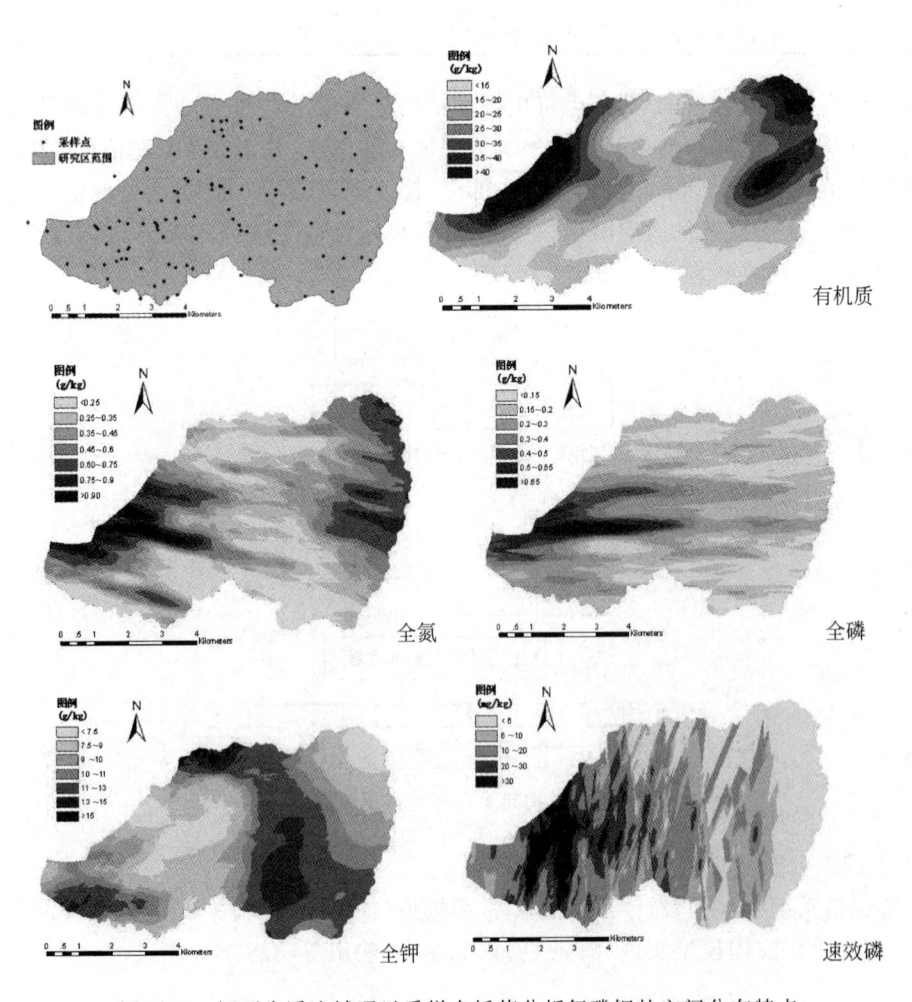

图 8.18 闽西朱溪流域通过采样点插值分析氮磷钾的空间分布特点

8.3.6 福建省生态环境综合信息图谱构建与应用

1. 地学信息图谱概念、实现及提炼模式

地学信息图谱是根据地球信息科学理论和地球系统科学理论的一种综合分析方法，是反映地球时空信息规律的重要手段之一，是在GIS集成技术支持下，对地球表层各要素和形象时空规律表达的一种综合方法。

地学信息图谱实现方法目前也没有统一模式，一般认为地学信息图谱构建的主要步骤为：①研究图谱对象，掌握其时空格局和规律；②从对象中抽象出基本的组成单元，逐个描绘这些单元的不同形态图形，并生成系列图；③对系列图形进行归类，归纳和提炼出图谱的抽象映象图、标准类型和等级；④对系列图形进行数学参数描述，使其具有可量化或形式化的功能；⑤进行图谱的建模工作，使图谱具有计算机模式识别和虚拟现实的功能；⑥针对图谱的实际应用目标进行信息单元的重组和虚拟，以建立资源环境问题的调控方案，并虚拟预测调控结果。

地学信息图谱提炼模式有：①单要素（如水系图谱等）信息图谱的提炼模式；②多要素、多指标信息图谱的提炼模式；③综合图谱（如生态环境综合信息图谱）的提炼模式。

生态环境综合信息图谱是在生态环境调查研究与动态监测基础上，运用生态环境基础与动态数据库的大量数字信息，经过图形思维与抽象概括，并以计算机多维动态可视化技术显示生态环境及其各要素空间形态结构与时空变化规律的一种方法与手段。根据福建省生态环境的特点和及制图比例尺与遥感影像分辨率，在广泛收集与深入分析各种文献、数据、影像、地图资料的基础上，制定出福建省生态环境初步分类方案，并征求有关专家的意见进行修改，再经野外考察验证，才能确定。

2. 案例

以福建生态环境信息基础数据库系统为依据，可进一步构建福建生态环境综合信息图谱数据库以及提炼地学信息图谱。主要步骤：

（1）面向图谱生成的数据组织：①底层数据，包括遥感影像、野外考察数据和生态环境综合信息数据库等；②中层数据，包括生态环境专题系列图层；③顶层数据，包括经过提炼的生态环境综合信息图谱。

（2）面向信息图谱的生成方法：研究方法与技术路线如图8.19所示。从上到下包括：①数据预处理技术，如图像扫描（如纸质地形图等）、配准、数字化、界线的拟定、卫星图像（如TM/ETM/SPOT）的判读分析（目视或人机交互或计算机自动）、图斑大小及边界的确定、建立并完善生态环境综合信息数据库，构建底层数据；②利用GIS集成技术，生成生态环境专题系列图层，构建中层数据；③关键指标体系的建立、归并概括地学信息图谱技术支持，生成生态环境综合信息图谱谱系及图谱数据库，构建顶层数据，为地学信息图谱应用服务。

（3）构建生态环境综合图谱数据库系统。

① 划分生态环境类型基本原则及实现：以构成生态环境的自然要素为主，同时考虑人类活动对生态环境的影响。其中气候带是影响福建省生态环境的主要宏观自然因素，作为第一级（大类）划分的指标，划分为中亚热带生态环境、南亚热带生态环境两大类，人工建筑生态环境也作为一大类；地貌是福建省生态环境的主导因素，作为第二级划分指标，划分为山地、丘陵、台地、山间盆地谷地、滨海平原、湿地等生态环境类型；植被、土壤、土地利用等

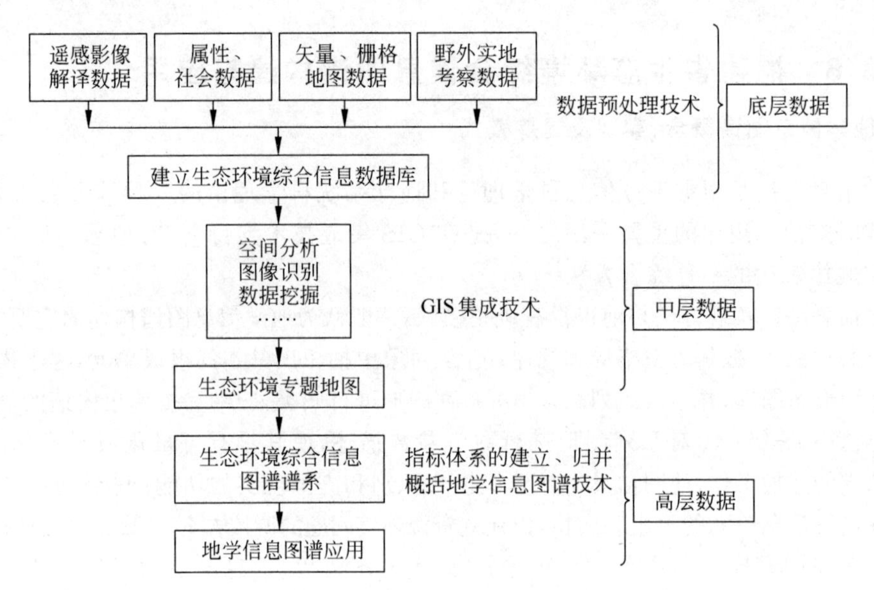

图 8.19 生态环境信息图谱的研究方法与技术路线

作为第三级划分的指标,同时通过植被的覆盖程度、土壤侵蚀的强度、人工建筑类型、土地利用类型(如水田、旱作、果园茶园等)反映人类活动对生态环境的影响。最后确定的福建省生态环境类型共划分了3个大类、13个中类和83个类型,并建立了相应的编码体系。同时拟定了福建省地貌、植被、土壤和土地利用等分类方案和确定各要素的编码体系。在征求各有关专家意见的前提下,拟定了福建省生态环境类型图及福建省地貌、植被、土壤和土地利用等地图的图例。在1∶100000单元图基础上,综合概括成1∶250000生态环境单元图,构建了以1∶250000比例尺图幅为基础的生态环境及基本要素类型地图数据库。再派生1∶250000生态环境类型图、地貌图、土壤图、植被图、土地利用图,这些工作为图谱的分类和数据库建设奠定了基础。

② 生态环境综合信息图谱分类方案:生态环境综合信息图谱研究的首要任务是按照地表自然界的真实情况、历史形成的地域差异,阐明生态环境区域分异的空间格局。生态环境综合信息图谱的类型反映了这种区域的差异,而类型的确定要由一系列反映生态环境区域特征的指标为依据。分类体系划分是否合理和规范,直接影响到图谱数据的组织以及它们之间的链接、传输和共享。因此,图谱分类是系统设计和数据库建立前一项极为重要的工作。

据廖克教授对福建生态环境综合信息图谱类型划分的两种方案(表8.7和表8.8)选一,进行构建信息图谱数据库。

表 8.7 福建省生态环境综合信息图谱分类系统(方案一)

7大类	49种类型
A亚热带山地生态环境类型	①山地草甸生态环境类型,②山地高覆盖轻侵蚀针叶林生态环境类型,③山地低覆盖中侵蚀针叶林生态环境类型,④山地针叶幼林生态环境类型,⑤山地针阔混交林生态环境类型,⑥山地高覆盖轻侵蚀常绿阔叶林生态环境类型,⑦山地高覆盖轻侵蚀常绿阔叶林(南亚热带雨林)生态环境类型,⑧山地竹林生态环境类型,⑨山地灌草丛生态环境类型,⑩山地果园茶园生态环境类型,⑪山地水田生态环境类型,⑫山地旱作生态环境类型

续表

7大类	49种类型
B亚热带丘陵生态环境类型	①丘陵高覆盖轻侵蚀针叶林生态环境类型，②丘陵低覆盖中侵蚀针叶林生态环境类型，③丘陵针叶幼林生态环境类型，④丘陵高覆盖轻侵蚀常绿阔叶林生态环境类型，⑤丘陵高覆盖轻侵蚀常绿阔叶林(南亚热带雨林)生态环境类型，⑥丘陵竹林生态环境类型，⑦丘陵灌草丛生态环境类型，⑧丘陵中侵蚀果园茶园生态环境类型，⑨丘陵强侵蚀果园茶园生态环境类型，⑩丘陵水田生态环境类型，⑪丘陵旱作生态环境类型
C亚热带台地生态环境类型	①台地低覆盖中侵蚀针阔混交林生态环境类型，②台地灌草丛生态环境类型，③台地果园茶园生态环境类型，④台地旱水田生态环境类型，⑤台地旱作生态环境类型
D亚热带山间盆谷生态环境类型	①山间季风常绿阔叶林(南亚热带雨林)生态环境类型，②山间盆谷灌草丛生态环境类型，③山间盆谷果园茶园生态环境类型，④山间盆谷浸水田生态环境类型，⑤山间盆谷旱水田生态环境类型
E亚热带滨海平原生态环境类型	①滨海平原防护林生态环境类型，②滨海平原浸水田生态环境类型，③滨海平原沙地生态环境类型，④滨海旱地生态环境类型
F亚热带湿地生态环境类型	①河流生态环境类型，②湖泊水库坑塘生态环境类型，③滨海养殖滩涂生态环境类型，④滨海未养殖滩涂生态环境类型，⑤盐田生态环境类型，⑥红树林生态环境类型，⑦滨海滩涂大米草生态环境类型
G人工建筑生态环境类型	①城镇居民点生态环境类型，②农村居民点生态环境类型，③高侵蚀独立工矿生态环境类型，④轻污染独立工矿生态环境类型，⑤重污染独立工矿生态环境类型

表8.8 福建省生态环境综合信息图谱分类系统(方案二)

4大类	A亚热带山地丘陵台地生态环境类型	B亚热带山间盆谷生态环境类型	C亚热带滨海与湿地生态环境类型	D人工建筑生态环境类型
22种类型	1. 高覆盖轻侵蚀针叶林生态环境类型 (代码A1)	1. 灌草丛生态环境类型 (代码B1)	1. 防护林生态环境类型 (代码C1)	1. 城镇居民地生态环境类型 (代码D1)
	2. 低覆盖中侵蚀针叶生态环境类型 (代码A2)	2. 果园、茶园生态环境类型 (代码B2)	2. 浸水田生态环境类型 (代码C2)	2. 农村居民点生态环境类型 (代码D2)
	3. 针阔混交林生态环境类型 (代码A3)	3. 水田生态环境类型 (代码B3)	3. 沙地生态环境类型 (代码C3)	3. 高侵蚀独立工矿生态环境类型 (代码D3)
	4. 常绿阔叶林生态环境类型 (代码A4)		4. 旱地生态环境类型 (代码C4)	4. 轻污染独立工矿生态环境类型 (代码D4)
	5. 竹林生态环境类型 (代码A5)		5. 养殖滩涂生态环境类型 (代码C5)	5. 重污染独立工矿生态环境类型 (代码D5)
	6. 灌草丛生态环境类型 (代码A6)		6. 盐田生态环境类型 (代码C6)	
	7. 果园、茶园生态环境类型 (代码A7)			
	8. 农田生态环境类型 (代码A8)			

③ 生态环境综合信息图谱数据库系统结构：生态环境综合信息图谱是在生态环境数据库与综合系列地图基础上，经过信息挖掘、知识发现、抽象概况、模型分析形成综合性的图形谱系，是计算机化的地学图谱。图谱应能反映福建省生态环境的时空变化规律。福建生态环境综合信息图谱数据库(图 8.20)是研究图谱特性的主要依据。基于 VB 等环境下的 GIS 组件 MapObjects 模式作为开发平台，建立福建生态环境综合信息图谱数据库，系统实现见图 8.21 和图 8.22。

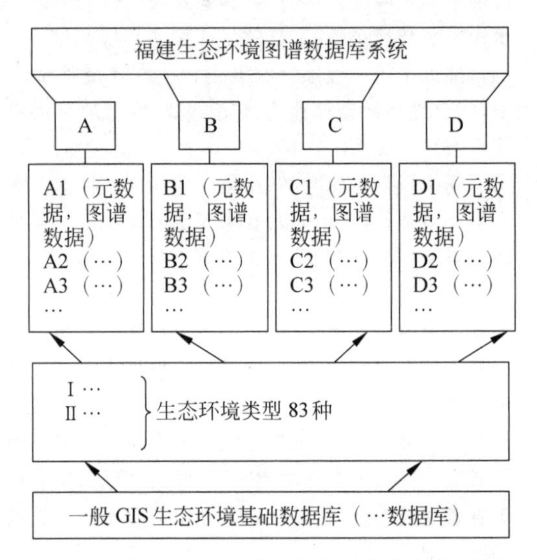

图 8.20 福建生态环境综合信息图谱数据库数据组织

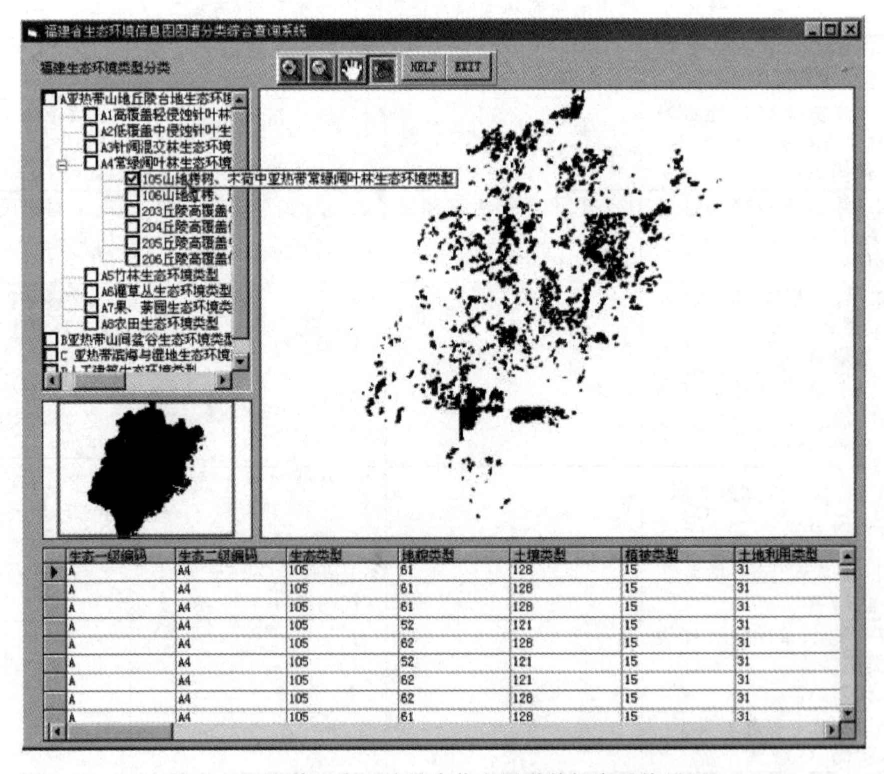

图 8.21 福建生态环境综合信息图谱数据库系统界面

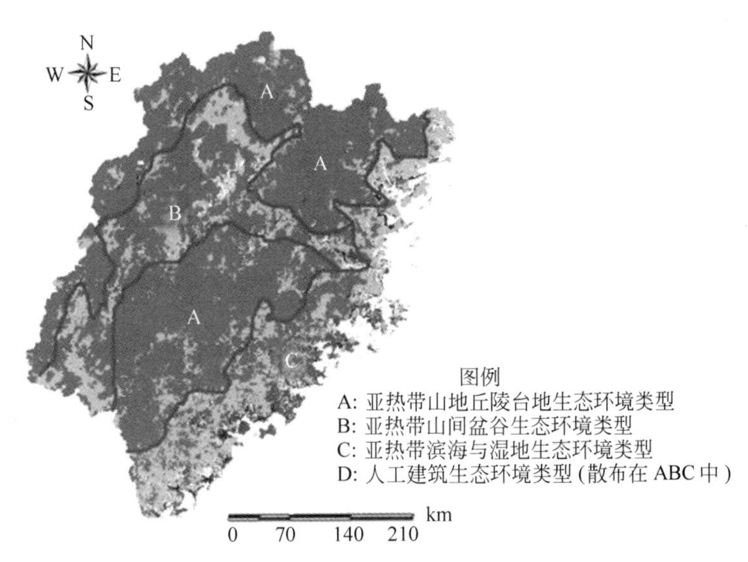

图 8.22 福建生态环境综合信息图谱类型

根据福建省生态环境类型的划分与功能分区指标的研究设计,在全省生态环境类型的基础上,再根据生态环境综合信息图谱的要求,进行类型归并与综合集成,生成生态环境综合信息图谱,因此福建生态环境综合信息图谱的数据库与一般GIS生态环境基础数据库有相同的地方,但也有明显不同之处,比较见表8.9。

表8.9 福建生态环境综合信息图谱数据库与一般GIS生态环境数据库比较

	福建生态环境综合信息图谱数据库	一般GIS生态环境基础数据库
相同处	可体现空间数据(属性和位置)的特征	
不同处	图谱数据库中的图谱数据是生态环境空间特征的提炼和概括后归类的,只有一层	一般GIS生态环境基础数据库中的数据是生态环境要素分层(至少三层,如点、线、面)归类
	图谱数据库中的图谱数据反映出的是生态环境要素的综合特征	一般GIS数据库的数据是由不同要素的图层构成的,要反映环境综合信息需靠图层数据叠加生成
	图谱数据库中的信息量与比例尺关系密切,不同比例尺(如1∶250000、1∶100000、1∶50000等)信息量悬殊	一般GIS数据库存储的信息与比例尺大小关系不大,而与数据库中存储信息量的多少关系密切

(4) 生态环境综合信息图谱数据库应用。利用生态环境综合信息图谱数据库提炼生态环境综合信息图谱,主要功能如下:

① 查询和检索功能。例如,若要查询A4-(105)类型的图斑特征,只要单击该类型,屏幕上就可显示;要是单击图谱(如图斑、轮廓),屏幕上也可出现图谱类型以及显示该图斑的一系列定性与定量指标(如地形、气候、植被、土壤、土地利用、生态环境类型),图谱特征与指标检索可见表8.8。系统也支持显示结果,可打印输出。

② 可视化功能。在数据库技术支持下,实现图形可视化,如在系统支持下可生成“福建生态环境信息图谱类型及界线图”。信息图谱模型是强调用数字化、系列化的图形图像揭示客观事物和现象空间结构特征与时空变化规律的一种方法与手段,它能够将复杂的本质属

性简洁、直观地可视化地表达出来,而且具有图形多维化、时空动态化等特点。

③ 分析功能。利用生态环境信息图谱谱系叠加在景观生态图或遥感图像上进行分析,可以发现新知识和新规律。通过数学模型,信息图谱有助于模型构建者对空间信息及其过程的理解。

④ 决策辅助功能。利用生态环境信息图谱数据库的定量指标,建立生态环境综合信息图谱的数学模型,从而进一步分析出生态环境动态变化的规律,为今后生态环境治理、保护、重建的规划与建设提供科学依据。开发和应用生态环境信息图谱,不仅要通过图谱直观地反映事物和现象分布格局的时空功能,更重要的是要挖掘图谱的分析功能和辅助研究功能。这也是生态环境信息图谱研究的重点和难点。

⑤ 其他功能。福建生态环境信息图谱数据库建设得到GIS集成技术的支持,得到多学科研究成果的支持,为推动区域生态系统多学科渗透和跨学科的综合,地学信息图谱恰好提供了多学科知识融合的技术平台。

8.3.7 闽东南生态环境基础数据库应用系统构建

在8.3.5节讨论的“福建生态环境基础数据库”的基础上,针对福建热环境的研究对象,重新设计并更新完善了空间数据库。这里讨论基于组件ArcObjects +C#.NET环境下,构建了“闽东南生态环境基础数据库应用系统(缩写:MDNEBDBMS)”的思路及实现过程。

1. MDNEBDBMS系统设计和实现

MDNEBDBMS是一个应用为主的地理信息系统,该系统研究区域是闽东南主要城市,应用目的是研究地学信息图谱中的区域热环境综合信息图谱,系统功能既包括GIS工具软件常规的分析方法,又嵌入地温反演及热环境效应和评价等GIS应用模型,以及输入和输出且具备用户化的系统界面。

1) 系统设计内容

GIS系统设计任务一般包括:①计划与选题;②需求分析;③总体设计;④详细设计;⑤地理编码;⑥测试;⑦软件维护与说明等。

本系统设计内容主要包括以下几点:

(1) 人-机交互设计:确定用户使用该系统解决闽东南热环境及效应信息图谱的过程。操作系统:Windows XP、Windows 7。

(2) 数据分类与代码设计:对系统设计用到的各种专业数据按照一定的原则进行系统分类,并在此基础上按一定的标准与规范设计分类代码(余明,2008)。

(3) 输入/输出设计:确定系统的数据输入与输出方案。

(4) 数据设计:选择Microsoft Access、SQL、GIS数据库管理系统。

(5) 程序功能模块设计:划分程序的组织单元,规划各组织单元的功能和数据接口。开发环境:Microsoft Visual Studio 2008、ArcObjects 9.3,开发语言:C#.NET(基于Framework 3.5 SP1)。

(6) 系统调试及维护。

2) 系统结构设计

系统结构设计主要包括系统逻辑结构设计和数据库概念设计两部分内容。

(1) 系统逻辑结构设计。包括逻辑结构和数据流程,系统的结构框图如图 8.23 所示。

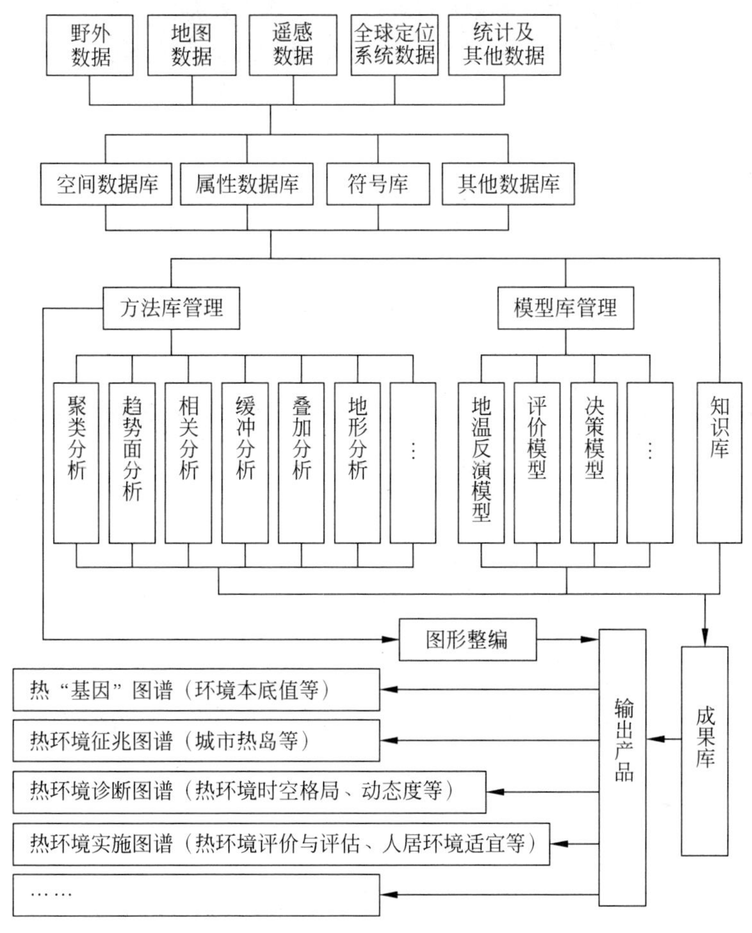

图 8.23 系统的结构框图

(2) 数据库概念设计。

总体设计阶段的数据库设计,主要是数据库的概念设计,即通过对系统用户信息要求的综合归纳,形成一个不依赖任何数据库管理系统(DBMS)的信息结构模型。设计包括信息类型、实体的属性范畴以及实体之间的联系。

(3) 其他。

有关数据库的其他方面如空间数据库的参考基准面和坐标系统、地图投影、数据库比例尺以及分块、分层等数据库管理等的考虑。

3) 系统总体设计和详细设计

系统总体设计在强调完备性、标准化、先进性、兼容性、高效性、可靠性、适用性等基本要求以外,注重把握系统总控文件。

4) 系统界面与功能模块设计

系统界面与功能模块设计实现如图 8.24～图 8.26 所示。这是系统构建成功与否的最关键的设计。

图 8.24 系统界面图示

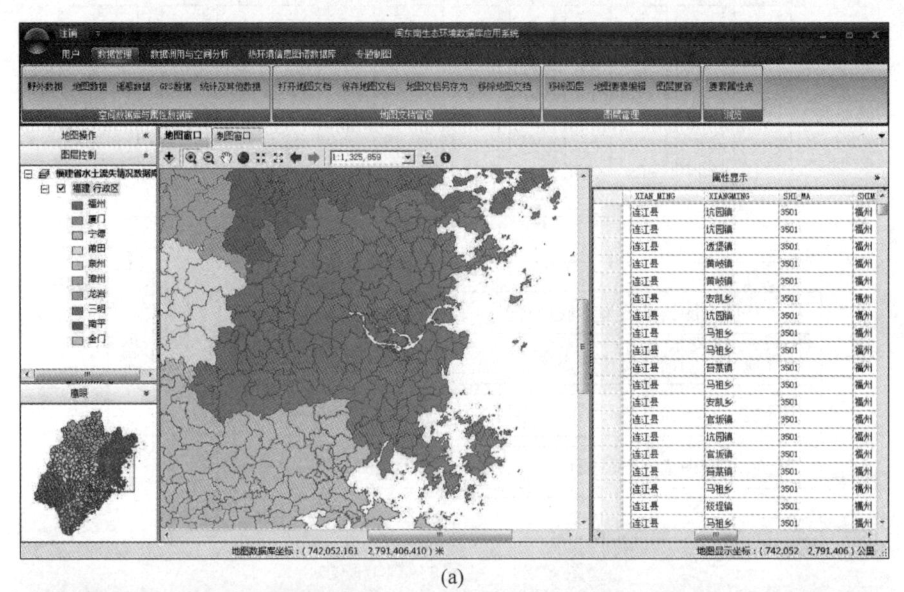

(a)

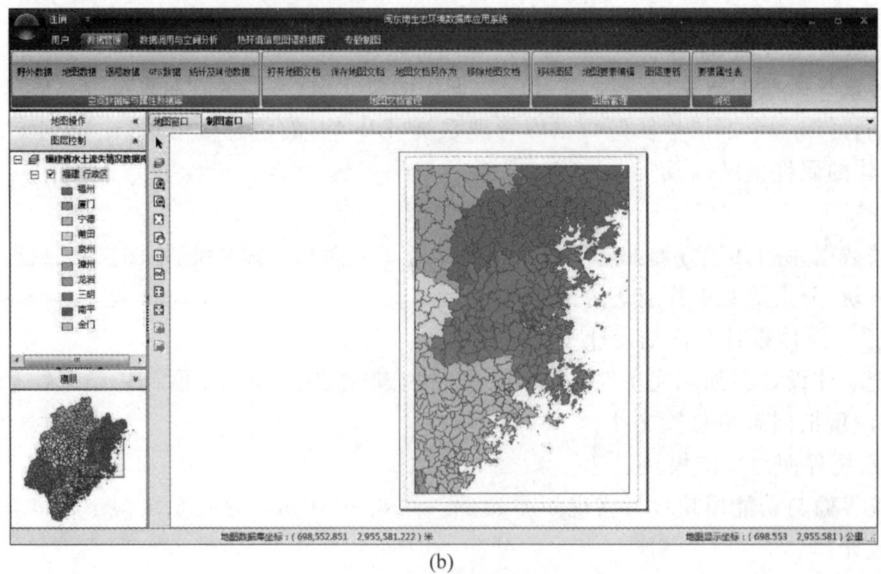

(b)

图 8.25 地图窗口界面和制图界面

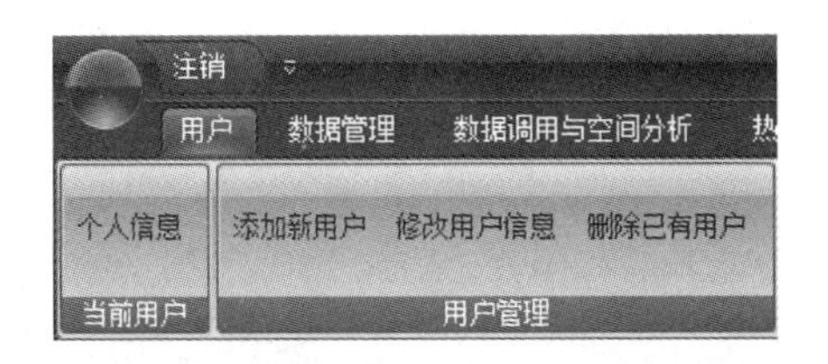

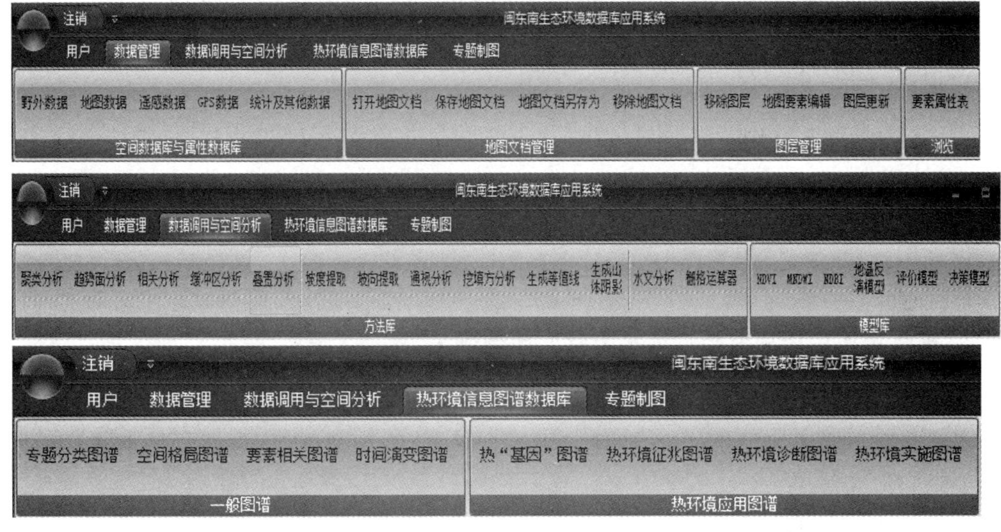

图 8.26 关于“用户”“数据管理”“数据调用与空间分析”“专题制图”和“热环境信息图谱数据库”等功能模块界面

部分应用模型如 NDBI 算法流程如图 8.27 所示。

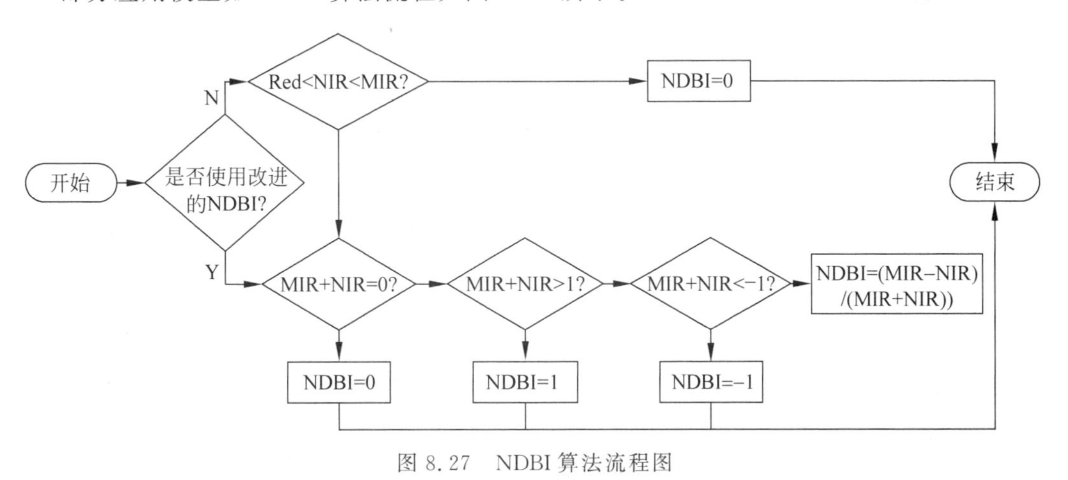

图 8.27 NDBI 算法流程图

据图 8.27 流程图，利用 ArcObjects 的 IMapAlgebraOp 接口，通过 if 语句，可以控制本系统执行原 NDBI 或改进的 NDBI 计算，其实现部分代码如下：

```
......
//定义 NDBI 表达式
    string sNDBI_Expression = "( Float([" + sMirGdsName + "]) -Float([" + sNirGdsName + "]) ) /
( Float([" + sMirGdsName + "]) + Float([" + sNirGdsName + "]) )";
```

```
    string sDenominator = "Float([" + sMirGdsName + "]) + Float([" + sNirGdsName + "])";
  //NDBI 的分母
    string sExpression = "Con( " + sDenominator + " == 0, 0, "
        + "Con( " + sNDBI_Expression + " > 1, 1, "
        + "Con( " + sNDBI_Expression + " < -1, -1, " + sNDBI_Expression + " ) ) )";
    string sExpressionModified = "Con( [" + sRedGdsName + "] < [" + sNirGdsName + "] &
["  + sNirGdsName + "] < [" + sMirGdsName + "], 0, " + sExpression + " )";
    //选择执行哪种 NDBI 计算
    IGeoDataset pOutputRaster;
    if (this.modified_checkbox.Checked)
        pOutputRaster = pMapAlgebraOp.Execute(sExpressionModified);
    else
        pOutputRaster = pMapAlgebraOp.Execute(sExpression);

        ......
```

2. 闽东南城市热环境综合信息图谱应用系统

在 FJEBDBMS 基础上通过对闽东南热环境的认识,弄清城市系统要素之间的关系,再提取要素指数以及系统评价指标,构建应用模型并以“图”和“谱”信息揭示城市热环境系统要素关系和演变规律。

1）热环境信息提取模型

只有弄清影响区域热环境主要因子,才能建立地学应用模型,才能使图形思维与模型分析相结合,才能便于信息挖掘、知识发现及地学认知,才能实现热环境类型全数字化,才能实现热环境类型数据库和热环境信息图谱的动态数字链接,才能实现热环境信息图谱的多维与动态可视化效果。只要输入参数,本系统能支持构建热环境信息提取模型,界面如图 8.28 所示。

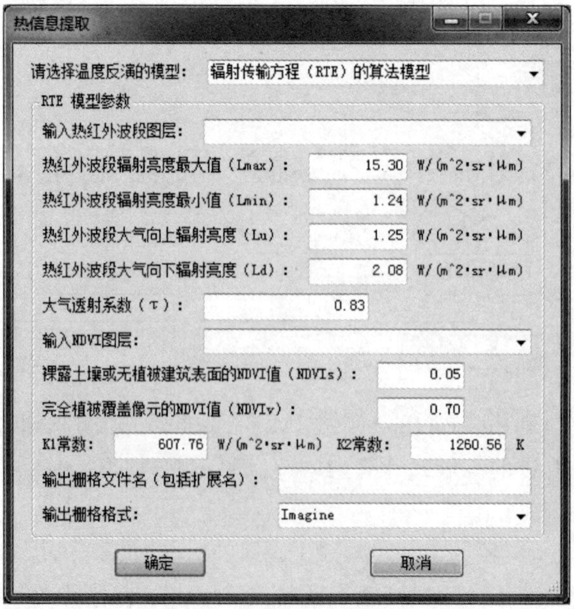

图 8.28 热环境信息提取模型界面

闽东南热环境综合信息图谱数据库主要应用在构建闽东南热环境综合信息图谱、闽东南热环境空间格局信息图谱、城市热环境演变过程信息图谱、城市热环境动态变化信息图谱、福州厦门热岛效应分析图谱、地表温度与LUCC关系的信息图谱等。

2）闽东南热环境综合信息图谱应用系统主要特点和功能

热环境是强调生态环境的能量信息部分，闽东南热环境综合信息图谱系统与福建生态环境综合信息图谱系统既有联系，又有区别。联系在于数据库中的生态环境基础数据共享，以信息图谱分析方法表达。然而闽东南热环境综合信息图谱系统最大的特点，就是以GIS技术为基本的技术支撑，将热环境信息的分析地理化和将热环境信息地图化，从而建立了生态环境数据与地理环境信息的关联，大大增强了生态环境信息的显示、查询和分析的整体感和系统的应用与分析功能。闽东南热环境综合信息图谱应用系统主要特点和功能：

(1) 对象的选取，不仅可以通过名称，也可以通过地理图形进行，不仅可以一般查询，也可以属性-图形双向查询。

(2) 系统设计使用GIS技术，但不依赖任何商业GIS平台软件，而完全由系统自身支撑。

(3) 基于热环境与地理空间的密切关系，系统使用多种地理分区进行环境数据的分析与比较，从而发现不同环境变量与地理空间的联系和规律。

(4) 系统不是静态建立所使用的各种地理分区对象，而是在查询、统计与分析过程中动态建立，大大压缩了数据库中的信息冗余，同时也优化了系统的开支。系统具有较强的数据分析功能。

(5) 地理地图和GIS技术不仅仅用于地理对象的选取，并可以用于环境变量的显示，从而通过环境变量的空间分布特征或过程挖掘隐含的信息或规律，用信息图谱方式表达。

3）闽东南城市群热环境综合信息图谱的构建

一般地学信息图谱归纳和提炼需要6个步骤：①对研究对象(地学要素、地学现象、地理区域)进行透彻的研究，掌握其时空格局和规律；②从研究对象中抽取基本的组成单元，逐个描述这些单元的不同的形态图形并尽量穷举，形成谱系；③对系列图谱进行归类、归纳和提炼，使图谱能够抽象反映图像和标准类型的等级；④对系列图形进行数学参数描述，使其具有可量化和形式化的功能；⑤进行图谱的建模工作，使图谱具有计算机模拟识别和虚拟现实的功能；⑥针对该图谱的实际应用目标进行信息单元的重组、虚拟，以建立资源环境问题的调控方案，并虚拟预测调控结果。

在对研究区中的热环境基本了解的情况下，可借助闽东南区域生态环境基础数据库系统，对影响热环境系统的因子指数进行有条件的提取，形成时空格局的系列图谱，以便揭示热环境系统的因子间的复杂关系；同时也为建设闽东南热环境综合信息图谱数据库做准备。

(1) 提取影响热环境系统的因子指数图谱。

① 植被指数的信息图谱构建。基于遥感数据提取的植被指数系列见图8.29，反映闽东南2001—2007年植被指标变化的信息，在应用上可构成闽东南区域植被信息的征兆图谱。

② 地形信息图谱构建。在GIS软件的支持下，利用福建省1∶100000等高线矢量数据生成DEM数据，设置栅格大小为250m×250m，再提取研究区高程、坡度等专题信息，构建研究区地形特征中的高程和坡度变化的征兆图谱(图8.30)。

③ 气象指数信息图谱构建。利用研究区内各站点的经度(ϕ)、纬度(λ)、海拔高度(h)与各要素进行趋势面拟合和应用插值法等建模，可获取研究区的气象指数。本研究利用该

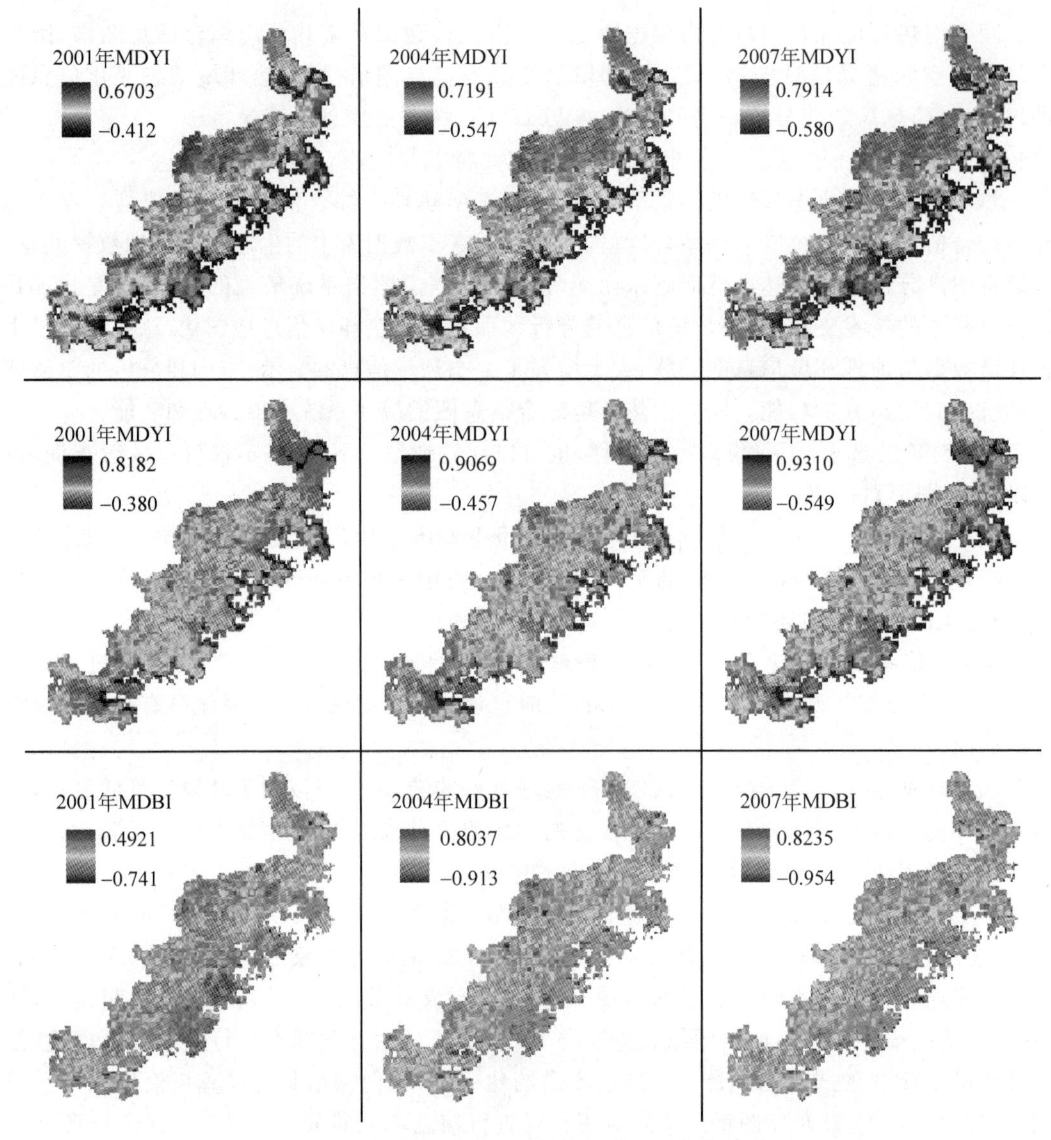

图 8.29 2001—2007 年植被指数——征兆图谱

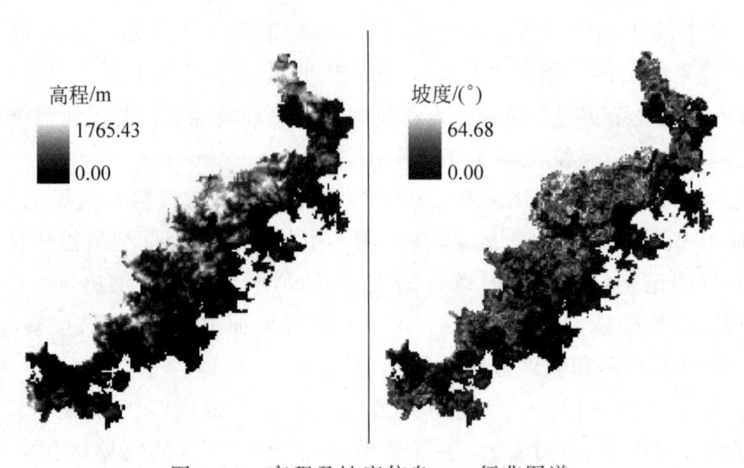

图 8.30 高程及坡度信息——征兆图谱

模型,生成分辨率为 250m×250m 格网数据的年均气温和湿润指数的气象信息趋势变化的征兆图谱,见图 8.31 和图 8.32。

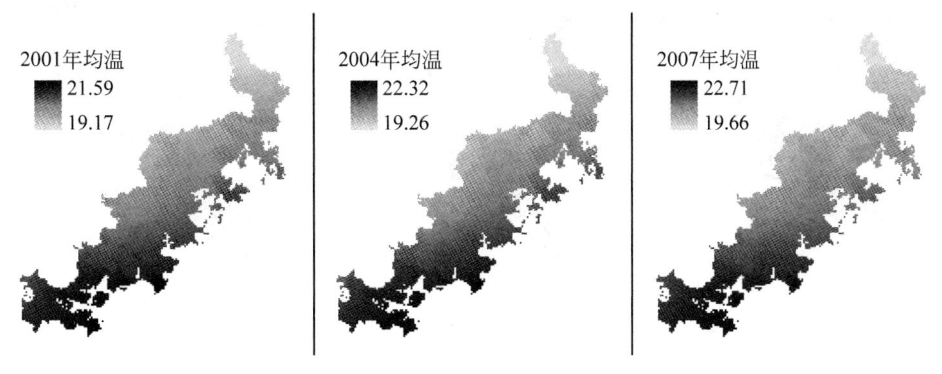

图 8.31　2001—2007 年气温信息——征兆图谱

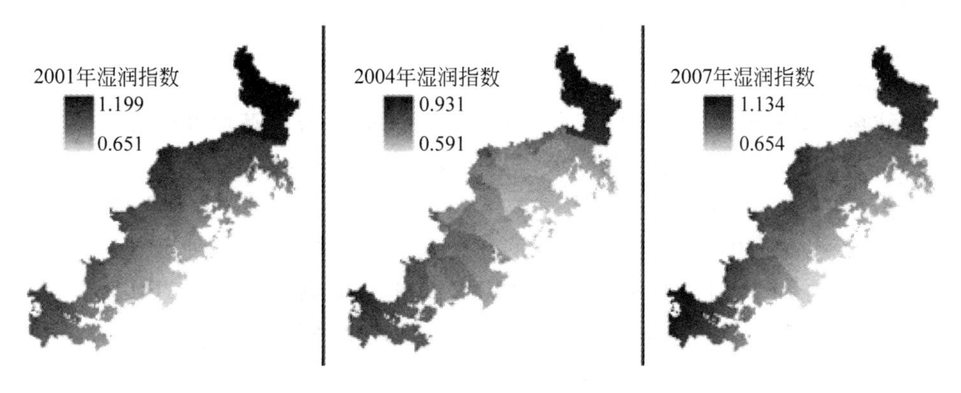

图 8.32　2001—2007 年湿润指数信息——征兆图谱

④ 社会经济指数信息图谱。社会经济指数提取是对空间可视化后的社会经济数据按居民点密度和面积权重模型进行空间插值和小网格推算,生成研究区 250m×250m 分辨率的人口密度和城市化水平的 GRID 格式可视化显示(图 8.33 和图 8.34)。系列图 8.33 和图 8.34 相关性很强,人口稠密地方一般城市化水平都较高。

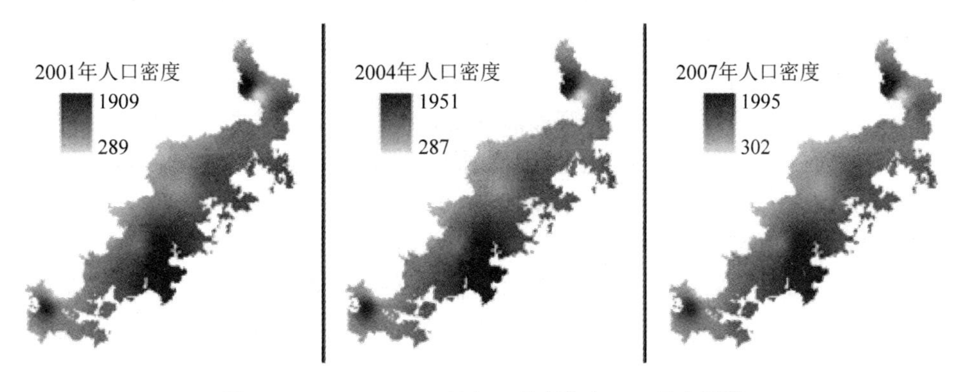

图 8.33　2001—2007 年人口密度信息——征兆图谱

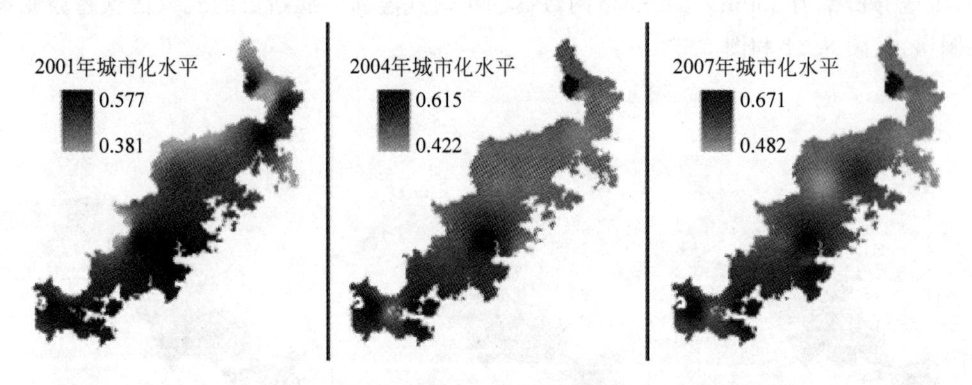

图 8.34 2001—2007 年闽东南城市化水平信息——征兆图谱

(2) 热环境综合信息图谱的构建。首先,对研究区各个相关影响因子在空间叠加的基础上,通过地图代数方法,建立空间判别模型进行逻辑判别,揭示各个因子与目标的关系;其次,建立热环境目标与多因子之间相互作用的综合分析模式,可构建热环境空间多元分析综合评价图谱。

① 区域热环境模型构建。本研究根据闽东南沿海城市群热环境本底值特征和专家的经验,将研究区的热环境等级划分为 6 级,即差、较差、中、良、次优、优。

在遥感软件(如 ENVI 4.3)的支持下,按兴趣区统计所有指标的记录值,将选取的标准兴趣区在综合评价影像中打开。考虑研究的复杂性(涉及多项指标),则以热环境本底值为因变量,以筛选出的 9 个指标值为自变量,进行回归分析,以确定各指标对热环境质量的影响权重,进而建立热环境评价模型,式(8-1)～式(8-3)分别为研究区 2001 年、2004 年和 2007 年热环境评价模型表达式。由模型可以看出,热环境本底值与 NDVI、NDWI、高程的自然对数呈现负相关关系,而与 NDBI、年均气温及城市化水平与热环境本底值呈现正相关关系,经局部地区检验,模型中各指标的系数较为真实地反映各指标在热环境中所起的作用。

2001 年热环境本底值＝232.083－6.626×NDVI－9.504×NDWI＋0.037×NDBI－9.767×高程的自然对数－1.915×坡度＋1.703×年均气温＋4.899×湿润指数＋5.521 人口密度＋14.352 城市化水平

$$F=110.305>F_{0.05}(9,110)=2.17,\quad R=0.949 \tag{8.1}$$

2004 年热环境本底值＝282.402－3.753×NDVI－15.641×NDWI＋0.377×NDBI－16.654×高程的自然对数＋0.843×坡度＋4.025×年均气温＋2.688×湿润指数＋14.881 人口密度＋16.782 城市化水平

$$F=47.844>F_{0.05}(9,110)=2.17,\quad R=0.892 \tag{8.2}$$

2007 年热环境本底值＝508.235－5.859×NDVI－11.705×NDWI＋3.850×NDBI－29.278×高程的自然对数－3.536×坡度＋2.584×年均气温－11.817×湿润指数－21.603 人口密度＋2.179 城市化水平

$$F=123.625>F_{0.05}(9,110)=2.17,\quad R=0.954 \tag{8.3}$$

② 闽东南热环境本底及综合评价图谱。

将式(8-1)～式(8-3)模型中各指标的权重代入综合评价影像中进行栅格代数运算,可获得闽东南沿海城市热环境本底影像，再根据前述各等级阈值进行分级，得到闽东南沿海城市热环境逐像元评价输出，如图 8.35 所示。热环境综合评价等级图的精度可以用标准图件、地面实测数据等进行对比分析。目前普遍采用的是混淆矩阵方法，用 Kappa 系数来分析评价结果的精度。本研究采用闽东南沿海城市热环境标准兴趣区交叉检验样本的评分等级与综合评价等级进行参比，构建精度分析表进行检验，计算得 2001 年、2004 年、2007 年的评价总体精度分别为 83.72%、81.58%和 86.67%，Kappa 值分别为 0.81、0.79 和 0.84，表明利用本底值方法对热环境进行综合评价具有较高的精度。通过局地遥感图像判读与野外考察，评价结果基本吻合。

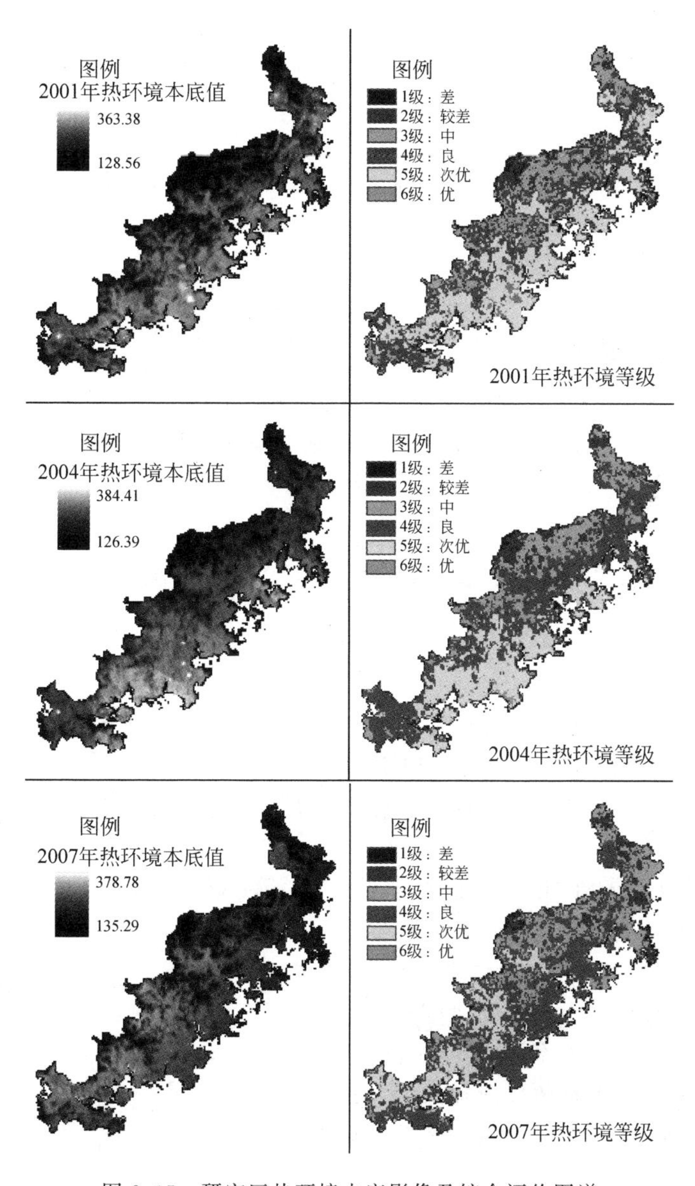

图 8.35　研究区热环境本底影像及综合评价图谱

从应用角度,这个模型的评价结果图8.35可转换为区域的热环境的诊断图谱。模型揭示热环境与气温高低程度、湿润程度、植被度、地形高度和坡度、人口密度以及城市化水平有关,同时揭示不同时间段,区域热环境本底值状况与指数的关系也不同。2001—2007年热环境本底值“优”的区域越来越少;“中”和“差”区域扩大,整体热环境背景状况恶化,局部有所改善。热岛效应范围扩展与建成区快速增长有关,与人口数不断增长有关。扩大城市绿地,改善下垫面状况以及中心城区人口密度下降是热岛中心强度降低的重要因素,工业用地比重降低或拆迁郊区对中心城区热岛强度减低也有影响。总之,地表热辐射和热存储模式的改变,可导致热岛强度降低。闽东南热环境综合评价图谱的构建,可为福建区域可持续发展规划提供参考意见。

思考题

1. 结合你的专业领域(水土流失、洪水灾害、土地利用、环境资源、人口预测等),叙述基于GIS地学的应用模型的建模步骤和方法。
2. 用实例说明构建应用型GIS的方法。

进一步讨论的问题

1. 利用GIS解决实际问题(灾害的评估、土地分类、规划管理等)。
2. 利用GIS开发方法,构建GIS应用系统。

实验项目8 GIS综合实验

一、实验内容

(1) 结合你的专业领域(水土流失、洪水灾害、土地利用、环境资源、人口预测等),完成基于GIS地学的应用模型的建模步骤和方法。

(2) 在GIS支持下的建设项目环境管理与分析实验(要求:提供背景条件、需求条件以及进行GIS可行性分析)。

(3) 基于“3S”技术的城市热岛效应的分析和建模实验。

(4) 基于GIS的生物多样性综合分析实验。

(5) 基于GIS的LUCC分析与建模实验。

(6) 基于GIS的城市交通规划建模实验。

(7) 基于GIS的区域生态环境评价实验方案。

(8) 基于GIS的灾害系统构建和评估方案实验。

(9) GIS与医疗设施分布、GIS与流行病研究。

二、实验目的

通过综合实验,学生能够综合掌握GIS基本的分析方法及其在实际中的应用。

三、实验数据(自备)

第 8 章彩图

第 8 章思考题答案

附　　录

附录1　本书双语关键术语

Artificial Intelligence 人工智能
Accuracy 精确性
Attribute Data 属性数据
Affine Coordinate Transformation 仿射变换
Azimuthal Projection 方位投影
Adjacency 邻接
Aggregation 聚合
Association 关联
Address Geocoding 地址地理编码
Automatic Digitizing 自动数字化
Anisotropy 各向异性
Arc 弧
Area Feature 区域特征
Bearing 方向
Boolean Operation/Connector/Expression 布尔操作/连接/表达
Buffer 缓冲带
Base Contour 基础等高线
Benchmark 基准
Big Data 大数据
Cartography 地图制图学
Cartesian Coordinate System 笛卡儿坐标系
Chart Map 图表地图
Cartographic Modelling 地图模型
Cell Size 网格大小
Cell Value 网格值
Clip 裁剪
Class 分类
Continuous Features(指空间)连续性
Coverage 图层(ESRI 数据)
Containment 包含
Connectivity 连接

Conformal Projection 正轴投影
Conic Projection 圆锥投影
Choropleth Map 地区分布图
Continuous Surface 连续面(如等高面和等温面)
Chroma(色彩的)浓度
Control Points 扩展点
Cluster 聚集
Color Orthophoto 全色摄影
Compression Tolerance 容错量
Computer Aided Design and Drafting 计算机辅助设计制图
Conic Projection 圆锥投影
Contour Interval 等高距
Contour Lines 等高线
Control Point 控制点
Coordinate System 坐标系统
Chain Coding 链编码
Coverages ESRI 的数据文件结构的、可拓扑编辑的图层
Conceptual Model 概念模型
Dasymetric Map 分区密度地图
Data Display 数据显示
Data Exploration 数据探查
Data Input 数据输入
Discrete Features(指空间)离散性
Delaunay Triangulation 德洛奈三角形
Database Management System/Tools 数据库管理系统(DBMS)/工具
Digital Earth 数字地球
Digital Elevation Model 数字高程模型
Digital Terrain Model 数字地形模型
Dynamic Segmentation Model 动态分割模型
Digital Orthophoto Quad(DOQ)数字正射图
Digital Line Graph(DLG)数字线划图
Electromagnetic Radiation 电磁波辐射
Ellipsoid 椭球体
Field 字段
FTP 文件转换协议
Feature 特征
Geographic Information System (GIS)地理信息系统
Geographic Visualization 地理可视化
Geoscience 地学

Global Positioning System(GPS) 全球定位系统
Georeferencing 地表坐标参考系统定位
Gaussi Kruger 高斯-克鲁格投影
Grid 格网
Hardcopy Map 纸质(硬拷贝)地图
Inheritance 继承性
Intervisility 通视情况
Interface 界面
Intersect 相交(指空间数据的一种关系)
IDW 按距离加权法(内插法之一)
JPEG 一种图像表达方式
Kriging 克里金法
Layout(地图上)布局
Line Graph 线划图
Landsat 陆地卫星
Macro Language 宏语言
Mercator Projection 墨卡托投影
Manual Digitizing 手工数字化
Moving Window 运动窗口
Map Algebra 地图代数
Normal Form 范式
Metadata 元数据
Map Algebra 地图代数
Mean 平均值
Median 中值
National Height Datum 国家高程基准
Node 结点
Neighborhood Statistics Analysis 邻域统计分析
Neighborhood Operation 邻近操作
Orthophoto Map 影像地图
Object-oriented Data Model 面向对象
On-screen Digitizing 屏幕数字化
Overlay 叠加(GIS 数据的一种操作)
Open GIS 开放式 GIS
Ordinal Scale 顺序量表、分类量表
Polymorphism 多态性
Proximity 接近度
Projection 投影
Quadtree 四叉树

Perspective View 视角
Raster 栅格
Range 极值
Run-length Encoding 游程编码
Resampling 重采用
Satellite Remote Sensing 卫星遥感
Structured Query Language(SQL)结构化查询语言
Scanning 扫描
Static Model 静态模型
Split 分离(GIS 数据的一种操作)
Spatial Data Transfer Standard 空间数据转换标准
Spaghetti Data Model 面条数据模型
Standard Deviation 标准差
SQL 结构化查询语言
Topological Property 拓扑特性
Triangulated Irregular Network(TIN)不规则三角网
Thematic Map 专题地图
Union 联合(多边形的叠加方法之一)
Vector 矢量
Vectorization 矢量化
Visualization 可视化
Variance 方差
Watershed 分水岭
WGS84 世界大地坐标椭球体

附录 2 本书每章内容英语摘要及教学大纲

Introduction to GIS

Chapter 1 Introduction

This chapter introduces some basic concepts and descriptions of GIS including GIS components, function, types, stages, providing some motivation and a background for GIS.

1.1 GIS Concepts
1.2 GIS Components
1.3 GIS Function and Application
1.4 GIS Types
1.5 GIS Stages and Trend

Chapter 2 Geographic Foundation on GIS

Chapter 2 Describes basic data representations. It treats the main ways we use computers to represent perceptions of geography,common data structures,and how these structures are organized.

2.1 Spatial Cognizing and Expression

2.2 The Physical World and Its Model

2.3 Map Projection and Coordinate System

2.4 Time System

Chapter 3 Data Structure and Database

Chapter 3 Focuses on attribute data,spatial data and database.

3.1 Data Structures

3.2 Spatial Database

3.3 Data Query and Exploration

Chapter 4 Data Collection and Processing on GIS

Data collection is often a substantial task and comprises one of the main activities of most GIS organizations. Spatial data collection methods and equipment are described in Chapter 4. While Chapter 4 describes how we assess and document spatial data quality.

4.1 Data Sources

4.2 Data Classification

4.3 Data Capture and Input

4.4 Data Collected and Used to Create Spatial Data

4.5 Data Standards and Quality Control

Chapter 5 Spatial Analysis and Result Exploration

Chapter 5 explores the basic concepts and methods of spatial analysis, including buffering, adjacency, inclusion, overlay, network, terrain, spatial estimation and data combination for the vector and raster data models used in GIS.

5.1 Data Models Analysis on Vector Structure

5.2 Data Models Analysis on Raster Estimation Structure

Chapter 6 GIS Application Models

A model is the description of spatial distribution and Geo-processing of spatial reality. Chapter 6 describes various methods for geographic phenomena mapping and Geo-processing modelling.

6.1 Brief Introduction

6.2 Modelling and Decision-making

Chapter 7 Map Visualization and GIS Production Output

Chapter 7 discusses the spatial visualization aiming at different data by different methods. The development trend has been examined from two-dimensional mapping to three-dimensional visualization. Differential shading, shadows, and perspective distortion are all used to give the impression of depth.

7.1 Theory of Geographic Information Visualization

7.2 Methods of Geographic Information Visualization

7.3 Dynamic Visualization

7.4 Report Results and Output

Chapter 8 GIS Engineering Projects and Application Cases

8.1 Chapter 8 describes briefly GIS engineering projects and applications with some cases

8.2 Design of GIS Project

8.3 Method of GIS Development

8.4 Case Studies

参考文献

艾廷华,1997.电子新技术条件下的地图设计[J].武汉测绘科技大学学报,(2):142-150.

艾廷华,1998.动态符号与动态地图[J].武汉测绘科技大学学报,23(1):47-51.

艾廷华,2003.基于空间映射观念的地图综合概念模式[J].测绘学报,32(1):87-92.

艾廷华,2006.基于Delaunay三角网支持下的空间场表达[J].测绘学报,(1):71-76,82.

艾廷华,郭仁忠,2007.基于格式塔识别原则挖掘空间分布模式[J].测绘学报,36(3):303-308.

艾廷华,郭仁忠,陈晓东,2001.Delaunay三角网支持下的多边形化简与合并[J].中国图象图形学报,6(7):703-709.

艾廷华,祝国瑞,张根寿,2003.基于Delaunay三角网模型的等高线地形特征提取及谷地树结构化组织[J].遥感学报,7(4):292-299.

边馥苓,1996.GIS地理信息系统原理和方法[M].北京:测绘出版社.

陈晗施,余明,2020.基于GIS技术的食物沙漠空间分析——以福州为例[J].福建师范大学学报(自然科学版),36(3):60-69.

陈述彭,鲁学军,周成虎,1999.地理信息系统导论[M].北京:科学出版社.

陈正江,汤国安,任晓东,2005.地理信息系统设计与开发[M].北京:科学出版社.

邸凯昌,2001.空间数据发掘与知识发现[M].武汉:武汉大学出版社.

傅伯杰,陈利顶,马克明,等,2011.景观生态学原理及应用[M].2版.北京:科学出版社.

傅肃性,2002.遥感专题分析与地学图谱[M].北京:科学出版社.

郭仁忠,2001.空间分析[M].2版.北京:高等教育出版社.

胡鹏,黄杏元,华一新,2002.地理信息系统教程[M].武汉:武汉大学出版社.

黄秉维,郑度,赵名茶,等,1999.现代自然地理[M].北京:科学出版社.

黄杏元,马劲松,2008.地理信息系统概论[M].3版.北京:高等教育出版社.

黄瑶,余明,2017.闽西地区近30年降雨侵蚀力变化分析[J].福建师范大学学报(自然科学版),33(1):68-74.

季青,余明,2009.基于CBERS-02 IRMSS和MODIS数据的地表温度反演与热环境评价[J].地理与地理信息科学,25(6):78-81,87.

季青,余明,2010.基于协同克里格插值法的年均温空间插值的参数选择研究[J].首都师范大学学报(自然科学版),31(4):81-87.

江斌,黄波,陆锋,2002.GIS环境下的空间分析和地学视觉化[M].北京:高等教育出版社.

蓝婷,余明,徐智邦,等,2017.基于DMSP/OLS的闽东南地区1992—2013年城市发展格局与扩展过程研究[J].福建师范大学学报(自然科学版),33(4):73-80.

李满春,陈刚,陈振杰,等,2003.GIS设计与实现[M].2版.北京:科学出版社.

李翔,余明,2021.多元数据下24小时便利店选址研究——以北京市老城区为例[J].福建师范大学学报(自然科学版),37(2):75-86.

廖克,2003.现代地图学[M].北京:科学出版社.

刘光,2003.地理信息系统二次开发教程:语言篇[M].北京:清华大学出版社.

刘洁盈,余明,2017.基于地学信息图谱的闽西山区土地利用时空变化研究——以三明市宁化县为例[J].福建师范大学学报(自然科学版),33(5):63-70.

罗宾逊 A H,塞尔 R D,莫里逊 J L,等,1989.地图学原理[M].李道义,刘耀珍,译.北京:测绘出版社.

闾国年,张书亮,龚敏霞,等,2003.地理信息系统集成原理和方法[M].北京:科学出版社.

毛锋,程承旗,孙大路,等,1999.地理信息系统建库技术及其应用[M].北京:科学出版社.
倪绍祥,2003.地理学综合研究的新进展[J].地理科学进展,22(4):335-341.
聂亚文,余明,蓝婷,2019.基于MAWEI指数的水体信息提取方法[J].地球环境学报,10(3):281-290.
齐清文,潘安敏,1998.智能化制图综合在GIS环境下的实现方法研究[J].地球科学进展,17(2):15-22.
三味工作室,2001.MapInfo 6.0应用开发指南[M].北京:人民邮电出版社.
邵维忠,杨芙清,2006.面向对象的系统分析[M].2版.北京:清华大学出版社.
施加松,刘建忠,2005.3D GIS技术研究发展综述[J].测绘科学,30(5):117-119.
宋小冬,钮心毅,2013.地理信息系统实习教程[M].3版.北京:科学出版社.
孙琦,余明,2015.近30年闽西区域降水分布特征及突变研究[J].福建师范大学学报(自然科学版),31(3):98-105.
汤国安,刘学军,闾国年,2009.数字高程模型及地学分析的原理与方法[M].北京:科学出版社.
汤志诚,余明,2013.基于ArcObjects与Google Earth的GIS应用系统设计与实现[J].福建师范大学学报(自然科学版),29(2):28-34.
王鹤融,余明,曹雨晴,2016.基于RS/GIS的闽西土地利用变化分析[J].福建师范大学学报(自然科学版),32(2):84-91.
王建华,2002.空间信息可视化[M].北京:测绘出版社.
王晴晴,余明,2014.基于简单比值型水体指数(SRWI)的水体信息提取研究[J].福建师范大学学报(自然科学版),30(1):39-44.
王英杰,袁勘省,余卓渊,2003.多维动态地学信息可视化[M].北京:科学出版社.
王铮,丁金宏,1994.理论地理学概论[M].北京:科学出版社.
王政权,1999.地统计学及其在生态学中的应用[M].北京:科学出版社.
韦玉春,陈锁忠,等,2007.地理建模原理与方法[M].北京:科学出版社.
邬伦,刘瑜,张晶,等,2001.地理信息系统——原理、方法和应用[M].北京:科学出版社.
吴信才,吴亮,万波,等,2019.地理信息系统原理与方法[M].4版.北京:电子工业出版社.
吴信才,郑贵洲,张发勇,等,2015.地理信息系统设计与实现[M].3版.北京:电子工业出版社.
徐建华,2017.现代地理学中的数学方法[M].3版.北京:高等教育出版社.
薛伟,2004.MapObjects——地理信息系统程序设计[M].北京:国防工业出版社.
阎磊,余明,2012.基于GIS与RS支持下的城市生态景观格局优化研究——以小福州为例[J].首都师范大学学报(自然科学版),33(3):55-59.
杨国清,祝国瑞,喻国荣,2004.可视化与现代地图学的发展[J].测绘通报,(6):40-42.
叶庆华,刘高焕,陆洲,等,2002.基于GIS的时空复合体——土地利用变化图谱模型研究方法[J].地理科学进展,21(4):349-357.
余明,2003."数字福建"及"数字闽东南"的构建与应用[J].地球信息科学,(2):32-35.
余明,2008.生态环境综合信息图谱生成与应用[M].北京:测绘出版社.
余明,2011.遥感影像的城市热环境综合信息图谱研究[M].北京:测绘出版社.
余明,陈大卫,2021.简明天文学教程[M].4版.北京:科学出版社.
余明,陈志彪,2002.基于GIS的闽东南小城镇发展中的生态环境问题研究[J].水土保持通报,22(6):40-44.
余明,陈志彪,王晓文,等,2002.影响闽东南农业生产潜力发挥的环境因素[J].福建师范大学学报(自然科学版),18(1):102-107.
余明,李慧,2006.基于Spot影像的水体信息提取以及在湿地分类中的应用研究[J].遥感信息,(3):44-47.
余明,李慧珍,2007.土地利用与土地覆盖变化信息的图谱研究——以大福州为例[J].遥感信息,(3):29-33,53.
余明,廖克,李春华,2005.福建生态环境信息图谱数据库系统设计与实现[J].地球信息科学,7(4):117-121.

余明，祝国瑞，李春华，2005. 地学信息图谱图形与属性信息的双向查询与检索方法研究[J]. 武汉大学学报（信息科学版），30(4)：348-350，354.

袁勘省，2014. 现代地图学教程[M]. 2版. 北京：科学出版社.

张超，2000. 地理信息系统实习教程[M]. 北京：高等教育出版社.

张成才，秦昆，卢艳，等，2004. GIS空间分析理论与方法[M]. 武汉：武汉大学出版社.

朱选，刘素霞，2006. 地理信息系统原理与技术[M]. 上海：华东师范大学出版社.

祝国瑞，2004. 地图学[M]. 武汉：武汉大学出版社.

祝国瑞，王建华，1995. 现代地图分析有关问题的探讨[J]. 测绘学报，24(1)：77-79.

祝国瑞，张根寿，1994. 地图分析[M]. 北京：测绘出版社.

AI T，XIANG Z，2007. The aggregation of urban building clusters based on the skeleton partitioning of gap space[J]. Lecture Notes in Geoinformation and Cartography (LNGC)，Springer-Verlag.

AI T H，2007. The drainage network extraction from contour lines for contour line generalization[J]. ISPRS Journal of Photogrammetry and Remote Sensing，62(2)：93-103.

BOLSTAD P，2016. GIS Fundamentals：A First Text on Geographic Information System[M]. 5ed. Minnesota：Eider Press.

BURROUGH P A，MCDONNELL R A，1998. Principles of Geographic Information Systems[M]. New York：Oxford University Press.

CHANG K T，2006. 地理信息系统导论[M]. 3版. 陈健飞，译. 北京：科学出版社.

GOODCHILD M F，1987. A spatial analytical perspective on geographical information systems[J]. International Journal of Geographical Information Systems，1(4)：327-334.

GOODCHILD M F，HAINING R P，WISE S，et al. 1992，Intergrating GIS and spatial data analysis — problems and possibilities[J]. International Journal of Geographical Information Systems，6，407-423.

HAINING R，1993. Spatial Data Analysis in the Social and Environmental Sciences[M]. London：Cambridge University Press.

HAINING R，2003. Spatial Data Analysis：Theory and Practice[M]. London：Cambridge University Press.

KANTARDZIC M，2003. 数据挖掘——概念、模型、方法和算法[M]. 闪四清，陈茵，程雁，等，译，北京：清华大学出版社.

LAN T，YU M，XU Z B，et al，2018. Temporal and spatial variation characteristics of catering facilities based on POI data：a case study within 5th ring road in Beijing[J]. Procedia Computer Science，131：1260-1268.

LONGLEY P A，2004. 地理信息系统（上卷——原理与技术，下卷——管理与应用）[M]. 2版. 唐中实，黄俊峰，伊平，等，译. 北京：电子工业出版社.

LONGLEY P A，GOODCHILD M F，MAGUIRE D J，et al，2005. Geographic Information Systems and Science[M]. 2ed. New York：John Wiely & Sons.

MACEACHREN A M，TAYLOR D R F，1994. Visualization in Modern Cartography[M]. London：Pergamon Press.

NATH S S，BOLTE J P，ROSS L G，et al，2000. Applications of geographical information system (GIS) for spatial decision support in aquaculture[J]. Aquacultural Engineering，23：233-278.

PETERSON M P，1994. Cognitive Issues in Cartographic Visualization[M]. London：Pergamon Press.

RICHARDSON D E，OOSTEROM P V，2002. Advances in Spatial Data Handling[M]. Springer-Verlag：Springer Press.

RUAS A，1997. Strategies for Urban Map Generalization[C]. The 18th International Cartographic Conference，Stockholm.

TIETENHERG T，LEWIS L，2008. Environmental and Natural Resource Economics[M]. 8ed. Addison-

Wesley Longman Press.

WU W,REN H Y,Yu M,2018. Distinct influences of urban villages on urban heat islands: a case study in the pearl river delta,China [J]. International Journal of Environmental Research and Public Health, 15(8): 1666.

YU M,2006. Study on Water Body Extraction and Wetland Classification Based on SPOT5 Images[C]. Proceeding of the Third International Symposium on Intelligent Earth Observation Satellites. Beijing: Science Press.

YU M,CHEN D W,DAI C Y,et al,2016. Study on increasing the accuracy of classification based on ant colony algorithm [J]. Uncertainty Modelling and Quality Control for Spatial Data,270-283.

YU M,CHEN D,HUANG R,et al,2010. A dynamic analysis of regional land use and cover changing (LUCC) by remote sensing and GIS—taking Fuzhou area as example[J]. Proceedings of SPIE—The International Society for Optical,7673.

YU M,CHEN X,AI T H,2007. Application research of terrain based on DEM and data mining[J]. Geoinformatics 2007 Geospatial Information Science,Proceedings of SPIE,0277-786x,6753.

YU M,LAN T,WANG Q Q,et al,2017. An improvement method of surface water extraction based on remote sensing data[J]. Journal of Engineering and Applied Sciences,12(5): 1342-1346.

YU M,LIU Y, TANG X,et al,2009. Study of RS data classification based on rough sets and C4.5 algorithm[J]. Proceedings of SPIE—The International Society for Optical,0277-786X,7492.

YU M,PENG Y R, JI Q,et al,2011. Study on urban thermal environment based on RS and GIS techniques-taking as example in coastal cities of southeast Fujian province[J]. Electronics Communiciations and Control(ICECC).

YU M,ZHU G R,LI H Z,2005. The application of spatial analysis in regional soil and water conservation and disaster prevention and conduction[J]. ISPRS STM. XXXVI 2/W25 373-377.